卓应教育系列丛书

HCIA-Datacom
认证学习指南

刘伟　王鹏
编著

长沙卓应教育咨询
有限公司
组编

中国水利水电出版社
www.waterpub.com.cn
· 北京 ·

内容提要

本书以新版的华为网络技术职业认证 HCIA-Datacom（考试代码为 H12-811）为基础，从行业的实际情况出发组织全部内容，全书共 20 章，主要内容包括计算机网络基础、TCP/IP 协议、华为 VRP 系统、IP 地址、静态路由、OSPF、交换机、VLAN、STP、VLAN 间互访、链路聚合、ACL、AAA、NAT、网络服务与应用、WLAN、广域网、网络管理与运维、IPv6、网络编程与自动化。

本书既可以作为华为 ICT 学院的配套实验教材，用于增强学生的实际动手能力，也可以作为计算机网络相关专业的实验指导书，同时还可以作为相关企业的培训教材。对于从事网络管理和运维的技术人员来说，也是一本很实用的技术参考书。

图书在版编目（ＣＩＰ）数据

HCIA-Datacom认证学习指南 / 刘伟，王鹏编著. -- 北京 : 中国水利水电出版社，2024.3

ISBN 978-7-5226-2255-2

Ⅰ. ①H… Ⅱ. ①刘… ②王… Ⅲ. ①计算机网络－指南 Ⅳ. ①TP393-62

中国国家版本馆CIP数据核字(2024)第021194号

丛 书 名	卓应教育系列丛书
书 名	HCIA-Datacom 认证学习指南 HCIA-Datacom RENZHENG XUEXI ZHINAN
作 者	长沙卓应教育咨询有限公司 组编 刘伟 王鹏 编著
出版发行	中国水利水电出版社 （北京市海淀区玉渊潭南路 1 号 D 座 100038） 网址：www.waterpub.com.cn E-mail：zhiboshangshu@163.com 电话：（010）62572966-2205/2266/2201（营销中心）
经 售	北京科水图书销售有限公司 电话：（010）68545874、63202643 全国各地新华书店和相关出版物销售网点
排 版	北京智博尚书文化传媒有限公司
印 刷	河北文福旺印刷有限公司
规 格	190mm×235mm 16 开本 19.25 印张 450 千字
版 次	2024 年 3 月第 1 版 2024 年 3 月第 1 次印刷
印 数	0001—3000 册
定 价	129.00 元

前　言

编写背景

随着网络技术的迅猛发展，5G、物联网、云计算等新技术不断普及，网络环境日趋复杂。这不仅催生了行业对具备专业知识和技能的复合型网络技术人才的需求，也对相关人才的培训与认证提出了更高的要求。作为全球通信设备市场的佼佼者，华为的产品线覆盖路由、交换、安全、无线、存储、云计算等诸多领域，为全球用户提供了一站式的解决方案。

为了满足行业对高素质、高水平网络技术人才的需求，华为推出了 HCIA、HCIP、HCIE 系列职业认证。这些认证不仅得到了业界的广泛认可，更成为衡量网络技术人才能力的重要标准。

作为华为网络技术职业认证体系中的一员，HCIA-Datacom 认证旨在培养初学者和从业者在数据通信领域的实践操作能力，为他们未来的职业发展奠定坚实基础。通过此认证的人员，不仅具备基本的网络配置、故障排除和网络安全防护能力，更能满足企业在基础网络技术人才方面的需求。

本书作者从事教育工作多年，对大学生的技能水平和企业的用人需求有着深入的了解。针对网络初学者在理论知识和设备操作能力上的不足，结合自己多年的实践与教学经验，精心编写了这本图书。本书不仅严格按照华为官方考试大纲进行内容设计，更结合市场需求梳理实验配置，为读者提供详细的步骤解析，并提供必要的资源辅助读者学习成长。真正实现学练一体，帮助读者更好地掌握网络技术的实际应用。

本书特色

（1）内容精练，体验至上。本书内容经过精心筛选，既全面又精练。由浅入深的内容设计，让读者轻松掌握知识，阅读体验极佳。结构布局合理，体例完善，图文并茂，让每一页都充满阅读乐趣。

（2）目标导向，实践为王。本书以实际应用为目标，采用案例驱动的方式，真实模拟企业环境。这不仅培养了读者的网络设计、配置、分析和排错能力，更能为他们未来的职业生涯打下坚实基础。

（3）与时俱进，紧跟前沿。本书内容与最新版的华为 HCIA-Datacom 认证大纲紧密结合，确保读者在学习过程中既能掌握前沿知识，又能顺利通过认证考试。对于重点和难点内容，我们进行了深入的剖析和解读，确保读者能够真正理解和掌握。

（4）学练一体，完美融合。本书不仅提供了详尽的理论知识梳理，更通过大量的实验案例让读者在实践中学习和成长。每个步骤都有详细的操作指导和分析，真正做到了学练一体，确保学习效果的最大化。

（5）视频教学，直击核心。除了文字内容，我们还额外提供了实操教学视频。这些视频不仅可以指导读者如何进行实际操作，还结合网络工程师的职业规划、技术难点和工作项目等内容，为读者提供全方位的教学指导。

主要内容

本书共20章，知识结构如下图所示。

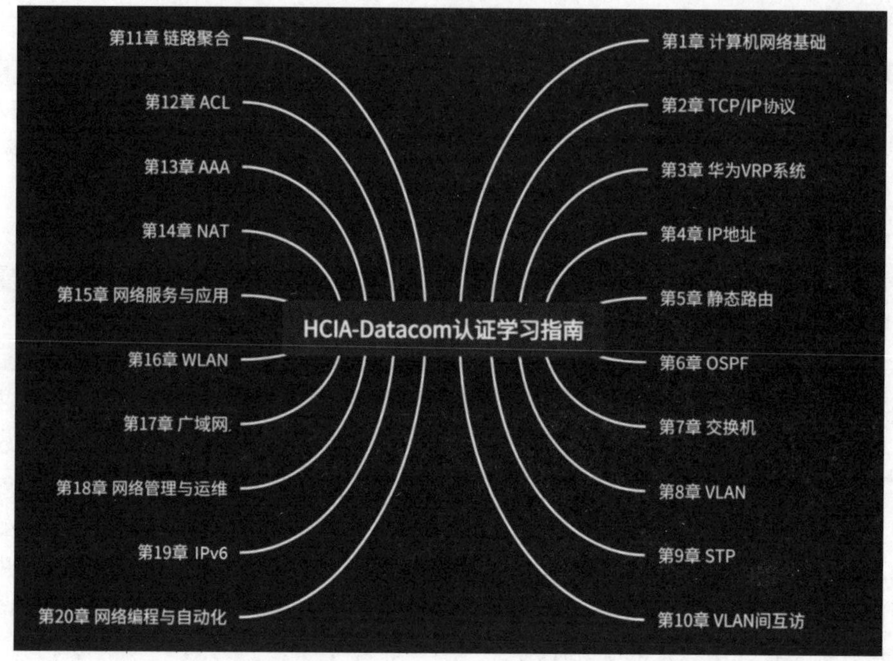

读者对象

本书面向多层次读者，满足多样化需求。

（1）华为 ICT 学院学员的最佳拍档。作为学院的配套教材，本书为学员提供全面、深入的ICT 知识体系，助力学员掌握前沿技术。

（2）计算机网络专业学生的进阶指南。无论你是初学者还是希望提升技能的学子，本书都是你学习路上的得力助手，助你深入理解晦涩难懂的知识，提升技能。

（3）企业培训的必备教材。针对企业培训需求，本书提供了系统化的培训内容，帮助企业快速提升员工或学员的 ICT 技能。

（4）网络技术人员的实用手册。对于正在从事或希望深入此领域的技术人员，本书提供了实用的技术参考和解决方案，帮助你解决实际问题。

作者寄语

“读书之法，在循序而渐进，熟读而精思”，建议读者在学习本书时，可以参考以下学习方法。

（1）对于理论知识，要先学会总结，然后去理解和记忆。

华为相关技术的知识点特别多，有的读者学完以后去找相关的工作，面试官问的问题他都觉得学过，但就是答不上来。所以读者在学习的过程中，一定要对所学的知识点进行提炼和总结，然后再记忆，这样才能在面试时从容应对。本书对华为 HCIA-Datacom 的每个知识点都进行了总结，方便读者记忆。

（2）多做实验，提高操作能力和排错能力。

华为的职业认证比较注重学员的动手能力，所以大家在平时的学习中要加强操作能力和排错能力的培养。俗话说：“熟读唐诗三百首，不会作诗也会吟。”本书大部分篇幅都在讲解实验，就是希望读者通过实践提高操作能力和排错能力。

（3）多问为什么，每个知识点的问题都要及时解决。

许多学生在刚开始学一门技术时，很有激情，能全身心地投入。但是当遇到问题时，觉得请教同学和老师是一件很难为情的事情，等问题积累得越来越多，慢慢就听不懂老师所讲的内容了，也做不出来实验了，最后对这门课就失去了信心。所以一定要记得多请教，有问题马上解决，这样才能时刻保持追求技术的激情，才能把一门技术学好、学透。如果读者在学习本书时遇到问题，可以访问 ke.joinlabs3.com 找老师解决。

（4）不理解的内容多看几遍，反复学，肯定可以学会。

面对初次接触的新技术，感到困惑和挑战是难免的。但请记住，每一次的反复学习和实践都是通往精通之路的基石。初始的不理解，正是知识探索的起点。面对海量的内容，记不住是常态，但恰恰是这些一次次的挑战和遗忘，造就了最终的掌握和理解。所以，不要被初次的困难所吓倒，每一次的坚持和重复，都是通往精通的必经之路。

资源下载

（1）资源放送。为了给读者提供完整、系统的学习体验，本书配套以下学习资源。通过这些资源的帮助和支持，读者可以更好地掌握相关知识技能、提高学习效率和成果、增强实践操作能力、拓宽视野、获得及时的技术支持，以保持竞争力。

- **400+经典题库**：为了便于读者快速通关 HCIA-Datacom 认证考试，本书赠送 400+经典题库。此外，本书章后均附有精心设计的习题，帮助读者检验学习成果。同时，提供详尽的答案解析，以供自查与纠正。
- **50 集实验教学视频**：为了加深读者对知识点的理解，本书赠送与常规实验操作紧密相关的 50 集视频教程，为读者直观呈现解析过程与操作效果。
- **1 套网络工程师必修课**：为了激发读者的学习热情，本书**特别附赠 1 套网络工程师必修课**。该课程涵盖职业规划、技术深度剖析、项目案例解析以及专业考试指南等方向，旨在引导读者从各个角度深入了解网络工程师的职责与挑战，从而更好地规划自己的职业道路。
- **“双 19”拓展学习资料**：为了满足读者的进阶需求，本书赠送 19 章 HCIA-Datacom 认证全套学习笔记、19 张 HCIA-Datacom 认证思维导图，以深化理解网络知识。

- **在线技术支持**：为了提高读者的学习效率和学习效果，本书提供在线技术支持服务。技术支持团队由经验丰富的专业人士组成，他们将竭诚为读者提供疑难解答服务。读者在学习过程中遇到任何问题，均可通过与他们的互动交流获得及时的帮助与解答，确保学习无阻。
- **定期更新与补充**：为了确保读者始终能掌握最新、最前沿的知识，本书将定期更新和补充新内容。我们会根据行业发展和技术进步的情况，对本书进行修订和扩充，以便为读者提供最新、最全面的知识和信息，帮助读者紧跟时代步伐，保持竞争力。

（2）下载服务。本书提供以下 3 种在线服务，读者可以任选一种下载本书附赠资源，或与技术支持团队互动。

- 扫描下方二维码（左），关注“卓应教育”公众号，在后台发送文字“HCIA 学习指南”，获取学习资源。
- 扫描下方二维码（中），加入读者 QQ 群，与本书其他读者一起交流学习。
- 扫描下方二维码（右），加入本书读者学习交流圈，本书的内容勘误等情况会在此圈中及时发布。此外，读者还可以在此圈中分享读书心得、提出对本书的建议等。

卓应教育公众号

QQ 群二维码

本书读者学习交流圈

本书作者

本书由长沙卓应教育咨询有限公司的刘伟编写并统稿，参加编写工作的还有王鹏、阮卫、郑骁、王进、张勇、周航、王依婷等。针对庞大的华为网络及其复杂技术编写一本适合学生的教材确实不是一件容易的事情，衷心感谢长沙卓应教育咨询有限公司各位领导的支持和指导。本书的顺利出版也离不开中国水利水电出版社编辑的支持与指导，在此一并表示衷心的感谢。

尽管本书经过了作者与出版社编辑的精心审读与校对，但限于时间、篇幅，难免存在疏漏之处，请各位读者不吝赐教。

作者

2024 年 2 月

目　录

第 1 章 计算机网络基础

作为本书的开篇，本章先介绍一些计算机网络数据通信的基础知识，如 OSI 参考模型、以太网基本知识等。

虽然本章的知识比较简单，但是建议读者认真阅读，这些知识在以后的项目工作中特别重要。

学完本章内容以后，我们应该能够：

- 理解 OSI 参考模型
- 了解以太网基础
- 理解冲突域和广播域
- 掌握以太网帧结构

1.1 OSI 参考模型

OSI（Open System Interconnection，开放式系统互联），由 ISO（International Organization for Standardization，国际标准化组织）收录在 ISO 7489 标准中并于 1984 年发布。OSI 参考模型各层的功能见表 1.1，读者可以通过"应表会，传网数物"来记忆这七层的位置。

表 1.1 OSI 参考模型各层的功能

层编号	层名称	功能
7	应用层	OSI 参考模型中最靠近用户的一层，为应用程序提供网络服务
6	表示层	提供各种用于应用层数据的编码和转换功能，确保一个系统的应用层发送的数据能被另一个系统的应用层识别
5	会话层	负责建立、管理和终止表示层实体之间的通信会话。该层的通信由不同设备中的应用程序之间的服务请求和响应组成
4	传输层	提供面向连接或非面向连接的数据传递以及进行重传前的差错检测
3	网络层	定义逻辑地址，供路由器确定路径，负责将数据从源网络传输到目的网络
2	数据链路层	将比特组合成字节，再将字节组合成帧，使用数据链路层地址（以太网使用 MAC 地址）来访问介质，并进行差错检测
1	物理层	在设备之间传输比特流，规定了电平、速度和电缆针脚等物理特性

1.1.1 网络参考模型的意义

在 OSI 参考模型没有出现之前，我们的网络存在如下问题：

- 网络设备是一个整体。例如，我们买了一台电脑，如果它的 CPU 坏掉了，我们需要更换整台电脑，因为它在设计时就是一个整体。
- 各个厂商之间的设备不兼容。例如，一家公司买了一台思科的交换机，然后又买了一台华为的交换机，思科和华为的交换机是不能进行通信的。
- 不利于开发和排错。由于没有统一的标准，所以开发和排错的难度相当大。

自从 ISO 推出了 OSI 参考模型，以上问题都得到了解决。如今，我们的网络具有如下优势：

- 将网络进行分层，不再是一个整体。例如，我们买了一台电脑，如果它的 CPU 坏掉了，只需换掉 CPU 即可，不用再更换整台设备。
- 各个厂商之间的设备相互兼容。例如，一家公司买了一台思科的交换机，它也可以再买一台华为的交换机，因为思科和华为的交换机可以进行通信了。
- 有利于开发和排错。OSI 参考模型将网络分成了七层，降低了网络的复杂度，更有利于开发和排错。

1.1.2　OSI 参考模型各层的功能

1. 应用层

应用层是人类和计算机相互沟通的桥梁，计算机只能识别二进制数据，如 010101，而人类能识别声音、图形、文字。应用层就相当于一个翻译，它将人类使用的语言与计算机能够识别的语言进行互译，让计算机和人类可以相互通信。常见的应用层协议见表 1.2。

表 1.2　常见的应用层协议

应用层协议	英文名	中 文 名
FTP	File Transfer Protocol	文件传输协议
TFTP	Trivial File Transfer Protocol	简单文件传输协议
SNMP	Simple Network Management Protocol	简单网络管理协议
HTTP	Hyper Text Transfer Protocol	超文本传输协议
SMTP	Simple Mail Transfer Protocol	简单邮件传输协议
DNS	Domain Name System	域名系统
DHCP	Dynamic Host Configuration Protocol	动态主机配置协议

2. 表示层

表示层具有如下作用：

- 定义数据格式。如.jpg 代表图像文件，.mp3 代表音频文件等。
- 加密解密。如一串数字 123456，当加密算法为向后移一位时，加密后的数字为 234567；当解密算法为向前移一位时，解密后的数字为 123456。
- 压缩解压缩。如常用的压缩软件 WinRAR。

3. 会话层

会话层负责在表示层之间建立、管理和终止会话。例如，通过浏览器访问百度，在百度中搜索两个人名，它会自动分为两个页面，然后再关闭浏览器，在这个过程中会话层要与百度的服务器建立连接、管理连接，最后再断开连接。

4. 传输层

传输层将数据分段并重组为数据流（data stream）。TCP、UDP 都工作在传输层，当采用 TCP/IP 协议时，程序开发者可以在这两者之间作出选择。传输层负责为实现上层应用程序的多路复用、建立会话连接和断开虚电路提供机制。通过提供透明的数据传输，它也对高层隐藏了所有与网络有关的细节信息。

5. 网络层

网络层的主要功能是通过逻辑寻址，跟踪设备在网络中的位置并依靠路径选择算法确定节点间的传递路径；使数据分组从源端选择一条最佳路径传递到目的端；寻找最佳路径的同时还要解决网际互联的问题。工作在网络层的协议有很多，如 IP、IPX、CLNP 和 Appletalk 等。目前网络层的通信协议是 IP 协议；IP 协议有两个版本，分别是 IPv4 和 IPv6。

6. 数据链路层

数据链路层主要对来自物理层的未经加工的原始位流进行处理，通过校验、确认和重发等方式将原始的不可靠的物理连接改为无差错的数据链路。

7. 物理层

物理层定义了通信网络之间物理链路的电气或机械特性，以及激活、维护和关闭这条链路的各项操作。物理层的特征参数包括电压、数据传输率、最大传输距离、物理连接媒体等。

在网络传输过程中，通常使用的物理层传输介质如下：

- 有线介质。如电话线、双绞线、同轴电缆、光导纤维。
- 无线介质。如卫星、微波、IR、RF。

1.1.3 PDU

PDU（Protocol Data Unit，协议数据单元）就是每一层的通信数据，我们用不同的术语来指明所提到的层级，各层 PDU 的名称见表 1.3。

表 1.3 各层 PDU 的名称

OSI 参考模型	PDU 英文名	PDU 中文名
应用层	data	数据
表示层	data	数据
会话层	data	数据
传输层	segment	数据段
网络层	packet	数据包
数据链路层	frame	帧
物理层	bit	比特

1.1.4 封装与解封装

数据发送者在发送数据时就好像给快递打包一样，将数据从上层向下层进行数据封装，每经过一层就封装一个包头，到达数据链路层后，不仅要封装一个包头，还要追加一个 FCS 的尾部，目的是检测数据的完整性。OSI 参考模型的数据封装过程如图 1.1 所示。

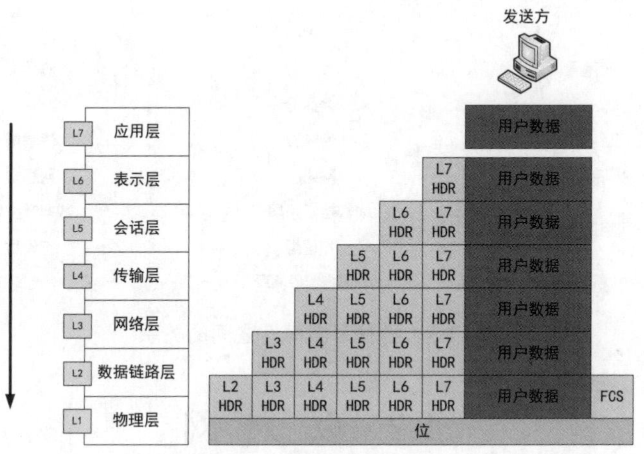

图 1.1　数据封装过程

接收方接收到数据后，首先要对数据帧头进行校验，以查看数据帧在传递过程中是否失去完整性，若检验结果不完整，则立即丢弃该数据帧；若校验数据帧无破损，则对数据进行解封装，解封装的顺序由下层向上层进行。OSI 参考模型的数据解封装过程如图 1.2 所示。

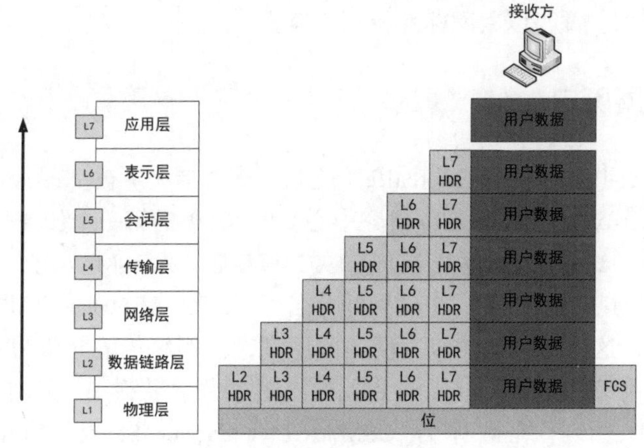

图 1.2　数据解封装过程

1.1.5　OSI 参考模型与 TCP/IP 模型对比

因为 OSI 参考模型的协议栈比较复杂，且 TCP 和 IP 两大协议在业界被广泛使用，所以 TCP/IP 模型成了互联网的主流参考模型。TCP/IP 模型在结构上与 OSI 参考模型类似，采用分层架构，同时层与层之间联系紧密。TCP/IP 标准模型将 OSI 参考模型中的数据链路层和物理层合并为网络接入层，这种划分方式其实是有悖于现实协议制定规则的，故融合了 TCP/IP 标准模型和 OSI 参考模型的 TCP/IP 对等模型被提了出来，本书后面的讲解也都将基于这种模型。它们之间的关系如图 1.3 所示。

图 1.3　各种参考模型之间的关系

1.2　以太网

以太网最早是指由 DEC（Digital Equipment Corporation，美国数字设备公司）、Intel 公司和 Xerox 公司组成的 DIX（DEC-Intel-Xerox）联盟开发并于 1982 年发布的标准。经过长期的发展，以太网已成为应用最为广泛的局域网，包括标准以太网（10Mbit/s）、快速以太网（100Mbit/s）、千兆以太网（1000Mbit/s）和万兆以太网（10Gbit/s）等。IEEE 802.3 规范则是基于以太网的标准制定的，并与以太网标准相互兼容。

1.2.1　以太网发展历史

1972 年，“以太网之父”Bob Metcalfe（鲍勃·梅特卡夫）被 Xerox 公司聘用为网络专家。Bob Metcalfe 来到 Xerox 公司 Palo Alto 研究中心（PARC）的第一个任务是把 Palo Alto 的计算机连接到 ARPANET（Internet 的前身）上。1972 年年底，Bob Metcalfe 以 ALOHA 系统（一种无线电网络系统）为基础设计了一个网络并命名为 ALTO ALOHA。该网络于 1973 年更名为以太网（Ethernet），这就是最初的以太网实验原型，该网络传输介质为粗同轴电缆，速率为 2.94Mbit/s。1977 年年底，Bob Metcalfe 和他的 3 位合作者获得了“具有冲突检测的多点数据通信系统”的专利，该系统被称为 CSMA/CD（Carrier Sense Multiple Access/Collision Detection，载波侦听多路访问/冲突检测）系统，从此以太网正式诞生。

1979 年，DIX 联盟促进了以太网的标准化。1982 年，DIX 联盟发布了以太网的第二个版本，即 Ethernet II。20 世纪 90 年代，伴随着多端口网桥的出现，共享式以太网逐渐向 LAN（局域网）交换机发展。1993 年，全双工以太网技术出现，其优点明显，可同时发送和接收数据，速率翻了一番。1995 年，以太网迎来了快速发展的黄金时代。

1998 年，IEEE 发布了 IEEE 802.3z，这是 1000Mbit/s 的以太网标准。2002 年，10Gbit/s 以太网标准 IEEE 802.3ae 正式发布。与 1000Mbit/s 以太网相比，10Gbit/s 以太网仅支持全双工，传输介质只能是光纤，如今以太网已经被广泛应用。

1.2.2 计算机网络拓扑结构

计算机网络拓扑（Computer Network Topology）是指由计算机组成的网络之间设备的分布情况以及连接状态，把它们画在图上就成了拓扑图。一般在图上要标明设备所处的位置、设备的名称类型，以及设备间的连接介质类型。计算机网络拓扑分为物理拓扑和逻辑拓扑两种结构。

常见的计算机网络拓扑结构有星型网络、总线型网络、环型网络、树型网络、网状网络等种类，如图 1.4 所示，各种拓扑结构的基本说明见表 1.4。

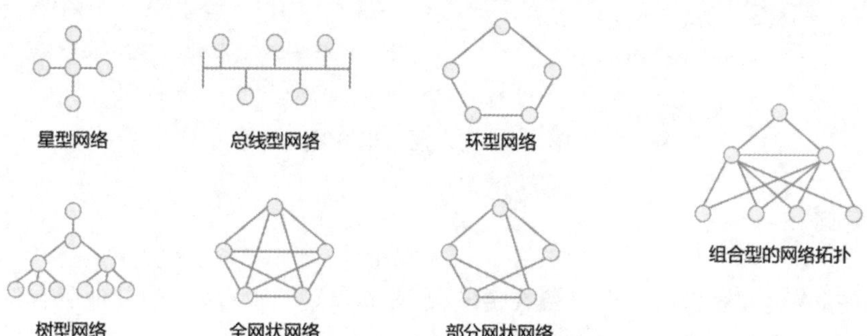

图 1.4 计算机网络拓扑结构

表 1.4 各种拓扑结构的基本说明

拓扑结构类型	特 点	优 点	缺 点
星型网络	所有节点通过一个中心节点连接在一起	容易在网络中增加新的节点。通信数据必须经过中心节点中转，易于实现网络监控	中心节点的故障会影响到整个网络的通信
总线型网络	所有节点通过一条总线（如同轴电缆）连接在一起	安装简便，节省线缆。某一节点的故障一般不会影响到整个网络的通信	总线故障会影响到整个网络的通信；某一节点发出的信息可以被其他所有节点接收到，安全性低
环型网络	所有节点连成一个封闭的环形	节省线缆	增加新的节点比较麻烦，必须先中断原来的环，才能插入新节点以形成新环
树型网络	实际上是一种层次化的星型结构	能够快速将多个星型网络连接在一起，易于扩充网络规模	层级越高的节点故障导致的网络问题越严重
全网状网络	所有节点都通过线缆两两互连	具有高可靠性和高通信效率	每个节点都需要大量的物理端口，同时还需要大量的互连线缆；成本高，不易扩展
部分网状网络	只有重点节点之间才两两互连	成本低于全网状网络	可靠性比全网状网络有所降低

1.2.3 传输介质

数据到达物理层之后，物理层会根据物理介质的不同，将数字信号转换成光信号、电信号或者电磁波信号。常见的传输介质有双绞线、光纤、串口线缆、无线信号等，如图 1.5 所示。

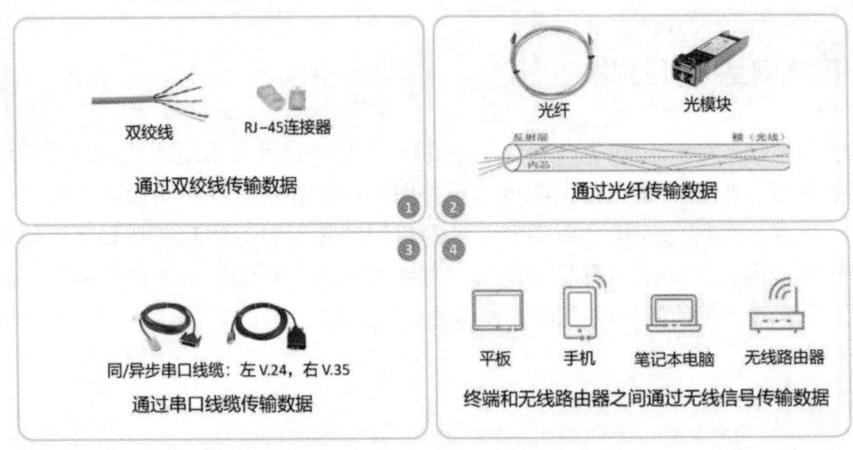

图 1.5　物理层传输介质

1.2.4　冲突域

冲突域是指物理网段中的一台设备在传输数据时，该物理网段上的其他所有设备都必须进行侦听而不能传输数据，如果同一个物理网段中的多个设备同时传输数据，将发生信号冲突导致数据无法正常传递。冲突域中的典型拓扑结构是总线型，所有的信号都在一条总线上发送，就好比日常生活中的单行道，所有汽车都在上面跑，容易造成交通拥堵。数据冲突示意如图 1.6 所示。

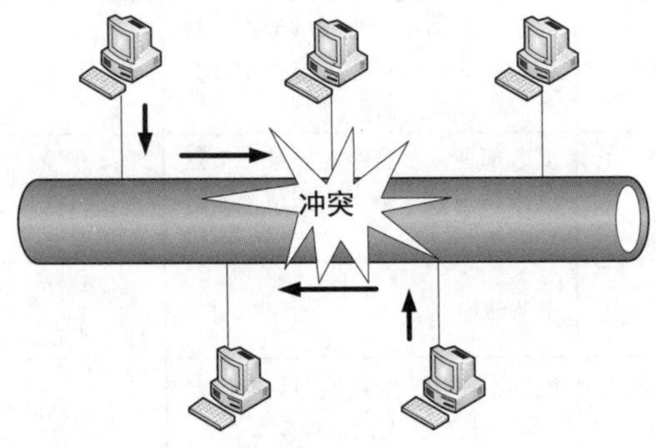

图 1.6　数据冲突

1.2.5　广播域

将多台设备放到一个组中会形成广播域，同一个广播域中的任何一台设备发送的广播帧，其他设备都会接收到。这就好比在一个大教室里，老师在台上讲课，所有学生都能听到，而非本班级的学生是听不到的；这是因为“班级”的概念隔离了广播域。广播域中的典型设备是交换机，它能实现冲突域划分，每个接口就是一个冲突域，交换机整体也是一个广播域。

1.2.6　CSMA/CD 协议

CSMA/CD 协议是一种在冲突域中避免数据信号冲突的协议，当主机想通过网络传输数据时，由于会对网络线路进行监视侦听，首先检查线路上是否有信号在传输。如果没有信号在传输，则该主机开始传输数据，并在传输的过程中继续监视侦听，若发现其他信号，传输数据的主机会立即发送一个拥塞信号，其他主机检测到拥塞信号后会执行退避算法并启动一个定时器，该定时器有效期内将不传输任何数据。综上所述，可以将 CSMA/CD 协议的特点总结为“随时侦听、闲则转发、忙则等待”。CSMA/CD 协议的工作原理如图 1.7 所示。

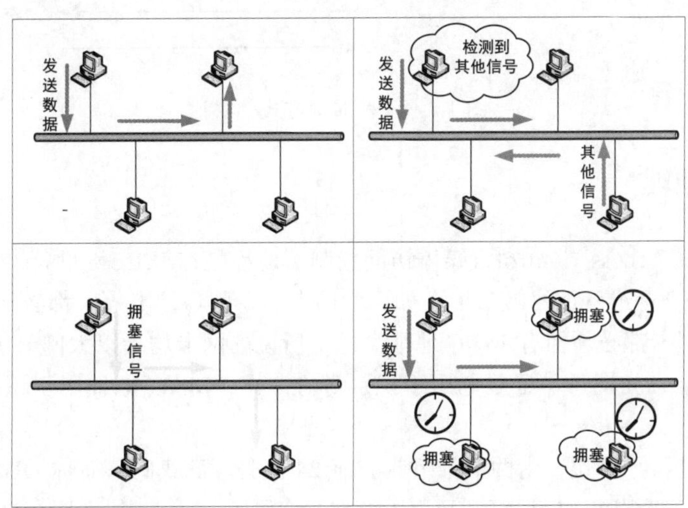

图 1.7　CSMA/CD 协议的工作原理

1.2.7　通信方式

在数据通信中，通信的方式包括单工、半双工和全双工三种，同一物理链路上两台设备工作的通信方式必须保持一致。

- 单工通信：信息的流向无论何时只能由一方指向另一方；广播通信、传统电视系统都是单工通信。
- 半双工通信：信息的流向可以进行切换，也就是说发送者与接收者两个角色可以根据网络环境改变。但是发送和接收占用同一信道，会造成数据冲突。常见的半双工通信方式如对讲机系统。
- 全双工通信：信息的流向是任意的，无关发送者与接收者的角色固定；可以在发送数据的同时进行数据的接收。简单来说，全双工通信就好比一条双向车道，发送数据和接收数据是分开的，互不冲突，信道的利用率达到 100%；生活中使用移动电话进行通话就是全双工通信的应用。

三种通信方式的对比如图 1.8 所示。

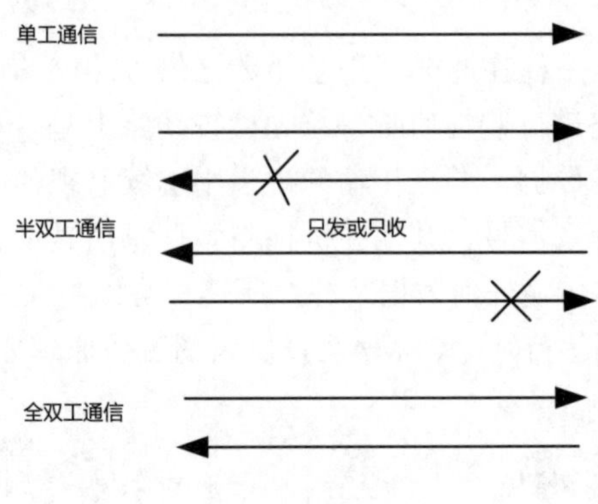

图 1.8　三种通信方式的对比

1.2.8　MAC 地址

MAC（Media Access Control，媒体访问控制）地址是在 IEEE 802 标准中定义并规范的，凡是符合 IEEE 802 标准的网络接口卡（如以太网卡、令牌环网卡等）都必须拥有一个 MAC 地址。并不是所有网卡都必须拥有 MAC 地址（以下所说的网卡均指以太网卡）。MAC 地址是全球唯一的硬件地址，如同身份证号码用于识别身份一样，MAC 地址用于识别以太网中的一台设备的地址。

MAC 地址长度为 48 位，由两部分组成。前 24 位为厂商代码，简称 OUI（Organizationally Unique Identifier，组织唯一标识符，又称厂商唯一代码）；后 24 位由厂商自定义。厂商在制造网卡之前，必须先向 IEEE 注册，然后由 IANA（The Internet Assigned Numbers Authority，因特网编号分配机构）进行分配，其结构如图 1.9 所示。

图 1.9　MAC 地址结构

MAC 地址特殊位的置位不同，其标识的地址类型也不同，如图 1.10 所示。

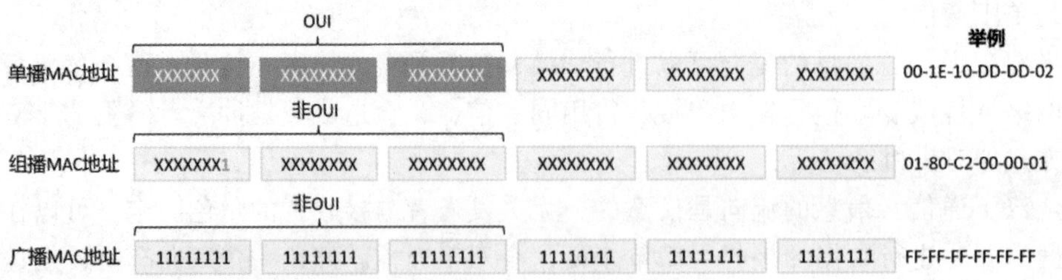

图 1.10　MAC 地址类型

MAC 地址的分类标准如下：

- 如果第一个字节的第一位为 1，则为广播 MAC 地址。
- 如果第一个字节的最后一位为 1，则为组播 MAC 地址。
- 如果第一个字节的最后一位为 0，则为单播 MAC 地址。

1.2.9　以太网帧格式

以太网中有两种数据帧的封装格式，分别是 IEEE 802.3 和 Ethernet II（以太网二型），两种帧格式如图 1.11 所示。两种帧格式存在一定的差别，都应用于以太网；现有网络环境中的网络设备都可以兼容这两种格式。

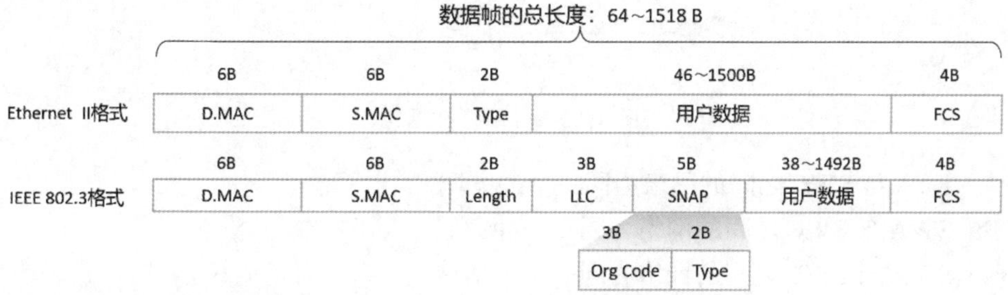

数据帧的总长度：64～1518 B

	6B	6B	2B	46～1500B	4B
Ethernet II格式	D.MAC	S.MAC	Type	用户数据	FCS

	6B	6B	2B	3B	5B	38～1492B	4B
IEEE 802.3格式	D.MAC	S.MAC	Length	LLC	SNAP	用户数据	FCS

3B	2B
Org Code	Type

图 1.11　两种以太网数据帧封装格式

Ethernet II 数据帧格式字段描述如下：

（1）目的地址。用 6 字节来表示帧的接收者。目的地址可以是单播、组播、广播地址中的任意一类。

（2）源地址。用 6 字节来表示帧的发送者。不同于目的地址，源地址只能是单播地址。

（3）类型。用于表示载荷数据的类型。常见类型有 0x0800（IPv4 Packet，前缀 0x 表示十六进制）、0x86dd（IPv6 Packet）、0x0806（ARP Packet）等。

（4）数据载荷。帧的有效载荷——数据内容体现。本字段最短 46 字节，最长 1500 字节。

（5）FCS。该字段使用 4 字节来存储 CRC（Cyclic Redundancy Check，循环冗余码校验）结果；其作用是对帧进行差错检测，如接收者发现校验结果与 FCS 字段内容不一致，则丢弃该数据帧，反之接收。

IEEE 802.3 数据帧格式中，目的地址、源地址、数据载荷、FCS 字段的功能和作用与 Ethernet II 数据帧格式基本一致；而长度字段只用 2 字节空间标识 IEEE 802.3 数据帧的长度。

1.3　练　习　题

1．OSI 参考模型从高层到底层分别是（　　）。

A．应用层、传输层、网络层、数据链路层、物理层

B．应用层、会话层、表示层、传输层、网络层、数据链路层、物理层

C．应用层、表示层、会话层、网络层、传输层、数据链路层、物理层

D．应用层、表示层、会话层、传输层、网络层、数据链路层、物理层

2．关于如图 1.12 所示的网络，以下描述正确的是（　　）。

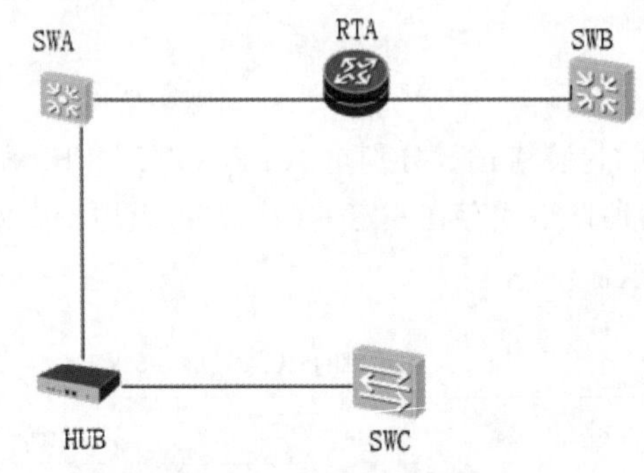

图 1.12　网络拓扑结构

A．RTA 与 SWC 之间的网络为同一个冲突域

B．SWA 与 SWC 之间的网络为同一个冲突域

C．SWA 与 SWB 之间的网络为同一个广播域

D．SWA 与 SWC 之间的网络为同一个广播域

3．如果一个以太网数据帧的 Length/Type=0x8100，以下说法正确的是（　　）。

A．这个数据帧上层一定存在 IP 首部

B．这个数据帧一定携带了 VLAN Tag

C．这个数据帧上层一定存在 UDP 首部

D．这个数据上层一定存在 TCP 首部

4．网络管理员在网络中捕获到了一个数据帧，其目的 MAC 地址为 01-00-5E-A0-B1-C3，以下关于该 MAC 地址的说法正确的是（　　）。

A．它是一个组播 MAC 地址

B．它是一个单播 MAC 地址

C．它是一个非法 MAC 地址

D．它是一个广播 MAC 地址

5．以下关于 OSI 参考模型中网络层的功能说法正确的是（　　）。

A．在设备之间传输比特流规定了电平、速度和电缆针脚

B．OSI 参考模型中最靠近用户的那一层为应用程序提供网络服务

C．提供面向连接或非面向连接的数据传递以及进行重传前的差错检测

D．将比特组合成字节，再将字节组合成帧，使用链路层地址（以太网使用 MAC 地址）来访问介质，并进行差错检测

E．提供逻辑地址，实现数据从源到目的地的转发

第 2 章

TCP/IP 协议

在计算机网络通信中，OSI 参考模型主要作为理论研究模型，实际应用率并不高。而实际上应用最为广泛的是 TCP/IP（Transmission Control Protocol/Internet Protocol）协议。

学完本章内容以后，我们应该能够：

- 理解 TCP/IP 模型
- 了解 ICMP 协议
- 理解 ARP 协议
- 掌握 TCP 会话过程

2.1 TCP

由 IETF（互联网工程任务组）的 RFC 793 定义的 TCP（Transmission Control Protocol，传输控制协议）是一种基于字节流的传输层通信协议。在传输数据前需要在发送者与接收者之间建立连接，通过相应的机制来保证其建立连接的可靠性。

TCP 协议具备以下特性：

- 面向连接协议。
- 多路复用。
- 全双工模式。
- 数据错误校验。
- 数据分段。
- 窗口机制。
- 可靠性机制。

2.1.1 TCP 报文格式

TCP 报文格式如图 2.1 所示。

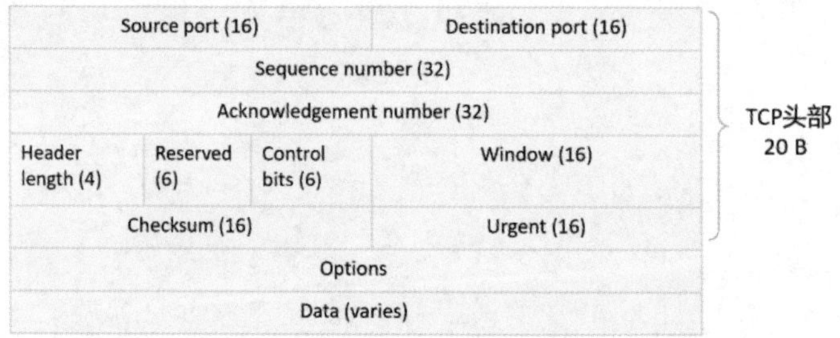

图 2.1 TCP 报文格式

TCP 的报文字段解析如下。

- Source port：源端口。标识由哪个应用程序发送，长度为 16 位。
- Destination port：目的端口。标识由哪个应用程序接收，长度为 16 位。
- Sequence number：序号字段。TCP 连接中传输的数据流每个字节都会编上一个序号。序号字段的值是指本报文段所发送数据的第一个字节的序号，长度为 32 位。
- Acknowledgment number：确认序列号。是期望收到对方下一个报文段数据的第一个字节的序号，即上次已成功接收到的数据段的最后一个字节数据的序号加 1。只有 Ack 标识为 1，此字段才有效。长度为 32 位。
- Header length：头部长度。指出 TCP 报文头部的长度，以 32 位（4 字节）为计算单位。

若无选项内容，则该字段为 5，即头部为 20 字节。

- Reserved：保留。必须填 0，长度为 6 位。
- Control bits：控制位。包含 FIN、Ack、SYN 等标志位，代表不同状态下的 TCP 数据段。
- Window：窗口 TCP 的流量控制。该值表明当前接收端可接收的最大数据的总数（以字节为单位）。窗口最大为 65535 字节，长度为 16 位。
- Checksum：校验字段。是一个强制性的字段，由发送端计算和存储，并由接收端进行验证。在计算检验和时，要包括 TCP 头部和 TCP 数据，同时在 TCP 报文的前面要加上 12 字节的伪头部，长度为 16 位。
- Urgent：紧急指针。只有当 URG 标识位置 1 时紧急指针才有效。TCP 的紧急指针是发送端向接收端发送紧急数据的一种方式。紧急指针指出在本报文段中紧急数据共有多少个字节（紧急数据放在本报文段数据的最前面），长度为 16 位。
- Options：选项字段。可选，长度为 0 ~ 40 字节。

2.1.2　TCP 会话的建立和终止

1. TCP 的建立

任何基于 TCP 的应用，在发送数据之前都需要由 TCP 通过“三次握手”建立连接。TCP 的三次握手如图 2.2 所示。

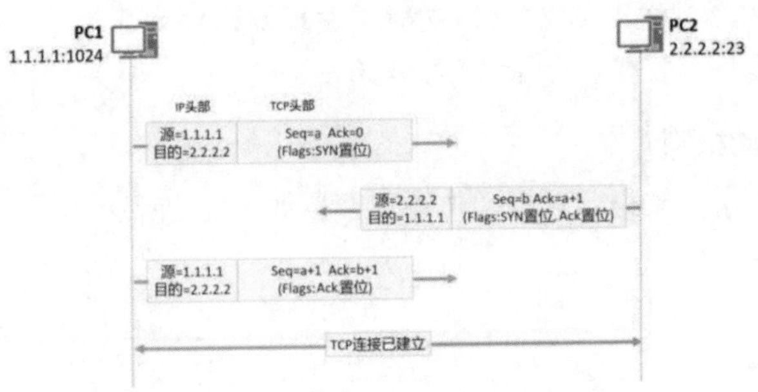

图 2.2　TCP 的三次握手

TCP 连接建立的详细过程如下：

（1）由 TCP 连接发起方（图 2.2 中的 PC1）发送第一个 SYN 位置 1 的 TCP 报文。初始序列号（Seq）a 为一个随机生成的数字，因为没收到过来自 PC2 的任何报文，所以确认序列号（Ack）为 0。

（2）接收方（图 2.2 中的 PC2）接收到合法的 SYN 报文之后，回复一个 SYN 和 Ack 置 1 的 TCP 报文。初始序列号 b 为一个随机生成的数字，同时因为此报文是回复给 PC1 的报文，所以确认序列号为 a+1。

（3）PC1 接收到 PC2 发送的 SYN 和 Ack 置位的 TCP 报文后，回复一个 Ack 置位的报文，此时序列号为 a+1，确认序列号为 b+1。PC2 接收到之后，TCP 双向连接建立。

2. TCP 的序列号与确认序列号

TCP 使用序列号和确认序列号字段实现数据的可靠和有序传输，如图 2.3 所示。

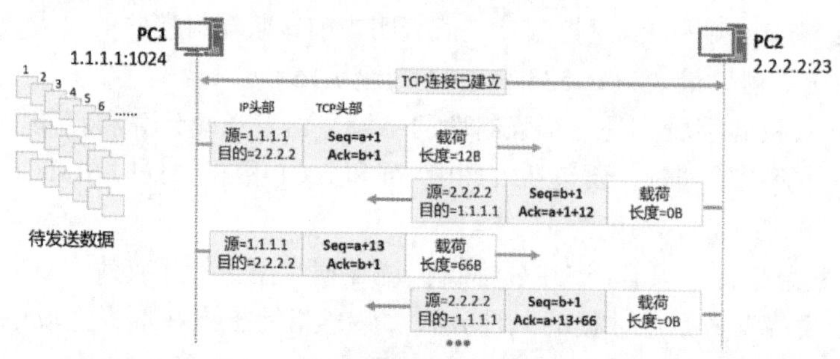

图 2.3　TCP 的序列号与确认序列号

假设 PC1 要给 PC2 发送一段数据，传输过程如下：

（1）PC1 将全部待 TCP 发送的数据按照字节为单位进行编号。假设第一个字节的编号为 a+1，第二个字节的编号为 a+2，以此类推。

（2）PC1 会把每一段数据的第一个字节的编号作为序列号，然后将 TCP 报文发送出去。

（3）PC2 在收到 PC1 发送来的 TCP 报文后，需要给予确认，同时请求下一段数据，下一段数据的第一个字节的确认序号（a+1+12）=序列号（a+1）+载荷长度。

（4）PC1 在收到 PC2 发送来的 TCP 报文后，发现确认序列号为 a+1+12，说明 a+1 到 a+12 这一段的数据已经被接收，需要从 a+1+12 处开始发送。

3. TCP 的窗口滑动机制

TCP 通过滑动窗口机制来控制数据的传输速率，如图 2.4 所示。

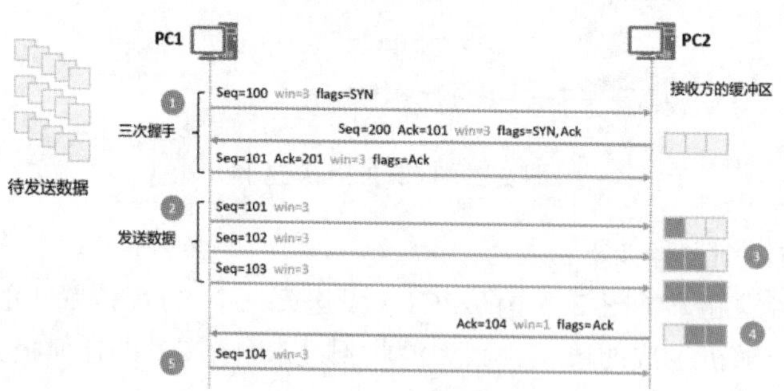

图 2.4　TCP 窗口滑动机制

TCP 通过窗口滑动机制控制数据传输速率的流程如下：

（1）在 TCP 通过三次握手建立连接时，双方都会通过 win 字段告诉对方本端最大能够接收的字节数（也就是缓冲区大小）。

（2）连接建立成功之后，发送方会根据接收方宣告的 win 字段大小发送相应字节数的数据。

（3）接收方接收到数据之后会存放在缓冲区内，等待上层应用取走缓冲区中的数据。若数据被上层取走，则相应的缓冲空间将被释放。

（4）接收方根据自身的缓存空间大小通告当前可以接收的数据大小（win）。

（5）发送方根据接收方当前的 win 字段大小发送相应数量的数据。

4. 关闭 TCP

当数据传输完成后，TCP 需要通过“四次挥手”机制断开 TCP 连接，释放系统资源。TCP 的四次挥手如图 2.5 所示。

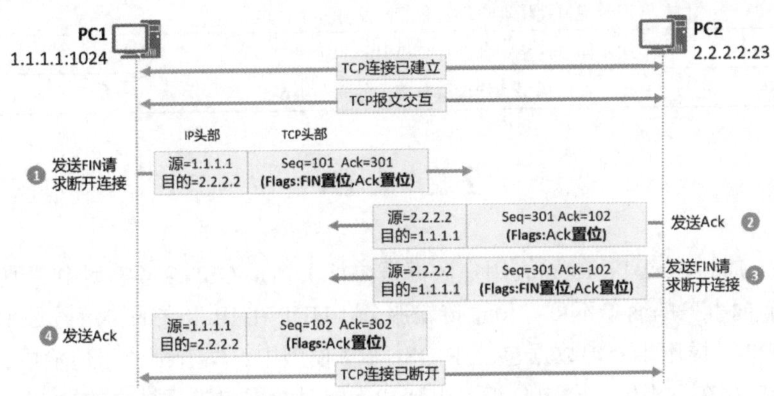

图 2.5 TCP 的四次挥手

TCP 支持全双工模式传输数据，这意味着同一时刻两个方向都可以进行数据的传输。在传输数据之前，TCP 通过三次握手建立的连接实际上是两个方向的连接，因此在数据传输完毕后，两个方向的连接必须都关闭。流程如下：

（1）由 PC1 发送一个 FIN 字段置 1 的不带数据的 TCP 报文。

（2）PC2 收到 PC1 发送的 FIN 置位的 TCP 报文后，会回复一个 Ack 置位的 TCP 报文。

（3）若 PC2 也没有需要发送的数据，则直接发送 FIN 置位的 TCP 报文。假设此时 PC2 还有数据要发送，那么当 PC2 发送完这些数据之后会发送一个 FIN 置位的 TCP 报文关闭连接。

（4）PC1 收到 FIN 置位的 TCP 报文后，回复 Ack 报文，TCP 双向连接断开。

5. 应用端口

在描述 TCP 报文结构时，提到了源端口和目的端口，这里提到的端口是区别于物理端口的一种抽象端口，被称为“应用端口”（application port）。应用端口的作用是标识所载荷数据对应了哪个应用层模块。应用端口分为两类：知名端口（范围为 0 ~ 1023）和非知名端口（范围为 1024 ~ 6553）。所谓知名端口就是已经分配给一些特定应用层的模块，TCP 知名端口号示例见表 2.1。

表 2.1 TCP 知名端口号示例

端口号	协议模块	说 明
25	SMTP	简单邮件传输协议，用于发送邮件
23	TELNET	远程登录协议，用于远程登录
80	HTTP	超文本传输协议，用于超文本的传输
20/21	FTP	文件传输协议，用于文件的上传和下载
53	DNS	域名服务，DNS 在区域内传输时使用 TCP，其他时候使用 UDP
443	HTTPS	HTTPS 是以安全为目标的 HTTP 通道，即 HTTP 安全版
110	POP3	用于支持使用客户端远程管理服务器上的电子邮件
123	NTP	用于同步网络中各个计算机时间的协议
22	SSH	建立在应用层和传输层基础上的安全协议

2.2 UDP

UDP（User Datagram Protocol，用户数据报协议），是 OSI 参考模型中一种无连接的传输层协议，提供面向事务的简单不可靠信息传输服务。UDP 在 IP 报文的协议号是 17。

UDP 与 TCP 一样用于处理数据包，在 OSI 参考模型中，两者都位于传输层，处于 IP 协议的上一层。UDP 存在不提供数据包分组、组装和不能对数据包进行排序的缺点，也就是说，当报文发送之后，无法得知其是否安全完整到达。UDP 用于支持那些需要在计算机之间传输数据的网络应用，包括网络视频会议系统在内的众多客户端/服务器（C/S）模式的网络应用都需要使用 UDP。UDP 从问世至今已经被使用了很多年，虽然其最初的光彩已经被其他一些类似协议所掩盖，但即使在今天，UDP 仍然不失为一项非常实用和可行的网络传输层协议。

1. UDP 报文

UDP 报文如图 2.6 所示。

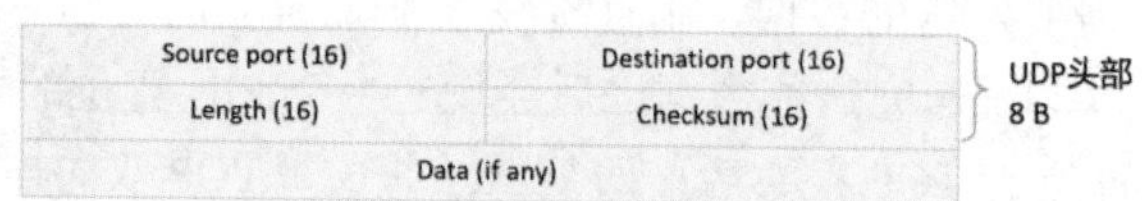

图 2.6 UDP 报文

UDP 报文字段解析如下。

- Source port：源端口。标识哪个应用程序发送，长度为 16 位。
- Destination port：目的端口。标识哪个应用程序接收，长度为 16 位。
- Length：指定 UDP 报头和数据总共占用的长度。可能的最小长度是 8 字节，因为 UDP 报头已经占用了 8 字节。由于这个字段的存在，UDP 报文总长不可能超过 65535 字节（包括 8 字节的报头和 65527 字节的数据）。
- Checksum：覆盖 UDP 头部和 UDP 数据的校验和，长度为 16 位。

2. 常见 UDP 端口

UDP 提供了无连接通信，且不对传输数据包进行可靠性保证，适合一次传输少量数据，UDP 传输的可靠性由应用层负责。常用的 UDP 端口号有 53（DNS）、69（TFTP）、161（SNMP），详情见表 2.2，使用 UDP 的协议包括 TFTP、SNMP、NFS、DNS、BOOTP。

表 2.2　常见的 UDP 端口号

端口号	协议模块	说　明
69	TFTP	简单文件传输协议，仅支持文件上传与下载
161	SNMP	简单网络管理协议，用于管理网络设备
53	DNS	域名服务，DNS 在区域内传输时使用 TCP，其他时候使用 UCP

2.3　ICMP

ICMP（Internet Control Message Protocol，因特网控制消息协议）是一个差错报告机制，是 TCP/IP 协议簇中的一个重要的子协议，通常被 IP 层或更高层协议（TCP 或 UDP）使用，属于网络层协议，主要用于在 IP 主机和路由器之间传递控制消息，报告主机是否可达、路由是否可用等。这些控制消息虽然并不传输用户数据，但是对于收集各种网络信息、诊断和排除各种网络故障具有至关重要的作用。

2.3.1　ICMP 报文

ICMP 报文格式如图 2.7 所示，每个 ICMP 消息都将包含引发这条 ICMP 消息的数据包的完全 IP 包头，ICMP 报文则作为 IP 数据包的数据部分封装在 IP 数据包内部。ICMP 包头中包含的三个固定字段就是源端设备确定发生的错误类型的主要依据。

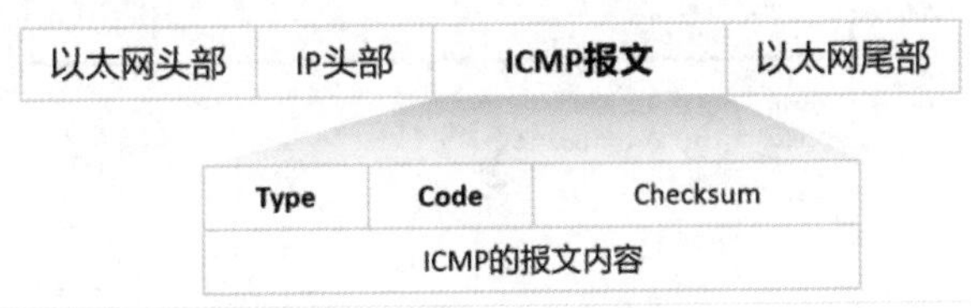

图 2.7　ICMP 报文格式

ICMP 报文字段解析如下。

- Type：表示 ICMP 消息的类型。
- Code：表示 ICMP 消息类型细分的子类型。
- Checksum：表示 ICMP 报文的校验和。

不同的 Type 和 Code 值表示不同的 ICMP 报文类型，对应数据包处理过程中可能出现的不同错误情况，常见的 ICMP 报文见表 2.3。

表 2.3　常见的 ICMP 报文

Type	Code	描　述
0	0	Echo Reply
3	0	网络不可达
3	1	主机不可达
3	2	协议不可达
3	3	端口不可达
5	0	重定向
8	0	Echo Request

2.3.2　ICMP 重定向

ICMP 重定向用于支持路由功能。如图 2.8 所示，主机 A 希望发送报文到服务器 A，于是根据配置的默认网关地址向路由器 RB 发送报文。路由器 RB 接收到报文后，检查报文信息，发现报文应该转发到与源主机在同一网段的另一个网关 RA，因为此转发路径不是最优的路径，所以 RB 会向主机 A 发送一个 Redirect 消息，通知主机直接向另一个路由器 RA 发送该报文。主机 A 接收到 Redirect 消息后，会向 RA 发送报文，然后 RA 会将该报文再转发给服务器 A。

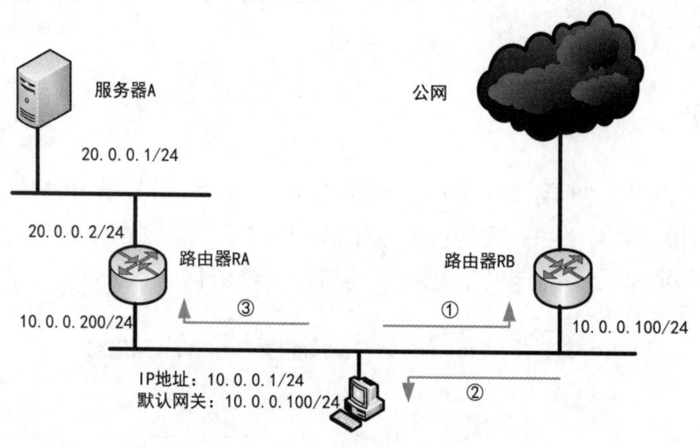

图 2.8　ICMP 重定向

2.3.3　ICMP 应用——Ping 命令

Ping 命令是检测网络连通性的常用工具。用户可以在 Ping 命令中指定不同的参数，如 ICMP 报文长度、发送的 ICMP 报文个数、等待回复响应的超时时间等，设备根据配置的参数来构造并发送 ICMP 报文，进行 Ping 测试。

Ping 命令常用的配置参数说明如下。

- -a：指定发送 ICMP ECHO-REQUEST 报文的源 IP 地址。如果不指定源 IP 地址，将采用出接口的 IP 地址作为 ICMP ECHO-REQUEST 报文发送的源 IP 地址。
- -c：指定发送 ICMP ECHO-REQUEST 报文的次数。默认情况下发送 5 个 ICMP ECHO-REQUEST 报文。
- -h：指定 TTL 的值。默认值为 255。
- -t：指定发送完 ICMP ECHO-REQUEST 后，等待 ICMP ECHO-REPLY 的超时时间。

Ping 命令的输出信息中包括目的地址、ICMP 报文长度、序号、TTL 值以及往返时间。其中，序号是包含在 Echo 回复消息（Type=0）中的可变参数字段，TTL 值和往返时间包含在消息的 IP 头中。

Ping 命令输出示例如下：

```
[RTA]ping 10.0.0.2
  PING 10.0.0.2 :  56  data bytes,  press CTRL_C to break
    Reply from 10.0.0.2 :  bytes=56 Sequence=1 ttl=255 time=340 ms
    Reply from 10.0.0.2 :  bytes=56 Sequence=2 ttl=255 time=10 ms
    Reply from 10.0.0.2 :  bytes=56 Sequence=3 ttl=255 time=30 ms
    Reply from 10.0.0.2 :  bytes=56 Sequence=4 ttl=255 time=30 ms
    Reply from 10.0.0.2 :  bytes=56 Sequence=5 ttl=255 time=30 ms

  --- 10.0.0.2 ping statistics ---
    5 packet（s） transmitted
    5 packet（s） received
    0.00% packet loss
    round-trip min/avg/max = 10/88/340 ms
```

2.3.4 ICMP 应用——Tracert

Tracert 基于报文中的 TTL 值来逐跳跟踪报文的转发路径。为了跟踪到达某特定目的地址的路径，源端首先将报文的 TTL 值设置为 1。该报文到达第一个节点后，TTL 超时，于是该节点向源端发送 TTL 超时消息，消息中携带时间戳，然后源端将报文的 TTL 值设置为 2。报文到达第二个节点后超时，该节点同样返回 TTL 超时消息，以此类推，直到报文到达目的地。这样，源端根据返回的报文中的信息可以跟踪到报文经过的每一个节点，并根据时间戳信息计算往返时间。Tracert 是检测网络丢包及时延的有效手段，同时可以帮助管理员发现网络中的路由环路。

Tracert 常用的配置参数说明如下。

- -a source-ip-address：指定 Tracert 报文的源地址。
- -f first-ttl：指定初始 TTL。默认值为 1。
- -m max-ttl：指定最大 TTL。默认值为 30。
- -name：使能显示每一跳的主机名。
- -p port：指定目的主机的 UDP 端口号。

2.4 ARP

如图 2.9 所示，当网络设备有数据要发送给另一台网络设备时，必须要知道对方的网络层地址（即 IP 地址）。IP 地址由网络层提供，但是仅有 IP 地址是不够的，IP 数据报文必须封装成帧才能通过数据链路层进行发送。数据帧必须要包含目的 MAC 地址，因此发送端还必须获取到目的 MAC 地址。要知道一台主机的 IP 地址与 MAC 地址的对应关系，就需要用到地址解析协议，即 ARP（Address Resolution Protocol）。

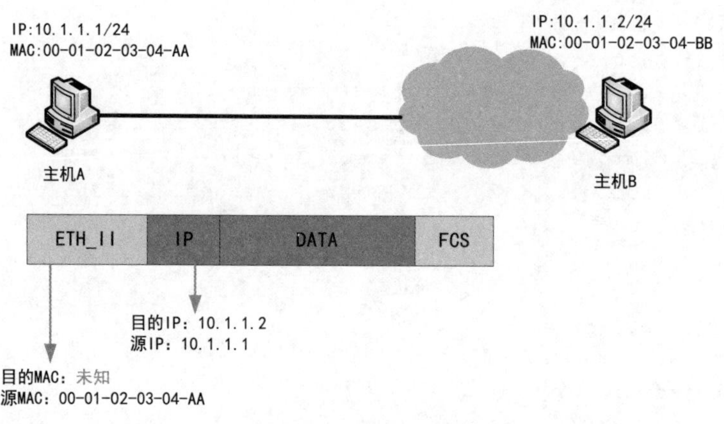

图 2.9　ARP 示例

2.4.1　ARP 工作过程

通过 ARP，网络设备可以建立目标 IP 地址和 MAC 地址之间的映射。网络设备通过网络层获取到目的 IP 地址之后，还要判断目的 MAC 地址是否已知。例如，当你和张三在同一个班级，但你并不知道张三是谁；此时你站起来大喊一声："我是李四，谁是张三？"然后张三回答："我是张三。"这一过程后，张三和李四就知道了对方的位置和姓名。

回到 ARP 的世界，如图 2.10 所示，当一台主机需要访问一个与自己在同一个网络的 IP 地址但不知道目的主机的 MAC 地址时，它就会发送一个 ARP 请求报文。由于我们并不清楚目的 MAC 地址是多少，所以该报文的目的 MAC 地址会用广播地址 FF-FF-FF-FF-FF-FF 进行填充。

当接收者收到该数据帧之后，会转交给自身的 ARP 程序进行比对，如果发现目的数据帧中的目的 IP 地址正是自身的，就会对发送者作出回应，如果不是则会保持沉默；回应报文中会将自身的 MAC 地址和 IP 地址分别填充至源 MAC 地址和源 IP 地址的位置。经过这一过程，接收者和发送者互相明确了各自 MAC 地址和 IP 地址的映射关系。

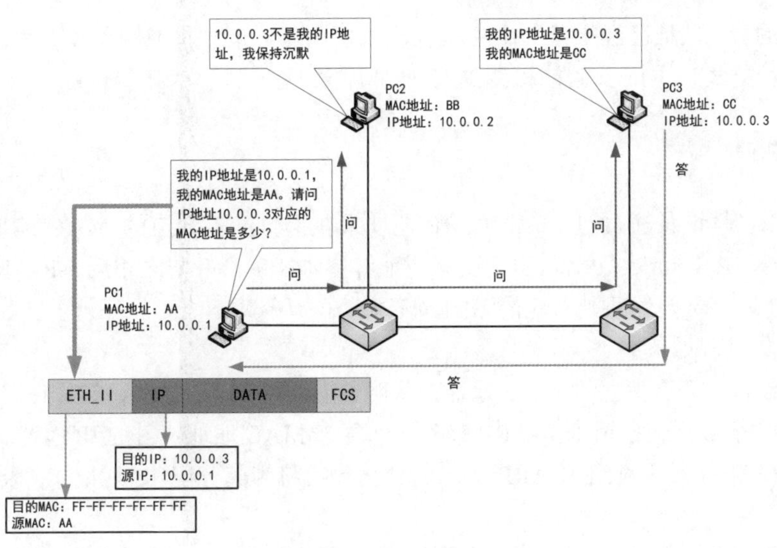

图 2.10　ARP 工作过程

2.4.2　代理 ARP

主机 A 与主机 B 进行通信时，目的 IP 地址与本机的 IP 地址位于不同网络，但是由于主机 A 未配置网关，所以它将会以广播形式发送 ARP Request 报文，请求主机 B 的 MAC 地址。但路由器是隔离广播域的，因此该广播报文无法被路由器转发，所以主机 B 无法接收到主机 A 发送的 ARP Request 报文，当然也就无法应答。这种情况下就需要代理 ARP，其工作过程如图 2.11 所示。

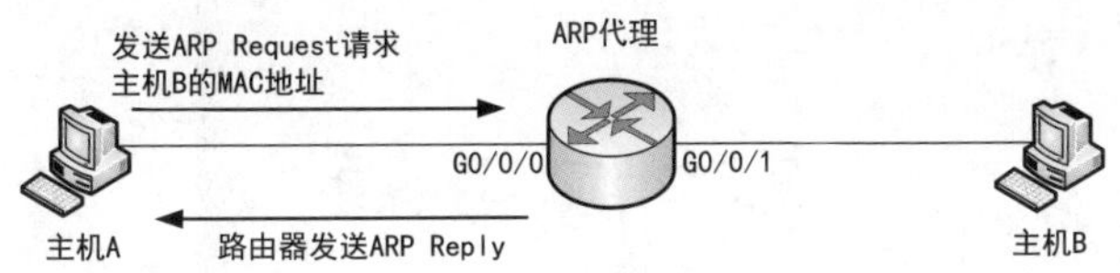

图 2.11　代理 ARP 工作过程

在路由器上启用代理 ARP 功能后，路由器收到这样的请求，会查找路由表，如果存在主机 B 的路由表项，路由器将会使用自己的 G0/0/0 接口的 MAC 地址，回应主机 A 发送的 ARP Request 请求。主机 A 收到代理 ARP 路由器发送的 ARP Reply 后，将以路由器的 G0/0/0 接口的 MAC 地址作为目的 MAC 地址进行数据转发。

2.4.3　免费 ARP

主机被分配了 IP 地址或者 IP 地址进行变更后，为了防止该 IP 地址与网络中其他主机的 IP 地址发生冲突，主机会通过发送 ARP Request 报文进行地址冲突检测。主机 A 将 ARP Request 报文中的目的 IP 地址字段设置为自己的 IP 地址，且该网络中的所有主机包括网关都会接收到此报文。当目的 IP 地址已经被某一个主机或网关使用时，该主机或网关就会发送 ARP Reply 报文。通过这种方式，主机 A 就能探测到 IP 地址冲突了。

2.4.4 R-ARP

如果说 ARP 是设备通过自己知道的 IP 地址来获得自己不知道的 MAC 地址，那 R-ARP（Reverse Address Resolution Protocol，反向地址解析协议）恰好与之相反，R-ARP 发出要反向解析的 MAC 地址并希望返回其对应的 IP 地址。

R-ARP 工作过程如下：

（1）每台设备都会有独立的 MAC 地址，从网卡上读取 MAC 地址，然后在网络上发送一个 R-ARP 请求的广播数据包，请求 R-ARP 服务器回复该 MAC 地址映射的 IP 地址。

（2）R-ARP 服务器接收到 R-ARP 请求的数据包后将为其分配 IP 地址，并将 R-ARP 回应发送给源主机。

（3）源主机接收到 R-ARP 回应后，即可使用得到的 IP 地址进行数据通信。

1. R-ARP 服务器

R-ARP 规定只有 R-ARP 服务器才能产生应答，并且 R-ARP 的请求是在硬件层上的广播，不能通过路由转发，因此在每个网络中都要实现一个 R-ARP 服务器。许多网络也会指定多个 R-ARP 服务器，这样做既是为了平衡负载也是为了作为出现问题时的备份。

2. R-ARP 报文格式

R-ARP 的报文格式类似于 ARP 的报文格式，主要差别在于 R-ARP 的帧类型代码为 0x8035（ARP 为 0x0806）。

2.5 练 习 题

1. UDP 是面向无连接的，必须依靠（　　）来保障传输的可靠性。

A. 传输控制协议　　B. 应用层协议　　C. 网络层协议　　D. 网际协议

2. 华为路由器中的 Tracert 诊断工具被用来跟踪数据的转发路径。（　　）

A. 对　　B. 错

3. 网络管理员使用 Ping 命令来测试网络连通性时使用哪些协议？（　　）

A. UDP　　B. TCP　　C. ARP　　D. ICMP

4. ARP 能够根据目的 IP 地址解析目标设备 MAC 地址，从而实现 MAC 地址与 IP 地址的映射。

A. 对　　B. 错

5. 由于 TCP 在建立连接和关闭连接时都采用三次握手机制，所以 TCP 支持可靠传输。（　　）

A. 对　　B. 错

第 3 章

华为 VRP 系统

VRP（Versatile Routing Platform，通用路由平台）是华为公司数据通信产品的通用操作系统平台，所有的网络工程师都应该熟练掌握该技术。

学完本章内容以后，我们应该能够：

- 了解 VRP 的作用
- 掌握命令行的使用
- 了解如何登录设备
- 了解 VRP 文件管理

3.1 VRP 简介

3.1.1 什么是 VRP

VRP 是华为公司从低端到高端的全系列路由器、交换机等数据通信产品的通用网络操作系统，如同微软的 Windows 操作系统之于 PC，苹果公司的 iOS 操作系统之于 iPhone。VRP 可以运行在多种硬件平台上，并拥有一致的网络界面、用户界面和管理界面，可以为用户提供灵活而丰富的应用解决方案。

VRP 提供以下功能：

- 实现统一的用户界面和管理界面。
- 实现控制平面功能，并定义转发平面接口规范。
- 实现各产品转发平面与 VRP 控制平面之间的交互。
- 屏蔽各产品数据链路层对于网络层的差异。

3.1.2 VRP 发展历程

随着网络技术和应用的飞速发展，VRP 平台在处理机制、业务能力、产品支持等方面也在持续演进。截至 2023 年 4 月，VRP 已经开发出了 5 个版本，分别是 VRP1、VRP2、VRP3、VRP5 和 VRP8，如图 3.1 所示。

如今企业网络大都采用 VRP5，有的高端设备会用到 VRP8。

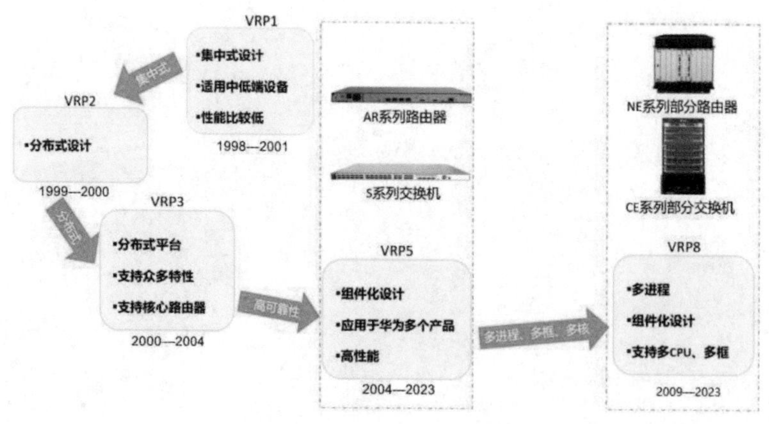

图 3.1　华为 VRP 发展历程

3.1.3 文件系统

文件系统是指对存储器中文件、目录的管理，功能包括查看、创建、重命名和删除目录，拷贝、移动、重命名和删除文件等。掌握文件系统的基本操作，对于网络工程师高效管理设备的配置文件和 VRP 系统文件至关重要。

1. 系统软件

系统软件是设备启动、运行的必备软件，为整个设备提供支撑、管理业务等功能。常见文件后缀名为.cc。相当于计算机的操作系统，如 Windows 10。

2. 配置文件

配置文件是用户保存配置命令的文件，作用是允许设备以指定的配置启动生效。常见文件后缀名为.cfg、.zip、.dat。

3. 补丁文件

补丁是一种与设备系统软件兼容的文件，用于解决设备系统软件少量且急需解决的问题。常见文件后缀名为.pat。

4. PAF 文件

PAF 文件根据用户对产品的需要提供一个简单有效的方式来裁剪产品的资源占用和功能特性。常见文件后缀名为.bin。

3.1.4 存储设备

存储设备包括 SDRAM、Flash、NVRAM、SD Card、USB。

1. SDRAM

SDRAM（Synchronous Dynamic Random Access Memory，同步动态随机存储器）是系统运行内存，相当于计算机的内存。其优点是速度快，缺点是断电后数据会丢失。

2. Flash

Flash 属于非易失存储器，断电后不会丢失数据。主要存放系统软件、配置文件等；补丁文件和 PAF 文件由维护人员上传，一般存储于 Flash 或 SD Card 中。

3. NVRAM

NVRAM（Non-Volatile Random Access Memory，非易失性随机访问存储器）用于存储日志缓存文件，定时器超时或缓存区满后再写入 Flash。

4. SD Card

SD Card（SD 卡）断电后不会丢失数据，其存储容量较大，一般出现在主控板上，可以存放系统文件、配置文件、日志等。

5. USB

USB 是接口，用于外接大容量存储设备，主要用于设备升级、传输数据等。

3.2 登录和管理设备

网络设备在配置前需进行管理和登录操作，华为设备的登录方式有“面对面”管理方式和远程管理方式两种。“面对面”管理方式是指设备在网络管理员身边，可以随时对其进行操作；而远程管理方式需要借助一些联通协议进行操作。

3.2.1 通过 Console 端口登录和管理设备

使用 Console 线缆来连接设备的 Console 端口与计算机的 COM 端口，这样就可以通过计算机实现本地调试和维护。华为在设备上固化了 Console 端口，它是符合 RS-232 串口标准的 RJ-45 接口。目前大多数台式电脑提供的 COM 端口都可以与 Console 端口连接。笔记本电脑一般不提供 COM 端口，需要使用 USB 到 RS-232 的转换接口，如图 3.2 所示。

连接 Console 端口，需要准备以下必要的设备和软件。

- Console 线缆。
- RS-232 转接头：解决笔记本电脑没有 COM 端口的情况，目的是将 COM 端口转接成 USB 接口。
- 安装设备的驱动程序：一般购买设备时自带，如果没有，可以去设备官网进行下载安装。
- 终端软件：在工作机上安装终端软件用于连接工作机和设备，常用的是超级终端 SecureCRT。

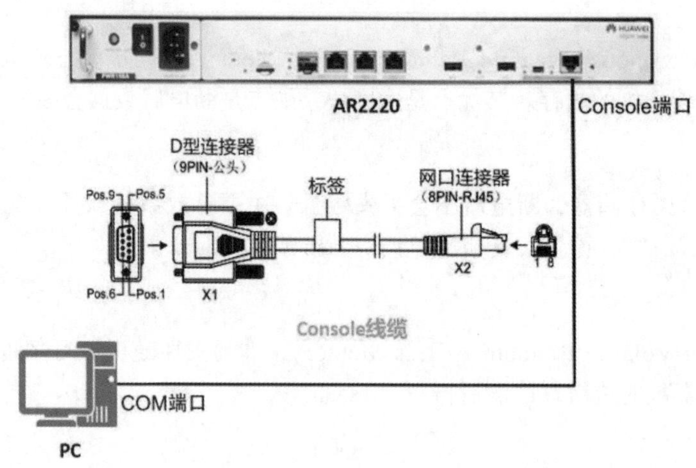

图 3.2 Console 端口

如图 3.3 所示，一切准备就绪后，即可在工作机上选择相应的 COM 端口，并用 SecureCRT 进行连接。计算机 COM 端口可以通过 Windows 系统的任务管理器查看。在“开始”菜单中选择“计算机”选项，右击，在打开的快捷菜单中选择“管理”选项，然后选择任务管理器即可。

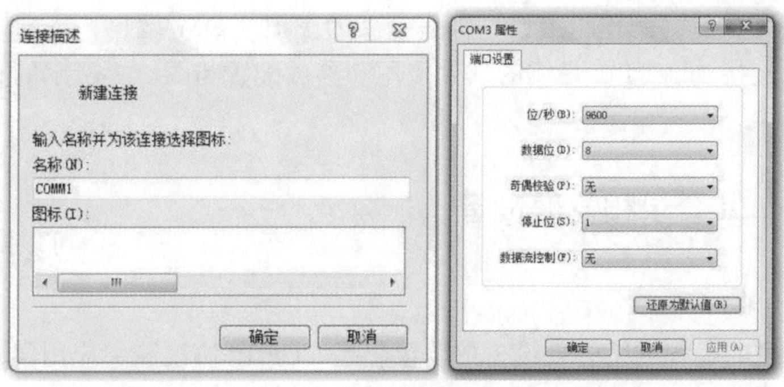

图 3.3　COM 端口参数配置

3.2.2　通过 Mini USB 端口登录和管理设备

如图 3.4 所示，通过 Mini USB 端口与主机 USB 端口建立连接，可以实现对设备的调试和维护。在管理设备时，Console 端口和 Mini USB 端口互斥，即同一时刻只能使用其中的 1 个端口连接到 VRP。

在使用 Mini USB 端口建立连接前，需要在主机上安装驱动程序。可以从华为企业官方支持的网站中下载到所需驱动程序。目前，Mini USB 端口的驱动程序只能安装在 Windows XP、Windows Vista 和 Windows 7 操作系统上，按照软件提示安装驱动程序即可。驱动程序安装示例如图 3.5 和图 3.6 所示。

图 3.4　Mini USB 端口

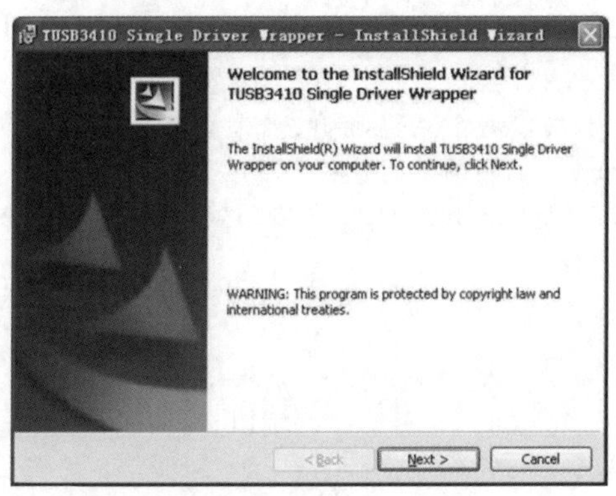

图 3.5　驱动程序安装示例（1）

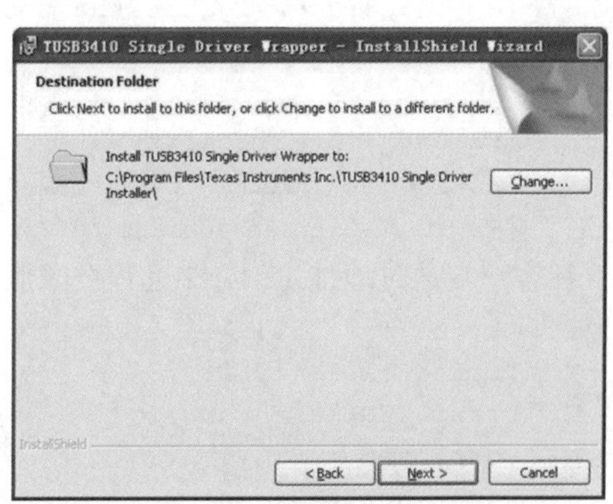

图 3.6　驱动程序安装示例（2）

驱动程序安装完成后，工作机上会增加一个新的虚拟 COM 端口，终端模拟软件可以通过该虚拟 COM 端口连接到 VRP。具体的软件使用和参数配置与图 3.3 所示的 COM 端口参数配置描述一致。

3.2.3　通过 Telnet 登录和管理设备

1. 什么是 Telnet

Telnet 是最常用的远程网络管理设备的协议，是 TCP/IP 协议簇中应用层协议的一员；其工作方式是“客户端/服务器”。Telnet 服务器与客户端之间需建立 TCP 连接，Telnet 服务器的默认端口号为 23。在配置 Telnet 登录用户界面时，必须配置认证方式，否则用户无法成功登录设备。Telnet 认证有两种模式：AAA 模式和密码模式。

2. VTY

VTY（Virtual Type Terminal，虚拟终端）管理和监控通过 Telnet 方式登录的用户界面。网络设备为每个 Telnet 用户分配一个 VTY 界面。默认情况下，华为路由器支持的 Telnet 用户数目最多为 5 个，VTY 0 4 的含义是 VTY0、VTY1、VTY2、VTY3、VTY4。

3. 配置远程登录

通过 Telnet 登录 VRP 系统的网络拓扑结构如图 3.7 所示，具体登录步骤如下。

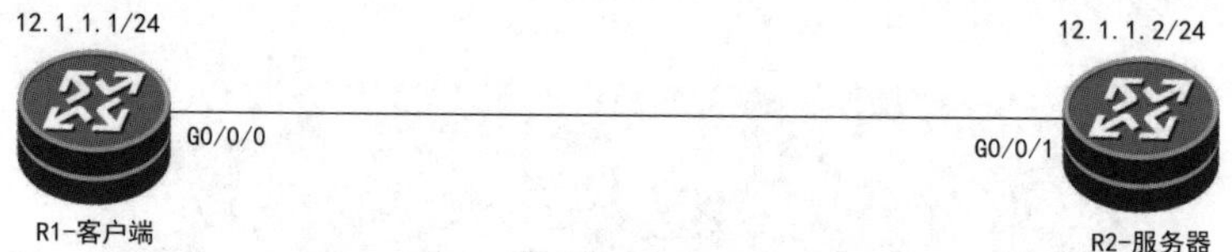

图 3.7　Telnet 远程登录

服务器的配置如下：

```
[R2]interface GigabitEthernet 0/0/1 //进入千兆以太网接口 0/0/1
[R2- GigabitEthernet 0/0/0]ip address 12.1.1.2 24 //配置接口 IP 地址为
                                         //12.1.1.2，掩码长度为 24 位
[R2]user-interface vty 0 4          //进入 VTY 登录界面并设置 VTY 登录界面用户为 5
[R2-ui-vty0-4]authentication-mode password   //配置需通过密码对用户进行认证
[R2-ui-vty0-4]set authentication password cipher huawei12 //配置登录密码为 huawei12
```

在客户端通过地址 12.1.1.2 远程登录服务器：

```
<R1>telnet 12.1.1.2
Trying 12.1.1.2 ...
Press CTRL+K to abort
Connected to 10.1.1.2 ...
Login authentication
Password:                   //以密文形式输入密码
```

```
Info:  The max number of VTY users is 10,  and the number
       of current VTY users on line is 1.
       The current login time is 2013-04-19 16: 32: 00.
<R2>//成功登录服务器，状态由<R1>变为<R2>
```

3.3 VRP 命令行基础

命令行界面 CLI（Command Line Interface）是用户与设备进行交互的常用工具。用户登录到路由器出现命令行提示符后，即进入命令行界面。

3.3.1 命令行视图

1. VRP 启动程序

管理员和工程师如果要访问在通用路由平台 VRP 上运行的华为产品，首先要进入启动程序。如图 3.8 所示，VRP 启动界面信息提供了系统启动的运行程序和正在运行的 VRP 版本及其加载路径。启动完成以后，系统提示目前正在运行的是自动配置模式。用户可以选择是继续使用自动配置模式或是进入手工配置模式。如果选择手工配置模式，则在提示符处输入 Y。在没有特别要求的情况下，一般选择手工配置模式。

```
BIOS Creation Date : Jan  5 2013, 18:00:24
DDR DRAM init : OK
Start Memory Test ? ('t' or 'T' is test):skip
Copying Data : Done
Uncompressing : Done
……
Press Ctrl+B to break auto startup ... 1
Now boot from flash:/AR2220E-V200R007C00SPC600.cc,
……
<Huawei>
 Warning: Auto-Config is working. Before configuring the device, stop
Auto-Config. If you perform configurations when Auto-Config is
running, the DHCP, routing, DNS, and VTY configurations will be lost.
Do you want to stop Auto-Config? [y/n]:Y
```

图 3.8　VRP 启动界面

2. VRP 视图结构

VRP 视图结构定义了很多命令视图，如图 3.9 所示，每个命令只能在特定的视图中执行。每个命令都注册在一个或多个命令视图下，用户只有先进入这个命令所在的视图，才能运行相应的命令。

进入 VRP 系统的配置界面后，VRP 上最先出现的视图是用户视图。在该视图下，用户可以查看设备的运行状态和统计信息。若要修改系统参数，必须进入系统视图。还可以通过系统视图进入其他的功能配置视图，如接口视图和协议视图。通过提示符可以判断当前所处的视图。

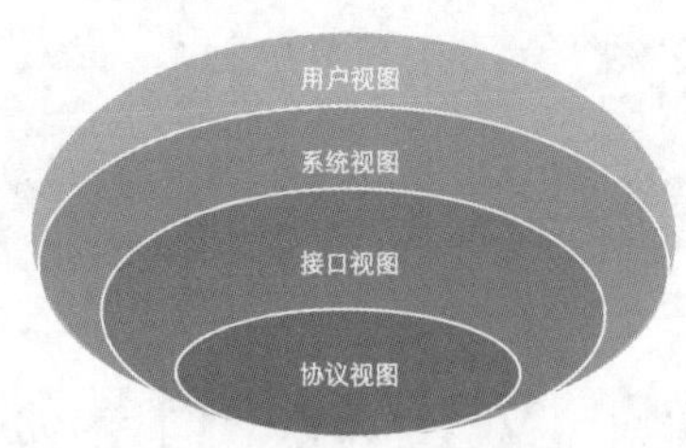

图 3.9　VRP 视图结构

- 用户视图：程序启动成功后见到的第一个界面用“< >”标识。
- 系统视图：在用户视图中输入 system-view 命令切换到系统视图，系统视图用“[ ]”标识。
- 接口视图：在接口视图下可以进行接口参数的配置。
- 协议视图：在协议视图下可以进行协议参数的配置。

3.3.2　命令行快捷键和在线帮助

1. 常用快捷键

为了简化操作，系统提供了快捷键，使用户能够快速执行操作。表 3.1 中列举了系统定义的常用快捷键。

表 3.1　常用快捷键

快捷键	功　能
Ctrl+A	将光标移动到当前命令行的最前端
Ctrl+C	停止当前命令的运行
Ctrl+Z	回到用户视图
Ctrl+]	终止当前连接或切换连接
Ctrl+B	将光标向左移动一个字符
Ctrl+D	删除当前光标所在位置的字符
Ctrl+E	将光标移动到当前命令行的末尾
Ctrl+F	将光标向右移动一个字符
Ctrl+H	删除光标左侧的一个字符
Ctrl+N	显示历史命令缓冲区中的后一条命令
Ctrl+P	显示历史命令缓冲区中的前一条命令

2. 命令行在线帮助

VRP 系统提供两种帮助功能，分别是部分帮助和完全帮助，如图 3.10 所示。部分帮助是指，当用户输入命令时，如果只记得此命令开头的一个或几个字符，可以使用命令行的部分帮助获取以该字符串开头的所有关键字的提示。完全帮助是指，在任一命令视图下，用户可以输入“?”获取该命令视图下的所有命令及其简单描述；输入一条命令关键字，后接以空格分隔的“?”，如果该位置为关键字，则列出全部关键字及其描述。

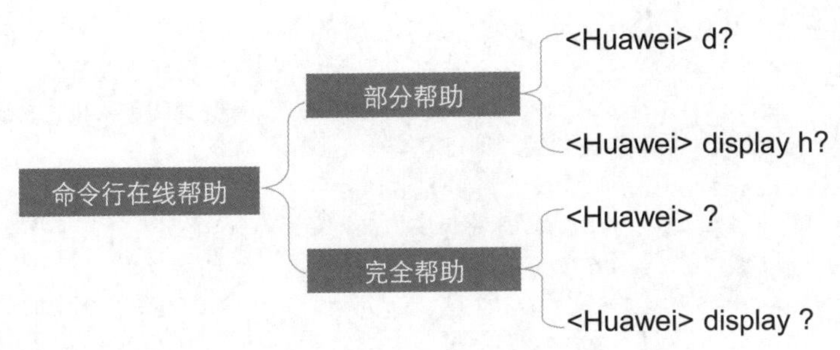

图 3.10 命令行在线帮助

3.3.3 命令级别

VRP 系统将命令进行分级管理，以增加设备的安全性。设备管理员可以设置用户级别，一定级别的用户可以使用对应级别的命令行。默认情况下，命令级别分为 0 ~ 3 级，用户级别分为 0 ~ 15 级，详情见表 3.2。用户 0 级为访问级，用户 1 级为监控级，对应命令 0 级和 1 级，包括用于系统维护的命令以及 display 等命令。用户 2 级为配置级，对应命令 2 级，包括向用户提供直接网络服务，包括路由、各个网络层次的命令。用户 3 ~ 15 级为管理级，对应命令 3 级，该级别主要是用于系统运行的命令，对业务提供支撑作用，包括文件系统、FTP、TFTP 下载、文件交换配置、电源供应控制、备份板控制、用户管理、命令级别设置、系统内部参数设置，以及用于业务故障诊断的 debugging 命令。在具体使用中，如果有多个管理员账号，但只允许某一个管理员保存系统配置，则可以将 save 命令的级别提高到 4 级，并定义只有该管理员才拥有 4 级权限。这样，在不影响其他用户使用的情况下，可以实现对命令的使用控制。

表 3.2 用户级别和命令级别

用户级别	命令级别	名 称
0	0	访问级
1	0、1	监控级
2	0、1、2	配置级
3 ~ 15	0、1、2、3	管理级

3.4 VRP 基本操作

在本节中，我们将通过一个实例来完成 VRP 的一些基本操作，如图 3.11 所示。

R1

图 3.11 VRP 的基本操作

（1）熟悉 VRP 的视图。

```
<Huawei>                        //用户视图
<Huawei>system-view             //从用户视图进入系统视图
```

```
Enter system view, return user view with Ctrl+Z.
[Huawei]                                          //[ ]代表系统视图
[Huawei]interface GigabitEthernet 0/0/0 //从系统视图进入接口视图
//只需输入 ip add，然后按 Tab 键，即可补全 address 命令
[Huawei-GigabitEthernet0/0/0]ip add
//配置接口 IP 地址为 10.1.1.1 ，掩码长度为 24 位
[Huawei-GigabitEthernet0/0/0]ip address 10.1.1.1 24
[Huawei-GigabitEthernet0/0/0]quit    //quit 命令是 VRP 系统中的退出当前层级命令
[Huawei]ospf     //进入 ospf 协议视图
[Huawei-ospf-1] //ospf 是后面将要学习的一个非常重要的动态路由协议，此处仅作为一个示例
```

【技术要点 1】

Tab 键的使用：如果与之匹配的关键字唯一，则按 Tab 键，系统会自动补全关键字，补全后，反复按 Tab 键，关键字不变。示例如下：

```
[Huawei] info-                                        //按 Tab 键
[Huawei] info-center
```

【技术要点 2】

退出可以使用命令 quit、return 和按快捷键 Ctrl+Z。

- quit 命令仅可以返回上一个视图。
- return 命令直接返回到用户视图。
- 快捷键 Ctrl+Z 和 return 命令功能一样。

（2）给设备命名。

```
[Huawei]sysname joinlabs       //更改系统名为 joinlabs
[joinlabs]                     //可以看到系统名由 Huawei 变成了 joinlabs
```

（3）查看当前运行的配置文件。

```
<joinlabs>display current-configuration     //查看当前运行的配置文件
#
sysname joinlabs  //系统名为 joinlabs
#
aaa
 authentication-scheme default
 authorization-scheme default
 accounting-scheme default
 domain default
 domain default_admin
 local-user admin password cipher OOCM4m($F4ajUn1vMEIBNUw#
 local-user admin service-type http
#
firewall zone Local
 priority 16
#
```

```
interface Ethernet0/0/0
#
interface Ethernet0/0/1
#
interface Serial0/0/0
 link-protocol ppp
#
interface Serial0/0/1
 link-protocol ppp
#
interface Serial0/0/2
 link-protocol ppp
#
interface Serial0/0/3
 link-protocol ppp
#
interface GigabitEthernet0/0/0
#
interface GigabitEthernet0/0/1
#
interface GigabitEthernet0/0/2
#
interface GigabitEthernet0/0/3
#
wlan
#
interface NULL0
#
ospf 1   //ospf 进程 1
#
user-interface con 0
user-interface vty 0 4
user-interface vty 16 20
#
return
```

【技术要点】

有读者可能会问，刚刚只配置了系统名和 OSPF，为什么还有这么多的命令？

因为除了 sysname joinlabs、ospf 1，其他的都是预配置，这些配置都是系统自带的。

（4）保存当前的配置。

```
<joinlabs>save                              //保存
//当前这些配置将会保存到设备
The current configuration will be written to the device
Are you sure to continue?[Y/N]Y //是否继续，选择 Y
//如果不改名，默认为 vrpcfg.zip
```

```
Info: Please input the file name ( *.cfg, *.zip ) [vrpcfg.zip]:
May 16 2022 15:40:18-08:00 joinlabs %%01CFM/4/SAVE(l)[0]:The user chose
Y when deciding whether to save the configuration to the device.
Now saving the current configuration to the slot 17.
Save the configuration successfully.
<joinlabs>
```

【技术要点】

如果对设备进行了配置，但没有保存，那么配置文件只存在 RAM 中，下次重启设备时，上次的配置就没有了。所以一定要记得及时保存配置文件，只要保存了，配置文件就进入 Flash/SD 卡中了，下次重启设备时，配置还在。

（5）查看保存的配置文件。

```
<joinlabs>display saved-configuration     //查看保存的配置文件
#
sysname joinlabs
#
undo info-center enable
#
aaa
 authentication-scheme default
 authorization-scheme default
 accounting-scheme default
 domain default
 domain default_admin
 local-user admin password cipher OOCM4m($F4ajUn1vMEIBNUw#
 local-user admin service-type http
#
firewall zone Local
 priority 16
#
interface Ethernet0/0/0
#
interface Ethernet0/0/1
#
interface Serial0/0/0
 link-protocol ppp
#
interface Serial0/0/1
 link-protocol ppp
#
interface Serial0/0/2
 link-protocol ppp
#
interface Serial0/0/3
 link-protocol ppp
```

```
#
interface GigabitEthernet0/0/0
#
interface GigabitEthernet0/0/1
#
interface GigabitEthernet0/0/2
#
interface GigabitEthernet0/0/3
#
wlan
#
interface NULL0
#
ospf 1
#
user-interface con 0
user-interface vty 0 4
user-interface vty 16 20
#
return
```

【技术要点】

在没有保存配置文件之前，使用 display saved-configuration 命令进行查看，可以看到配置文件为空。

（6）重置配置文件。

```
<joinlabs>reset saved-configuration      //清空保存的配置文件
Warning: The action will delete the saved configuration in the device.
//"配置将会被删除用于重新配置，是否继续？"选择 Y
The configuration will be erased to reconfigure. Continue? [Y/N]:Y
Warning: Now clearing the configuration in the device.
Info: Succeeded in clearing the configuration in the device.
<joinlabs>reboot    //重启，只有重新启动配置才能清空
Info: The system is now comparing the configuration, please wait.
//"所有的配置会被保存到下次启动文件中，是否继续？"一定要选择 N，即不保存当前的配置
Warning: All the configuration will be saved to the configuration file
for the next startup:, Continue?[Y/N]: N
Info: If want to reboot with saving diagnostic information, input 'N'
and then execute 'reboot save diagnostic-information'.
System will reboot! Continue?[Y/N]:Y     //选择 Y
```

【技术要点】

配置文件重置相当于还原设备的所有配置，所以在使用这些命令前要记得备份。

（7）指定系统启动配置文件。

```
<joinlabs>save joinlabs.cfg      //保存配置文件，配置文件名为 joinlabs.cfg
//选择 Y 或者按 Enter 键
Are you sure to save the configuration to flash:/joinlabs.cfg?[Y/N]:Y
<joinlabs>dir flash:              //查看 flash 中的文件
Directory of flash:/
  Idx  Attr     Size(Byte)  Date        Time        FileName
    0  drw-              -  Aug 07 2015 13:51:14    src
    1  drw-              -  May 16 2022 15:05:00    pmdata
    2  drw-              -  May 16 2022 15:05:03    dhcp
    3  -rw-            603  May 16 2022 15:58:22    private-data.txt
    4  drw-              -  May 16 2022 15:20:09    mplstpoam
    5  -rw-            424  May 16 2022 16:02:18    vrpcfg.zip
    6  -rw-            794  May 16 2022 16:04:21    joinlabs.cfg
//可以看到文件保存成功
32,004 KB total (31,991 KB free)
<joinlabs>startup saved-configuration joinlabs.cfg    //指定启动配置文件名
Info: Succeeded in setting the configuration for booting system.
<joinlabs>save                    //保存
The current configuration will be written to the device.
Are you sure to continue?[Y/N]Y //选择 Y
Save the configuration successfully.
<joinlabs>display startup         //查看设备重启后调用的配置文件
MainBoard:
  Configured startup system software:       NULL
  Startup system software:                  NULL
  Next startup system software:             NULL
  Startup saved-configuration file:         flash:/joinlabs.cfg
  //可以看到设备下次启动时调用的配置文件
  Next startup saved-configuration file:    flash:/joinlabs.cfg
  Startup paf file:                         NULL
  Next startup paf file:                    NULL
  Startup license file:                     NULL
  Next startup license file:                NULL
  Startup patch package:                    NULL
  Next startup patch package:               NULL
```

【技术要点】

默认情况下，设备会调用根目录下的启动文件，而当设备有备份配置文件时，可以指定调用的配置文件，这样可以灵活地实施项目。

3.5 VRP 文件系统

常见的 VRP 文件系统操作命令见表 3.3。

表 3.3 VRP 文件系统操作命令

命 令	说 明
pwd	查看当前目录
dir	显示当前目录下的文件信息
more	查看文本文件的具体内容
cd	修改用户当前界面的工作目录
mkdir	创建新的目录
rmdir	删除目录
copy	复制文件
move	移动文件
rename	重命名文件
delete	删除文件
undelete	恢复删除的文件
reset recycle-bin	彻底删除回收站中的文件

3.5.1 文件查询命令实验

接下来通过一个实验来了解文件查询命令。

（1）查看路由器 AR1 的当前目录。

```
<Huawei>pwd       //查看当前目录
flash:
```

可以看到当前处于 flash 目录中。

（2）查看当前目录下文件和目录的信息。

```
<Huawei>dir       //显示当前目录下的文件信息
Directory of flash:/

  Idx  Attr     Size(Byte)  Date        Time(LMT)  FileName
    0  drw-              -  Apr 20 2022 07:21:12   dhcp
    1  -rw-        121,802  May 26 2014 09:20:58   portalpage.zip
    2  -rw-          2,263  Apr 20 2022 07:21:06   statemach.efs
    3  -rw-        828,482  May 26 2014 09:20:58   sslvpn.zip

1,090,732 KB total (784,464 KB free)
```

【技术要点】

列表信息解释如下：

- d 表示当前为目录，-表示当前为文件，r 表示当前目录或文件可读，w 表示当前目录或文件可写。
- Size 表示当前目录或文件的大小。
- Filename 表示当前目录或文件的名称。

3.5.2 文件操作命令实验

接下来通过一个实验来了解文件操作命令。

（1）创建一个新目录，名称为 test。

```
<Huawei>mkdir test     //创建目录 test
Info: Create directory flash:/test......Done
```

（2）查看当前目录下是否创建了 test 目录。

```
<Huawei>dir  //显示当前目录下的文件信息
Directory of flash:/

  Idx  Attr      Size(Byte)  Date         Time(LMT)  FileName
    0  drw-               -  Apr 20 2022  07:29:47   test
    1  drw-               -  Apr 20 2022  07:21:12   dhcp
    2  -rw-         121,802  May 26 2014  09:20:58   portalpage.zip
    3  -rw-           2,263  Apr 20 2022  07:21:06   statemach.efs
    4  -rw-         828,482  May 26 2014  09:20:58   sslvpn.zip

1,090,732 KB total (784,460 KB free)
```

可以看到已经创建了 test 目录。

（3）删除 test 目录。

```
<Huawei>rmdir test       //删除 test 目录
Remove directory flash:/test? (y/n)[n]:y  //y 表示确定删除
%Removing directory flash:/test...Done!
```

（4）查看当前目录下是否删除了 test 目录。

```
<Huawei>dir
Directory of flash:/

  Idx  Attr      Size(Byte)  Date         Time(LMT)  FileName
    0  drw-               -  Apr 20 2022  07:21:12   dhcp
    1  -rw-         121,802  May 26 2014  09:20:58   portalpage.zip
    2  -rw-           2,263  Apr 20 2022  07:21:06   statemach.efs
    3  -rw-         828,482  May 26 2014  09:20:58   sslvpn.zip

1,090,732 KB total (784,464 KB free)
```

通过 dir 显示的结果，可以看到 test 目录已经被删除了。

（5）重命名 sslvpn.zip 文件名为 huawei.zip。

```
<Huawei>rename sslvpn.zip huawei.zip  //把 sslvpn.zip 文件名改为 huawei.zip
Rename flash:/sslvpn.zip to flash:/huawei.zip? (y/n)[n]:y //选择 y
Info: Rename file flash:/sslvpn.zip to flash:/huawei.zip ......Done
```

（6）查看改名是否成功。

```
<Huawei>dir
Directory of flash:/
```

```
  Idx  Attr     Size(Byte)  Date         Time(LMT)  FileName
    0  -rw-        828,482  May 26 2014  09:20:58   huawei.zip
    1  drw-              -  Apr 20 2022  07:21:12   dhcp
    2  -rw-        121,802  May 26 2014  09:20:58   portalpage.zip
    3  -rw-          2,263  Apr 20 2022  07:21:06   statemach.efs

1,090,732 KB total (784,464 KB free)
```

通过 dir 显示的结果，可以看到文件名已更改为 huawei.zip。

（7）复制 huawei.zip 文件并重命名为 test.txt。

```
<Huawei>copy huawei.zip test.txt     //复制 huawei.zip 文件并重命名为 test.txt
Copy flash:/huawei.zip to flash:/test.txt? (y/n)[n]:y //选择 y
```

（8）查看是否修改成功。

```
<Huawei>dir
Directory of flash:/

  Idx  Attr     Size(Byte)  Date         Time(LMT)  FileName
    0  -rw-        828,482  May 26 2014  09:20:58   huawei.zip
    1  drw-              -  Apr 20 2022  07:21:12   dhcp
    2  -rw-        121,802  May 26 2014  09:20:58   portalpage.zip
    3  -rw-        828,482  Apr 20 2022  07:40:02   test.txt
4  -rw-          2,263  Apr 20 2022 07:21:06   statemach.efs
```

通过 dri 显示的结果，可以看到目录中多了一个名为 test.txt 的文件。

（9）将 test.txt 文件移入 dhcp 目录，并查看。

```
<Huawei>move test.txt dhcp/     //将 test.txt 文件移入 dhcp 目录
Move flash:/test.txt to flash:/dhcp/test.txt? (y/n)[n]:y //选择 y
%Moved file flash:/test.txt to flash:/dhcp/test.txt.
<Huawei>cd dhcp/   //进入 dhcp 目录
<Huawei>dir        //查看当前目录的文件
Directory of flash:/dhcp/

  Idx  Attr     Size(Byte)  Date         Time(LMT)  FileName
    0  -rw-             98  Apr 20 2022  07:21:12   dhcp-duid.txt
    1  -rw-        828,482  Apr 20 2022  07:40:02   test.txt

1,090,732 KB total (783,652 KB free)
```

通过 dir 显示的结果，可以看到 dhcp 目录下多了一个名为 text.txt 的文件。

（10）删除 text.txt 文件。

```
<Huawei>delete test.txt //删除 text.txt 文件
Delete flash:/dhcp/test.txt? (y/n)[n]:y    //选择 y
Info: Deleting file flash:/dhcp/test.txt...succeed.
<Huawei>dir                  //查看当前目录下的文件信息
Directory of flash:/dhcp/

  Idx  Attr     Size(Byte)  Date         Time(LMT)  FileName
```

```
    0  -rw-              98  Apr 20 2022 07:21:12   dhcp-duid.txt

1,090,732 KB total (783,648 KB free)
```

通过 dir 显示的结果，可以看到 dhcp 目录下已经没有 text.txt 文件了。

（11）恢复删除的 text.txt 文件并查看。

```
<Huawei>undelete test.txt     //恢复删除的文件 test.txt
Undelete flash:/dhcp/test.txt? (y/n)[n]:y  //选择 y
%Undeleted file flash:/dhcp/test.txt.
<Huawei>dir //查看当前目录下的文件信息
Directory of flash:/dhcp/

  Idx  Attr      Size(Byte)  Date         Time(LMT)  FileName
    0  -rw-              98  Apr 20 2022 07:21:12   dhcp-duid.txt
    1  -rw-         828,482  Apr 20 2022 07:40:02   test.txt

1,090,732 KB total (783,648 KB free)
```

通过 dir 显示的结果，可以看到 text.txt 文件已经恢复。

3.6 练 习 题

1. 在 VRP 操作平台中，可以通过下面哪种方式返回到上一条历史命令？（　　）

A．Ctr1+U　　B．Ctr1+P　　C．左光标　　D．上光标

2. 通用路由平台 VRP 的全称是（　　）。

A．Versatile Redundancy Platform　　B．Versatile Routing Protocol

C．Versatile Routing Platform　　D．Virtual Routing Platform

3. VRP 系统中的命令划分为访问级、监控级、配置级、管理级 4 个级别，能运行各种业务配置命令但不能操作文件系统的是（　　）。

A．配置级　　B．监控级　　C．访问级　　D．管理级

4. 在 VRP 操作平台中，pwd 和 dir 命令都可以查看当前目录下的文件信息。（　　）

A．对　　B．错

5. 在 VRP 操作平台中，使用命令 delete vrpcfg.zip 删除文件时，必须在回收站中清空，才能彻底删除文件。（　　）

A．对　　B．错

第 4 章

IP 地址

网络层位于数据链路层与传输层之间。网络层中包含许多协议，其中最为重要的协议是 IP。网络层提供了 IP 路由功能。理解 IP 路由除了要熟悉 IP 的工作机制外，还必须理解 IP 地址以及如何合理地使用 IP 地址来设计网络。

学完本章内容以后，我们应该能够：

- 掌握 IP 的基本原理
- 掌握 IP 地址的配置
- 掌握 VLSM

4.1 IP 地址简介

目前全球因特网所采用的协议族是 TCP/IP。IP 是 TCP/IP 协议族中网络层的协议，是 TCP/IP 协议族的核心协议。IP 协议定义了一种地址编码，称为 IP 地址，它是网络中网络段、网络设备接口、主机的编码，并不是一种物理地址，而是逻辑地址，即地址是可以被分配，并且非固定、可修改的。

IPv4（Internet Protocol Version 4），是 IP 协议的第 4 版，也是第一个被广泛使用，构成现今互联网技术的基石的协议。1981 年，Jon Postel 在 RFC 791 中定义了 IP，IP 可以运行在各种各样的底层网络上，如端对端的串行数据链路、卫星链路等。局域网中最常用的是以太网。

IPv4 的下一个版本是 IPv6（Internet Protocol Version 6），IPv6 正处在不断发展和完善的阶段，在不久的将来将取代目前被广泛使用的 IPv4。

4.1.1 IP 报文

IP 协议有版本之分，分别是 IPv4 和 IPv6。目前，因特网上的 IP 报文主要都是 IPv4 报文，但是逐步在向 IPv6 过渡。若无特别声明，本章所提及的 IP 均指 IPv4。IPv4 的报文格式如图 4.1 所示。

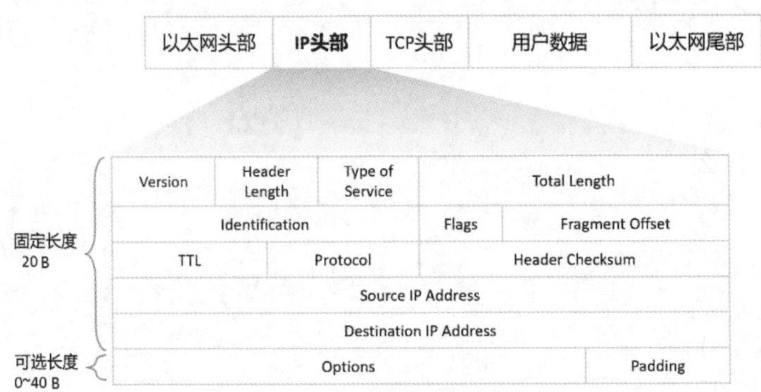

图 4.1 IPv4 的报文格式

IPv4 报文格式的主要内容如下。

- Version：版本号，4 位。值 4 表示为 IPv4，值 6 表示为 IPv6。
- Header Length：IP 报文头部长度，4 位。如果不带 Options 字段，则 IP 报文头部长度为 20 字节，最长为 60 字节。
- Type of Service：服务类型（ToS），8 位。只有在有 QoS 差分服务要求时，该字段才起作用。
- Total Length：总长度，16 位。整个 IP 数据包的长度，包括首部和数据，单位为字节，最长为 65535，总长度不能超过 MTU（最大传输单元）。

- Identification：标识，16 位。主机每发送一个报文，就加 1。分片重组时会用到该字段。
- Flags：标志位，3 位。
- Fragment Offset：片偏移，13 位。分片重组时会用到该字段。
- TTL：生存时间，8 位。
- Protocol：协议，8 位。指出此数据包携带的数据使用何种协议，以便目的主机的 IP 层知道将数据部分上交给哪个进程处理。
- Header Checksum：头部检验和，16 位。
- Source IP Address：源 IP 地址，32 位。
- Destination IP Address：目的 IP 地址，32 位。
- Options：选项字段，可选。
- Padding：填充字段，可选，全填 0。

IPv4 是 TCP/IP 协议族中最为核心的协议。它工作在 TCP/IP 协议栈的网络层，该层与 OSI 参考模型的网络层相对应。

IPv6 是网络层协议的第二代标准协议，也被称为 IPng（IP Next Generation），是 IETF 设计的一套规范，也是 IPv4 的升级版本，后面的章节再做详细介绍。

4.1.2 IP 地址表示方法和范围

1. 二进制与十进制的转换

在学习 IP 地址时，首先要明白什么是十进制、什么是二进制，并且要知道它们之间的转换过程，掌握这些知识对学习 IP 地址有很大的益处。

首先来看一下什么是十进制。例如，买了一本书花费 128 元，数字 128 就是十进制，接下来以数字 128 为例分析一下十进制。

- 十进制一共有 10 个数字：0、1、2、3、4、5、6、7、8、9。
- $128=1\times10^2+2\times10^1+8\times10^0=1\times100+2\times10+8\times1$。在十进制中，10 代表权，$N$ 代表幂，其中个位为 10^0，十位为 10^1，百位为 10^2。

掌握了十进制以后，再来看一个二进制示例。

- 二进制一共有 2 个数字：0 和 1。
- 1101 转换为十进制为 $1\times2^3+1\times2^2+0\times2^1+1\times2^0=1\times8+1\times4+0+1=13$。在二进制中，2 代表权，$N$ 代表幂，从二进制的右边开始依次为 2^0、2^1、$2^2\cdots$。

2. IP 地址的表示

IP 地址的长度为 32 位，由 4 字节组成。为了阅读和书写方便，IP 地址通常采用点分十进制数来表示，但通信设备在对 IP 地址进行计算时使用的是二进制的操作方式。例如，采用点分十进制表示的 IP 地址 192.168.10.1 也可以用二进制表示，它的对应关系如图 4.2 所示。

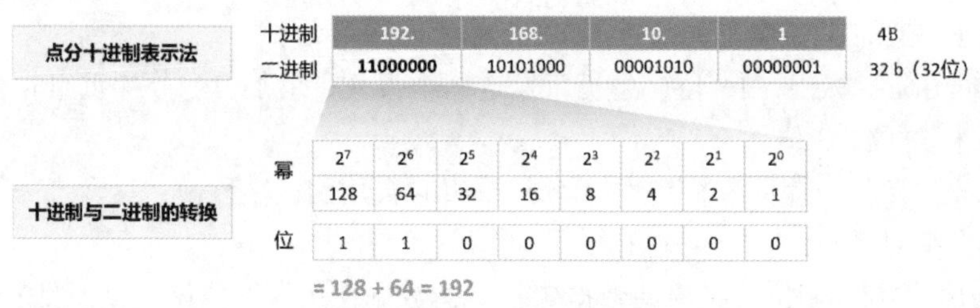

图 4.2 IP 地址二进制与十进制的关系

如果对二进制和十进制的转换非常清楚，就知道 IP 地址的范围用二进制可以表示为 00000000.00000000.00000000.00000000 ~ 11111111.11111111.11111111.11111111，转换为十进制为 0.0.0.0 ~ 255.255.255.255。

4.1.3 IP 地址的构成

IP 地址被划分为网络部分和主机部分，如图 4.3 所示。网络部分负责表示所在的逻辑网络区域，主机部分负责表示该主机在网段中的具体逻辑位置。同一网络区域中所有主机的网络部分相同。

网络部分			主机部分
192.	168.	10.	1

图 4.3 IP 地址的构成

如果把 IP 地址和电话号码做类比：在电话号码 0731-85015×××中，0731 是区号，代表湖南省长沙市，类似于 IP 地址中的网络部分；85015×××是湖南省长沙市内某一个电话机的确切号码，类似于 IP 地址中的主机部分。

4.1.4 IP 地址的分类

为了方便 IP 地址的管理及组网，将 IP 地址分成五类，如图 4.4 所示。

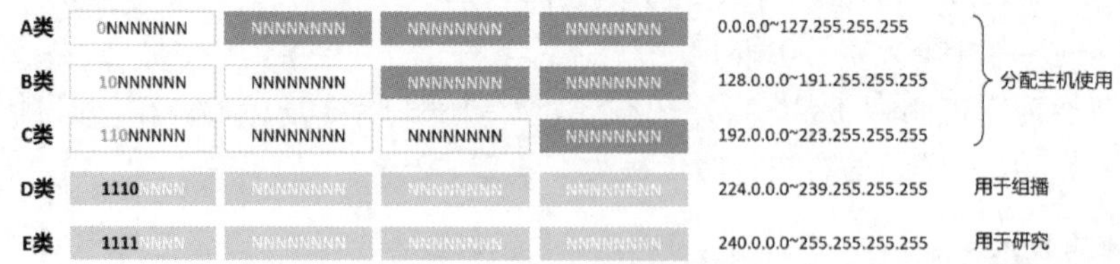

图 4.4 IP 地址的分类

- A 类地址：第一位必须为 0，这样就能计算出 A 类地址的第一个字节的取值范围为 1 ~ 126 或$(00000001)_2$ ~ $(01111110)_2$。第一个字节为网络位区间，后三个字节为主机位区间。在 A 类地址中，当第一个字节为 0 或 127 时，它不归属于 A 类网络。

- B 类地址：前两位必须为 10，则 B 类网络地址的第一个字节的取值范围为 128～191 或 $(10000000)_2$～$(10111111)_2$，前两个字节为网络位区间，后两个字节为主机位区间。
- C 类地址：前三位必须为 110，第一个字节取值范围为 192～223 或 $(11000000)_2$～$(11011111)_2$。C 类地址前三个字节为网络位区间，第四个字节为主机位区间。
- D 类地址：该类地址被定义为组播地址。
- E 类地址：该类地址用于科学研究。

4.1.5 IP 地址的计算

读者朋友们要记住 A 类 IP 地址的范围为 1～126，B 类 IP 地址的范围为 128～191，C 类 IP 地址的范围为 192～223，D 类 IP 地址的范围为 224～239。只要记住这些知识就能快速区分 IP 地址的范围。

1. 网络位和主机位

A 类 IP 地址的网络位为 8 位，主机位为 24 位；B 类 IP 地址的网络位为 16 位，主机位为 16 位；C 类 IP 地址的网络位为 24 位，主机位为 8 位。

举例 1：10.1.1.1 属于 A 类 IP 地址，因为 A 类 IP 地址的范围为 1～126。

举例 2：172.16.1.1 属于 B 类 IP 地址，因为 B 类 IP 地址的范围为 128～191。

举例 3：192.168.1.1 属于 C 类 IP 地址，因为 C 类 IP 地址的范围为 192～223。

2. 子网掩码

子网掩码的定义：网络位全为 1，主机位全为 0。

举例 1：10.1.1.1 的子网掩码为 255.0.0.0。因为 10.1.1.1 的网络位有 8 位，主机位有 24 位，即 11111111.00000000.00000000.00000000（255.0.0.0）。

举例 2：172.16.1.1 的子网掩码为 255.255.0.0。因为 172.16.1.1 的网络位有 16 位，主机位有 16 位，即 11111111.11111111.00000000.00000000（255.255.0.0）。

举例 3：192.168.1.1 的子网掩码为 255.255.255.0。因为 192.168.1.1 的网络位有 24 位，主机位有 8 位，即 11111111.11111111.11111111.00000000（255.255.255.0）。

3. 网络地址

网络地址的定义：网络位不变，主机位全为 0。

举例 1：10.1.1.1 的网络地址为 10.0.0.0。因为 10.1.1.1 的网络位有 8 位，主机位有 24 位，网络位不变，主机位全为 0，即 **10**.00000000.00000000.00000000（10.0.0.0）。

举例 2：172.16.1.1 的网络地址为 172.16.0.0。因为 172.16.1.1 的网络位有 16 位，主机位有 16 位，网络位不变，主机位全为 0，即 172.16.00000000.00000000（172.16.0.0）。

举例 3：192.168.1.1 的网络地址为 192.168.1.0。因为 192.168.1.1 的网络位有 24 位，主机

位有 8 位，网络位不变，主机位全为 0，即 192.168.1.00000000（192.168.1.0）。

4. 广播地址

广播地址的定义：网络位不变，主机位全为 1。

举例 1：10.1.1.1 的广播地址为 10.255.255.255。因为 10.1.1.1 的网络位有 8 位，主机位有 24 位，网络位不变，主机位全为 1，即 **10**.11111111.11111111.11111111（10.255.255.255）。

举例 2：172.16.1.1 的广播地址为 172.16.255.255。因为 172.16.1.1 的网络位有 16 位，主机位有 16 位，网络位不变，主机位全为 1，即 172.16.11111111.11111111（172.16.255.255）。

举例 3：192.168.1.1 的广播地址为 192.168.1.255。因为 192.168.1.1 的网络位为 24 位，主机位为 8 位，网络位不变，主机位全为 1，即 192.168.1.11111111（192.168.1.255）。

5. 主机地址

主机地址的算法：网络地址加 1，广播地址减 1。

举例 1：10.1.1.1 的网络地址为 10.0.0.0，广播地址为 10.255.255.255，所以主机地址为 10.0.0.1 ~ 10.255.255.254

举例 2：172.16.1.1 的网络地址为 172.16.0.0，广播地址为 172.16.255.255，所以主机地址为 172.16.0.1 ~ 172.16.255.254。

举例 3：192.168.1.1 的网络地址为 192.168.1.0，广播地址为 192.168.1.255，所以主机地址为 192.168.1.1 ~ 192.168.1.254。

6. 主机数

主机数的算法：2^N-2，其中 N 代表主机位。

举例 1：10.1.1.1 的网络位为 8 位，主机位为 24 位，所以它的主机数为 $2^{24}-2$=16777214。

举例 2：172.16.1.1 的网络位为 16 位，主机位为 16 位，所以它的主机数为 $2^{16}-2$=65534。

举例 3：192.168.1.1 的网络位为 24 位，主机位为 8 位，所以它的主机数为 2^8-2=254。

以上内容总结见表 4.1。

表 4.1　IP 地址的计算

IP 地址	类别	网络位	主机位	子网掩码	网络地址	广播地址	主机地址	主机数
10.1.1.1	A	8	24	255.0.0.0	10.0.0.0	10.255.255.255	10.0.0.1 ~ 10.255.255.254	$2^{24}-2$
172.16.1.1	B	16	16	255.255.0.0	172.16.0.0	172.16.255.255	172.16.0.1 ~ 172.16.255.254	$2^{16}-2$
192.168.1.1	C	24	8	255.255.255.0	192.168.1.0	192.168.1.255	192.168.1.1 ~ 192.168.1.254	2^8-2

4.1.6　私有 IP 地址

为了解决 IP 地址短缺的问题，提出了私有 IP 地址的概念。私有 IP 地址是指内部网络或主机地址，这些地址只能用于某个内部网络，不能用于公共网络。

（1）公有 IP 地址：连接到互联网的网络设备必须具有由 IANA 分配的公有 IP 地址。

（2）私有 IP 地址：私有 IP 地址的使用使得网络可以得到更为自由的扩展，因为同一个私网 IP 地址可以在不同的私网中重复使用。

（3）私有 IP 地址可以分为 A 类、B 类和 C 类。

- A 类：10.0.0.0~10.255.255.255。
- B 类：172.16.0.0~172.31.255.255。
- C 类：192.168.0.0~192.168.255.255。

私网由于使用了私有 IP 地址，是不允许连接互联网的。后来在实际需求的驱动下，许多私网也希望能够连接互联网，从而实现私网与互联网之间的通信，以及通过互联网实现私网与私网之间的通信。私网与互联网的互联，必须使用网络地址转换（NAT）技术实现。

4.1.7 特殊 IP 地址

IP 地址空间中一些特殊的 IP 地址，见表 4.2。

表 4.2 特殊的 IP 地址

特殊 IP 地址	地址范围	作 用
有限广播地址	255.255.255.255	可作为目的地址，向该网段所有主机发送信息（受限于网关）
任意地址	0.0.0.0	“任何网络”的网络地址 “这个网络上主机接口”的 IP 地址
环回地址	127.0.0.0/8	测试设备自身的软件系统
本地链路地址	169.254.0.0/16	当主机自动获取地址失败后，可使用该网段中的某个地址进行临时通信

1. 有限广播地址

255.255.255.255 为有限广播地址，可以作为一个 IP 报文的目的 IP 地址使用。路由器接收到目的 IP 地址为有限广播地址的 IP 报文后，会停止对该 IP 报文的转发。

2. 任意地址

如果把 0.0.0.0 作为网络地址，则表示“任何网络”的网络地址；如果把该地址作为主机接口地址，则表示“这个网络上主机接口”的 IP 地址。

例如，当一个主机接口在启动过程中尚未获得自己的 IP 地址时，就可以向网络发送目的 IP 地址为有限广播地址、源 IP 地址为 0.0.0.0 的 DHCP 请求报文，希望 DHCP 服务器在收到自己的请求后，能够给自己分配一个可用的 IP 地址。

3. 环回地址

127.0.0.0/8 为环回地址，可以作为一个 IP 报文的目的 IP 地址使用。其作用是测试设备自身的软件系统。

一个设备产生的目的 IP 地址为环回地址的 IP 报文是不可能离开这个设备本身的。

4. 本地链路地址

如果一个网络设备获取 IP 地址的方式被设置成了自动获取，但是该设备在网络上又没有找到可用的 DHCP 服务器，那么该设备就会使用 169.254.0.0/16 网段的某个地址进行临时通信。

4.2 子网划分

“有类编址”的地址划分过于死板，划分的颗粒度太大，会有大量的主机号不能被充分利用，从而造成了大量的 IP 地址资源浪费。因此可以利用子网划分来减少地址浪费，即 VLSM（Variable Length Subnet Mask，可变长子网掩码）。将一个大的有类网络，划分成若干个小的子网，使得 IP 地址的使用更为科学。

4.2.1 子网划分的理由

现在来看一个 B 类 IP 地址 172.16.1.1，通过上节的内容我们可以计算出它的网络位、主机位、子网掩码、网络地址、广播地址、主机地址和主机数，见表 4.3。

表 4.3　172.16.1.1 地址计算

IP 地址	类别	网络位	主机位	子网掩码	网络地址	广播地址	主机地址	主机数
172.16.1.1	B	16	16	255.255.0.0	172.16.0.0	172.16.255.255	172.16.0.1 ~ 172.16.255.254	$2^{16}-2$

通过表 4.3 可以看出，172.16.0.0 网段的主机数为 65534，这种 IP 地址的划分在实际工作中是不合理的。假如把这个网段分配给 A 公司，如图 4.5 所示，那么这种分配方案会产生如下问题：①很少有企业需要这么多的主机数，浪费 IP 地址；②这么多主机在同一广播域，一旦发生广播，内网将不堪重负。

因此可以利用子网划分来避免地址浪费的问题，如图 4.6 所示。

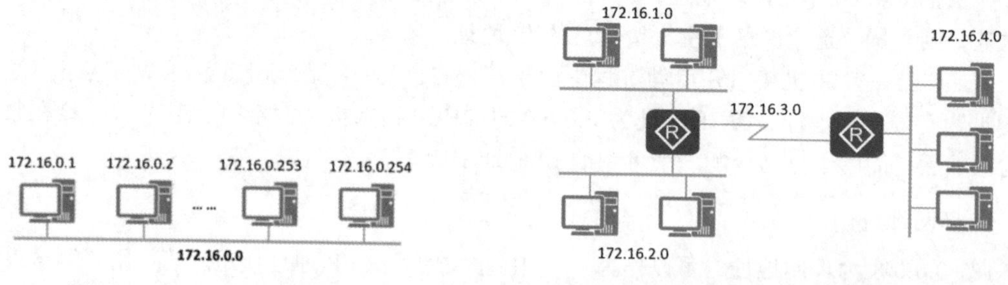

图 4.5　172.16.0.0 网段组网

图 4.6　VLSM 划分子网

通过 VLSM 划分子网的好处：将一个网络号划分成多个子网，每个子网分配给一个独立的广播域，如此一来广播域的规模更小、网络规划更加合理，IP 地址可以得到合理利用。

4.2.2 子网划分的方法

1. 原网段分析

假设有一个 C 类网段地址 192.168.10.0。默认情况下，其子网掩码为 24 位，包括 24 位网络位，8 位主机位。通过计算，得出它的网络地址、广播地址、主机地址和主机数见表 4.4。

表 4.4 192.168.10.0 网段分析

IP 地址	类别	网络位	主机位	子网掩码	网络地址	广播地址	主机地址	主机数
192.168.10.0	C	24	8	255.255.255.0	192.168.10.0	192.168.10.255	192.168.10.1 ~ 192.168.10.254	2^8-2

2. 借主机位给网络位

现在，若将主机位"借"给网络位 1 位，那么网络位就扩充到了 25 位，相对的主机位就减少到了 7 位，而借过来的这 1 位就是子网位，此时子网掩码就变成了 25 位，即 255.255.255.128/25。

子网位：可取值为 0 或 1，则得到两个新的子网。两个新的子网网段分析见表 4.5。

表 4.5 192.168.10.0 借 1 位主机位网段分析

子　网	类别	网络位	主机位	子网掩码	网络地址	广播地址	主机地址	主机数
192.168.10.0xxxxxxx	C	25	7	255.255.255.128	192.168.10.0	192.168.10.127	192.168.10.1 ~ 192.168.10.126	2^7-2
192.168.10.1xxxxxxx	C	25	7	255.255.255.128	192.168.10.128	192.168.10.255	192.168.10.129 ~ 192.168.10.254	2^7-2

4.3 地 址 配 置

4.3.1 IP 地址配置

1. 实验目的

掌握接口 IPv4 地址的配置方法。

2. 实验拓扑

IP 地址配置的实验拓扑如图 4.7 所示。

图 4.7 IP 地址配置的实验拓扑

3. 实验步骤

（1）R1 的配置。

```
<Huawei>system-view                          //进入系统视图
[Huawei]undo info-center enable             //关闭路由器输出信息
```

```
[Huawei]sysname R1                          //修改设备名为 R1
[R1]interface g0/0/0                        //进入接口 G0/0/0
[R1-GigabitEthernet0/0/0]ip address 192.168.12.1 24 //配置 IP 地址和子网掩码
[R1-GigabitEthernet0/0/0]undo shutdown //打开接口
[R1-GigabitEthernet0/0/0]quit               //退出
```

（2）R2 的配置。

```
<Huawei>system-view
[Huawei]undo info-center enable
[Huawei]sysname R2
[R2]interface g0/0/1
[R2-GigabitEthernet0/0/1]ip address 192.168.12.2 24
[R2-GigabitEthernet0/0/1]undo shutdown
[R2-GigabitEthernet0/0/1]quit
```

4. 实验调试

R1 访问 R2：

```
<R1>ping 192.168.12.2
  PING 192.168.12.2: 56  data bytes, press CTRL_C to break
    Reply from 192.168.12.2: bytes=56 Sequence=1 ttl=255 time=70 ms
    Reply from 192.168.12.2: bytes=56 Sequence=2 ttl=255 time=40 ms
    Reply from 192.168.12.2: bytes=56 Sequence=3 ttl=255 time=90 ms
    Reply from 192.168.12.2: bytes=56 Sequence=4 ttl=255 time=30 ms
    Reply from 192.168.12.2: bytes=56 Sequence=5 ttl=255 time=30 ms

  --- 192.168.12.2 ping statistics ---
    5 packet(s) transmitted
    5 packet(s) received
    0.00% packet loss
    round-trip min/avg/max = 30/52/90 ms
```

4.3.2 子网地址配置

1. 实验目的

掌握子网地址的配置方法。

2. 实验拓扑

子网地址配置的实验拓扑如图 4.8 所示。

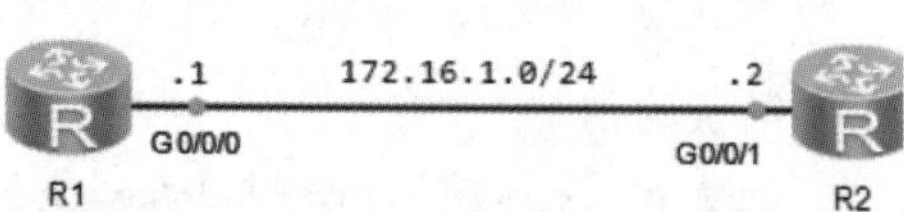

图 4.8 子网地址配置的实验拓扑

3. 实验步骤

（1）R1 的配置。

```
<Huawei>system-view
[Huawei]undo info-center enable
[Huawei]sysname R1
[R1]interface g0/0/0
```

```
[R1-GigabitEthernet0/0/0]ip address 172.16.1.1 24
[R1-GigabitEthernet0/0/0]undo shutdown
[R1-GigabitEthernet0/0/0]quit
```

（2）R2 的配置。

```
<Huawei>system-view
[Huawei]undo info-center enable
[Huawei]sysname R2
[R2]interface g0/0/1
[R2-GigabitEthernet0/0/1]ip address 172.16.1.2 24
[R2-GigabitEthernet0/0/1]undo shutdown
[R2-GigabitEthernet0/0/1]quit
```

4. 实验调试

R1 访问 R2：

```
<R1>ping 172.16.1.2
  PING 172.16.1.2: 56  data bytes, press CTRL_C to break
    Reply from 172.16.1.2: bytes=56 Sequence=1 ttl=255 time=100 ms
    Reply from 172.16.1.2: bytes=56 Sequence=2 ttl=255 time=60 ms
    Reply from 172.16.1.2: bytes=56 Sequence=3 ttl=255 time=40 ms
    Reply from 172.16.1.2: bytes=56 Sequence=4 ttl=255 time=30 ms
    Reply from 172.16.1.2: bytes=56 Sequence=5 ttl=255 time=70 ms

  --- 172.16.1.2 ping statistics ---
    5 packet(s) transmitted
    5 packet(s) received
    0.00% packet loss
    round-trip min/avg/max = 30/60/100 ms
```

4.3.3 节点地址配置

1. 实验目的

掌握节点地址的配置方法。

2. 实验拓扑

节点地址配置的实验拓扑如图 4.9 所示。

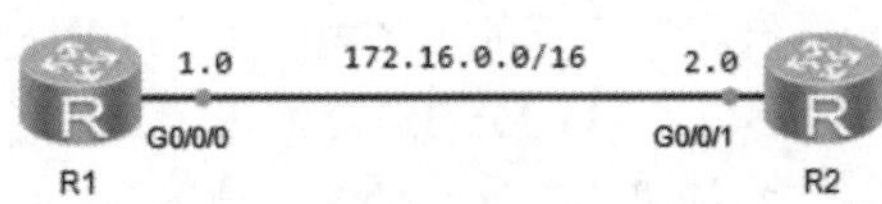

图 4.9　节点地址配置的实验拓扑

3. 实验步骤

（1）R1 的配置。

```
<Huawei>system-view
[Huawei]sysname R1
[Huawei]undo info-center enable
[Huawei]sysname R1
[R1]interface g0/0/0
[R1-GigabitEthernet0/0/0]ip address 172.16.1.0 16
[R1-GigabitEthernet0/0/0]undo shutdown
[R1-GigabitEthernet0/0/0]quit
```

（2）R2 的配置。

```
<Huawei>system-view
[Huawei]undo info-center enable
[Huawei]sysname R2
[R2]interface g0/0/1
[R2-GigabitEthernet0/0/1]ip address 172.16.2.0 16
[R2-GigabitEthernet0/0/1]undo shutdown
[R2-GigabitEthernet0/0/1]quit
```

4. 实验调试

R1 访问 R2：

```
<R1>ping 172.16.2.0
  PING 172.16.2.0: 56  data bytes, press CTRL_C to break
    Reply from 172.16.2.0: bytes=56 Sequence=1 ttl=255 time=60 ms
    Reply from 172.16.2.0: bytes=56 Sequence=2 ttl=255 time=30 ms
    Reply from 172.16.2.0: bytes=56 Sequence=3 ttl=255 time=40 ms
    Reply from 172.16.2.0: bytes=56 Sequence=4 ttl=255 time=30 ms
    Reply from 172.16.2.0: bytes=56 Sequence=5 ttl=255 time=30 ms

  --- 172.16.2.0 ping statistics ---
    5 packet(s) transmitted
    5 packet(s) received
    0.00% packet loss
  round-trip min/avg/max = 30/38/60 ms
```

4.4 练 习 题

1. 某公司申请到一个 C 类地址段，需要平均分配给 8 个子公司，最大的一个子公司有 14 台计算机，不同的子公司必须在不同的网段中，则子网掩码应该设计为（　　）。

A．255.255.255.240　B．255.255.255.128　C．255.255.255.192　D．255.255.255.0

2. 如果一个网络的广播地址为 172.16.1.255，那么它的网络地址可能是（　　）。

A．172.16.1.128　B．172.16.2.0　C．172.16.1.1　D．172.86.1.253

3. 管理员要在路由器的 G0/0/0 接口上配置 IP 地址，那么使用下面哪个地址才是正确的？（　　）

A．192.168.10.112/30　B．237.6.1.2/24

C．127.3.1.4/28　D．145.4.2.55/26

4. 主机使用以下哪个 IPv4 地址不能直接访问互联网？（　　）

A．100.1.1.1　B．50.1.1.1　C．10.1.1.1　D．200.1.1.1

5. 网络管理员给网络中的某台主机分配的 IPv4 地址为 192.168.1.1/28，则该主机所在的网络还可以增加（　　）台主机。

A．12　B．15　C．13　D．14

第 5 章

静态路由

路由是数据通信网络中最基本的要素。路由信息就是指导报文发送的路径信息，路由的过程就是报文转发的过程。静态路由（static routing）是一种路由的方式，它是需要管理员手工配置的特殊路由。与动态路由不同，静态路由是固定的，不会改变，即使网络状况已经改变或者被重新组态。

学完本章内容以后，我们应该能够：

- 理解路由器的工作原理
- 掌握路由选路原则
- 掌握静态路由的配置

5.1 路由器的工作原理

配置如图 5.1 所示的 IP 地址（此处步骤省略，请读者自行配置），配置完成后，在 R1 上分别 ping 12.1.1.2、23.1.1.2、23.1.1.3，可以发现，在 R1 上 ping 12.1.1.2 可以通，但是 ping 23.1.1.2、23.1.1.3 都不通，这是什么原因呢？学完本章的内容，读者就能够理解了。

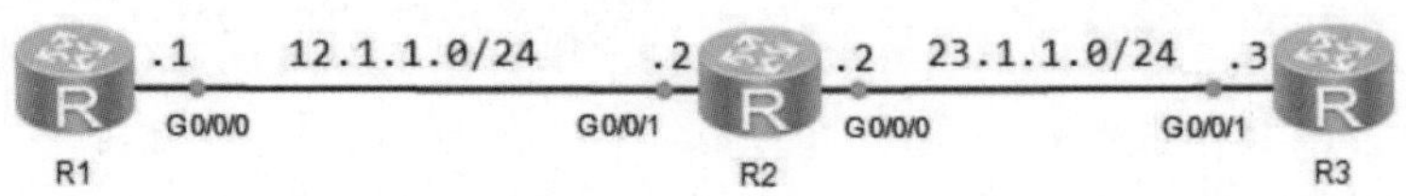

图 5.1　配置 IP 地址

5.1.1 根据路由表转发数据

一个数据包到达路由器以后，路由器根据数据包的目的 IP 地址查找路由表，如果有路由表，则根据路由表进行转发；如果没有路由表，则丢弃该数据包。下面举两个例子。

举例 1：如图 5.1 所示，在 R1 上访问 12.1.1.2，其数据转发流程如下。

（1）数据包的源 IP 地址为 12.1.1.1，目的 IP 地址为 12.1.1.2，在 R1 上查看路由表，查看是否有去往 12.1.1.0/24 的路由。R1 的路由表如下所示。

```
<R1>display ip routing-table   //查看路由表
Route Flags: R - relay, D - download to fib
------------------------------------------------------------------------------
Routing Tables: Public
Destinations : 4        Routes : 4

Destination/Mask  Proto   Pre Cost  Flags NextHop    Interface

     12.1.1.0/24  Direct  0    0     D    12.1.1.1   GigabitEthernet0/0/0
     12.1.1.1/32  Direct  0    0     D    127.0.0.1  GigabitEthernet0/0/0
     127.0.0.0/8  Direct  0    0     D    127.0.0.1  InLoopBack0
    127.0.0.1/32  Direct  0    0     D    127.0.0.1  InLoopBack0
```

通过查看路由表，发现数据包从出接口 G0/0/0 发送出去。

路由表中包含以下参数。

- Destination：表示此路由的目的地址。用于标识 IP 数据包的目的地址或目的网络。
- Mask：表示此目的地址的子网掩码长度。与目的地址一起标识目的主机或路由器所在网段的地址。

将目的地址和子网掩码“逻辑与”后可得到目的主机或路由器所在网段的地址。例如，目的地址为 12.1.1.0、子网掩码为 255.255.255.0 的主机或路由器所在网段的地址为 12.1.1.0。子网掩码由若干个连续的 1 构成，既可以用点分十进制表示，也可以用子网掩码中连续 1 的个数表示。例如，子网掩码 255.255.255.0 的长度为 24，即可以表示为 24。

- Proto：表示学习此路由的路由协议。
- Pre：表示此路由的路由协议优先级。针对同一目的地址，可能存在不同的下一跳、出接口等多条路由，这些不同的路由可能是由不同的路由协议发现的，也可以是手工配置的静态路由。优先级高（数值小）者将成为当前的最优路由。
- Cost：路由开销。当到达同一目的地址的多条路由具有相同的路由优先级时，路由开销最小的将成为当前的最优路由。Cost 用于同一种路由协议内部不同路由优先级的比较，Preference 则用于不同路由协议间路由优先级的比较。
- Flags：显示路由标记，即路由表头的 Route Flags。
- NextHop：表示此路由的下一跳地址。指明数据转发的下一个设备。
- Interface：表示此路由的出接口。指明数据将从本地路由器的哪个接口转发出去。

（2）数据从 R2 的 G0/0/1 接口到达路由器 R2，路由器 R2 查看目的 IP 地址为 12.1.1.2，是自己 G0/0/1 接口的 IP 地址，发现是发送给自己的，所以要给 R1 一个回应。源 IP 地址为 12.1.1.2，目的 IP 地址为 12.1.1.1，R2 也要查看路由表。R2 的路由表如下所示。

```
<R2>display ip routing-table  //查看 R2 的路由表
Route Flags: R - relay, D - download to fib
------------------------------------------------------------------------------
Routing Tables: Public
        Destinations : 6        Routes : 6

Destination/Mask  Proto   Pre  Cost   Flags NextHop     Interface

    12.1.1.0/24  Direct  0    0      D     12.1.1.2    GigabitEthernet0/0/1
    12.1.1.2/32  Direct  0    0      D     127.0.0.1   GigabitEthernet0/0/1
    23.1.1.0/24  Direct  0    0      D     23.1.1.2    GigabitEthernet0/0/0
    23.1.1.2/32  Direct  0    0      D     127.0.0.1   GigabitEthernet0/0/0
    127.0.0.0/8  Direct  0    0      D     127.0.0.1   InLoopBack0
   127.0.0.1/32  Direct  0    0      D     127.0.0.1   InLoopBack0
```

通过查看 R2 的路由表可以发现，R2 把数据包从 G0/0/1 接口发送出去，到达 R1，所以网络是通的。

举例 2：如图 5.1 所示，在 R1 上访问 23.1.1.3，其数据转发流程如下。

数据包的源 IP 地址为 12.1.1.1，目的 IP 地址为 23.1.1.3，在 R1 上查看路由表，查看是否有去往 23.1.1.0/24 的路由。R1 的路由表如下所示。

```
<R1>display ip routing-table   //查看路由表
Route Flags: R - relay, D - download to fib
------------------------------------------------------------------------------
Routing Tables: Public
        Destinations : 4        Routes : 4

Destination/Mask  Proto   Pre  Cost    Flags NextHop    Interface

    12.1.1.0/24  Direct  0    0       D   12.1.1.1    GigabitEthernet0/0/0
```

```
        12.1.1.1/32  Direct  0    0      D   127.0.0.1  GigabitEthernet0/0/0
        127.0.0.0/8  Direct  0    0      D   127.0.0.1  InLoopBack0
       127.0.0.1/32  Direct  0    0      D   127.0.0.1  InLoopBack0
```

可以发现，路由表没有去往 23.1.1.0/24 的路由，就直接把数据包丢弃了，所以网络不通。

5.1.2　获取路由信息的方式

路由器依据路由表进行路由转发。为了实现路由转发，路由器需要发现路由，获取路由信息有以下三种方式。

1. 直连路由

通过链路层协议发现的路由称为直连路由。直连路由是路由器直连接口所在网段的路由，由设备自动生成。如图 5.2 所示，路由器 R 的 G0/0/0 接口所在的网段为 10.1.1.0/24，G0/0/1 接口所在的网段为 20.1.1.0/24，只要路由器 R 的 G0/0/1 接口和 G0/0/0 接口的物理状态和协议状态都为 UP，则路由器 R 就会产生两条直连路由。

2. 静态路由

静态路由是由管理员手工配置的路由条目。如图 5.3 所示，路由器 R 不知道怎么去往 30.1.1.0/24 这个网段，所以管理员在路由器 R 的路由表中手工添加了一条去往 30.1.1.0/24 的路由。静态路由配置方便，对系统要求也低，适用于拓扑结构简单并且稳定的小型网络。但静态路由的缺点是不能自动适应网络拓扑的变化，需要人工干预。

3. 动态路由

动态路由是路由器通过动态路由协议（如 OSPF、IS-IS、BGP 等）学习到的路由。如图 5.4 所示，路由器 R 没有 40.1.1.0/24 的路由，它通过动态路由协议 OSPF 来学习 40.1.1.0/24 的路由，动态路由协议有自己的路由算法，能够自动适应网络拓扑的变化，适用于具有一定数量的三层设备的网络。动态路由的缺点是其配置方法对用户的要求比较高，对系统的要求也高于静态路由，并将占用一定的网络资源和系统资源。

路由来源	目的网络/掩码	出接口
直连	10.1.1.0/24	G0/0/0
直连	20.1.1.0/24	G0/0/1

图 5.2　直连路由

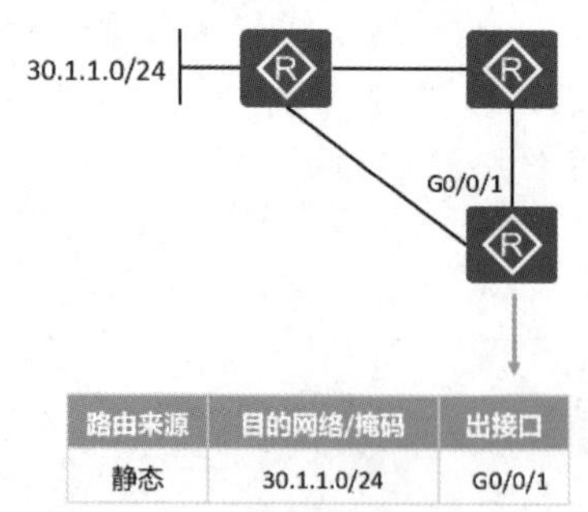

路由来源	目的网络/掩码	出接口
静态	30.1.1.0/24	G0/0/1

图 5.3　静态路由

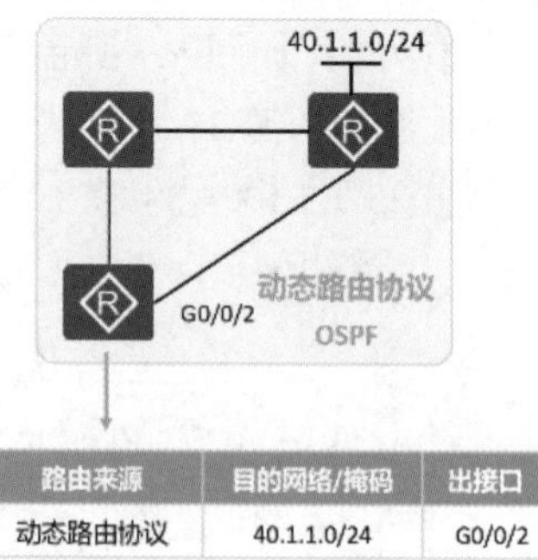

路由来源	目的网络/掩码	出接口
动态路由协议	40.1.1.0/24	G0/0/2

图 5.4　动态路由

5.2 路由选路原则

路由就是报文从源端到目的端的路径。当报文从路由器到目的网段有多条路由可达时，路由器可以根据路由表中的最佳路由进行转发。最佳路由的选取与发现此路由的协议优先级、路由度量有关。当多条路由的协议优先级与路由度量都相同时，可以实现负载分担，以缓解网络压力；当多条路由的协议优先级与路由度量不同时，可以构成路由备份，以提高网络的可靠性。

5.2.1 最长前缀匹配原则

当路由器收到一个 IP 数据包时，会将数据包的目的 IP 地址与自己本地路由表中的所有路由表项进行逐位匹配（Bit By Bit），直到找到匹配度最长的条目，这就是最长前缀匹配原则。如图 5.5 所示，一个数据包的目的 IP 地址为 172.16.2.1，路由条目 1 没有匹配，路由条目 3 匹配了，但它不是最长的，路由条目 2 不仅匹配了而且还是最长的。

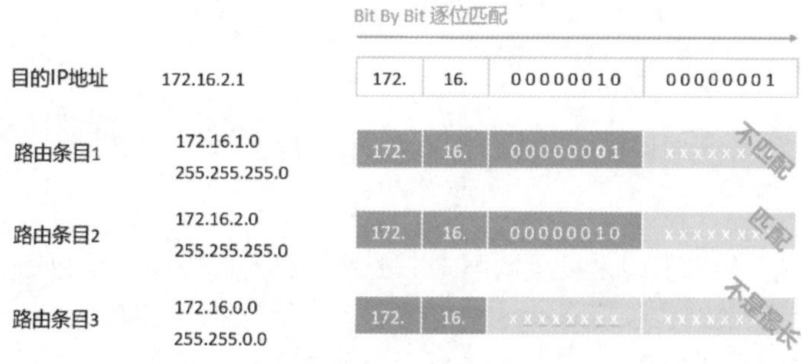

图 5.5 最长前缀匹配原则

5.2.2 路由优先级

当路由器从多种不同的途径获取到达同一个目的网段的路由（这些路由的目的网络地址及网络掩码均相同）时，路由器会比较这些路由的优先级，选择优先级值最小的路由。

常见路由类型的默认优先级见表 5.1。

表 5.1 常见路由类型的默认优先级

类 型	优先级
Direct	0
OSPF	10
IS-IS	15
Static	60
RIP	100

如图 5.6 所示，RTA 通过动态路由协议 OSPF 和手工配置的方式都发现了到达 10.0.0.0/30 的路由，静态路由的优先级为 60，OSPF 的优先级为 10，所以会把 OSPF 学习到的路由加入路由表。

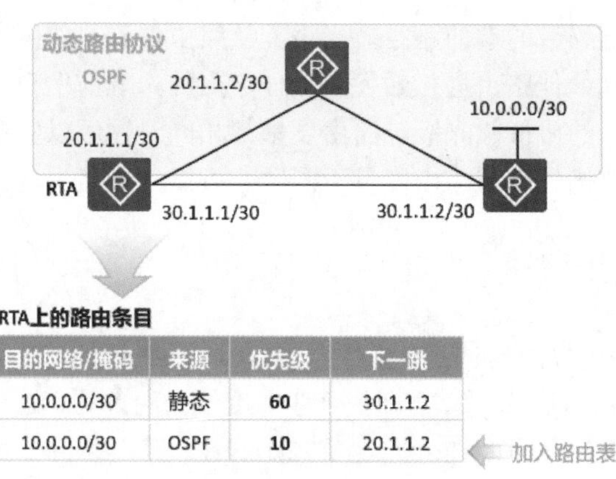

目的网络/掩码	来源	优先级	下一跳
10.0.0.0/30	静态	**60**	30.1.1.2
10.0.0.0/30	OSPF	**10**	20.1.1.2

图 5.6　路由优先级

5.2.3　路由度量

路由度量标示出了这条路由到达指定目的地址的代价，影响路由度量的因素通常有以下几个。

1. 路径长度

路径长度是最常见的影响路由度量的因素。链路状态路由协议可以为每一条链路设置一个链路开销来标示此链路的路径长度。在这种情况下，路径长度是指经过所有链路的链路开销总和。距离矢量路由协议 RIP 就是使用跳数来标示路径长度的。跳数是指数据从源端到目的端所经过的设备数量。例如，路由器到与它直接相连的网络的跳数为 0，通过一台路由器可达的网络的跳数为 1，其余以此类推。

2. 网络带宽

网络带宽是一个链路实际的传输能力。例如，一个 10 千兆的链路要比一个 1 千兆的链路更优越。虽然带宽是指一个链路能达到的最大传输速率，但这并不能说明高带宽链路上的路由要比低带宽链路上的路由更优越。例如，一个高带宽的链路正处于拥塞状态，则报文在这条链路上转发时将会花费更多的时间。

3. 负载

负载是一个网络资源的使用程度。计算负载的方法包括 CPU 的利用率和它每秒处理数据包的数量。持续监测这些参数可以及时了解网络的使用情况。

4. 通信开销

通信开销衡量了一条链路的运营成本。尤其是只注重运营成本而不在乎网络性能时，通信开销就成了一个重要的指标。

下面来看看度量值（Cost）的比较过程。

如图 5.7 所示，RTA 通过动态路由协议 OSPF 学习到了两条目的地址为 10.0.0.0/30 的路由，学习自同一路由协议，优先级相同，因此需要继续比较其度量值。两条路由拥有不同的度量值，下一跳为 30.1.1.2 的 OSPF 的路由条目拥有更小的度量值，因此被加入到路由表中。

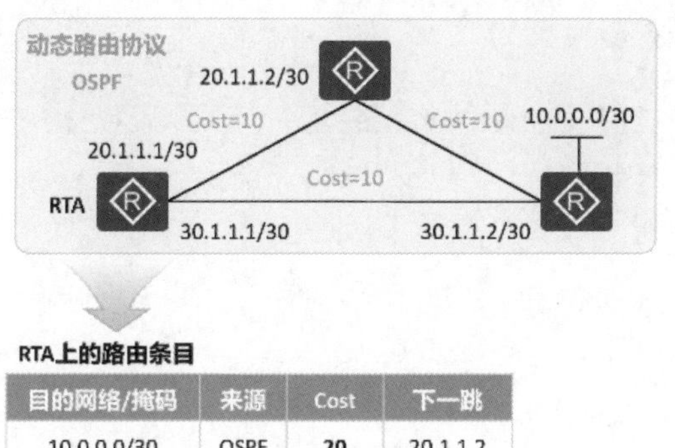

RTA上的路由条目

目的网络/掩码	来源	Cost	下一跳
10.0.0.0/30	OSPF	**20**	20.1.1.2
10.0.0.0/30	OSPF	**10**	30.1.1.2

加入路由表

图 5.7　度量值

5.3　静态路由配置实验

静态路由需要网络管理员手工配置，配置方便，对系统要求也低，适用于拓扑结构简单且稳定的小型网络。其缺点是不能自动适应网络拓扑的变化，需要人工干预。

5.3.1　静态路由实验

1. 实验目的

（1）掌握路由表的概念。

（2）掌握 route-static 命令的使用方法。

（3）掌握根据需求正确配置静态路由的方法。

2. 实验拓扑

静态路由实验拓扑如图 5.8 所示。

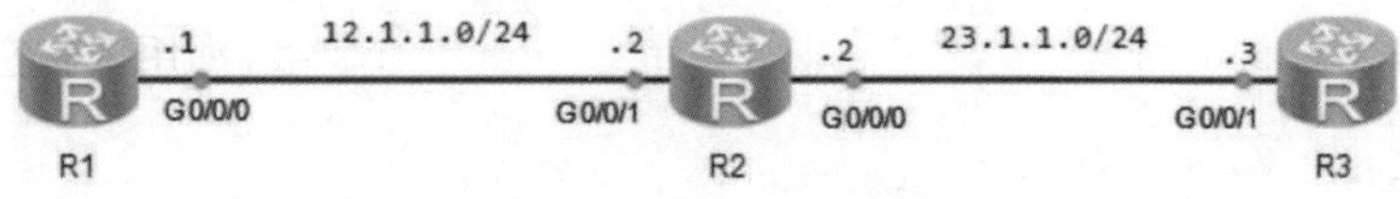

图 5.8　静态路由实验拓扑

3. 实验步骤

（1）配置网络连通性。

R1 的配置如下：

```
<Huawei>system-view
Enter system view, return user view with Ctrl+Z.
[Huawei]undo info-center enable
[Huawei]sysname R1
[R1]interface g0/0/0
[R1-GigabitEthernet0/0/0]ip address 12.1.1.1 24
[R1-GigabitEthernet0/0/0]undo shutdown
[R1-GigabitEthernet0/0/0]quit
```

R2 的配置如下：

```
<Huawei>system-view
[Huawei]undo info-center enable
[Huawei]sysname R2
[R2]interface g0/0/1
[R2-GigabitEthernet0/0/1]ip address 12.1.1.2 24
[R2-GigabitEthernet0/0/1]undo shutdown
[R2-GigabitEthernet0/0/1]quit
[R2]interface g0/0/0
[R2-GigabitEthernet0/0/0]ip address 23.1.1.2 24
[R2-GigabitEthernet0/0/0]undo shutdown
[R2-GigabitEthernet0/0/0]quit
```

R3 的配置如下：

```
<Huawei>system-view
[Huawei]undo info-center enable
[Huawei]sysname R3
[R3]interface g0/0/1
[R3-GigabitEthernet0/0/1]ip address 23.1.1.3 24
[R3-GigabitEthernet0/0/1]undo shutdown
[R3-GigabitEthernet0/0/1]quit
```

（2）测试网络连通性。

R1 访问 R2：

```
[R1]ping 12.1.1.2
  PING 12.1.1.2: 56  data bytes, press CTRL_C to break
    Reply from 12.1.1.2: bytes=56 Sequence=1 ttl=255 time=60 ms
    Reply from 12.1.1.2: bytes=56 Sequence=2 ttl=255 time=60 ms
    Reply from 12.1.1.2: bytes=56 Sequence=3 ttl=255 time=50 ms
    Reply from 12.1.1.2: bytes=56 Sequence=4 ttl=255 time=40 ms
    Reply from 12.1.1.2: bytes=56 Sequence=5 ttl=255 time=30 ms

    --- 12.1.1.2 ping statistics ---
    5 packet(s) transmitted
    5 packet(s) received
```

```
    0.00% packet loss
    round-trip min/avg/max = 30/48/60 ms
```

从 ping 的结果可以看到，网络连通性没有问题。

R2 访问 R3：

```
[R2]ping 23.1.1.3
  PING 23.1.1.3: 56  data bytes, press CTRL_C to break
    Reply from 23.1.1.3: bytes=56 Sequence=1 ttl=255 time=70 ms
    Reply from 23.1.1.3: bytes=56 Sequence=2 ttl=255 time=40 ms
    Reply from 23.1.1.3: bytes=56 Sequence=3 ttl=255 time=60 ms
    Reply from 23.1.1.3: bytes=56 Sequence=4 ttl=255 time=30 ms
    Reply from 23.1.1.3: bytes=56 Sequence=5 ttl=255 time=20 ms

    --- 23.1.1.3 ping statistics ---
    5 packet(s) transmitted
    5 packet(s) received
    0.00% packet loss
    round-trip min/avg/max = 20/44/70 ms
```

从 ping 的结果可以看到，网络连通性没有问题。

【技术要点】

对于初学者来说，每次配置完 IP 地址后，最好按以上方式测试网络连通性，以此来确认 IP 地址的配置是否有问题，如果网络不能访问，则可能存在以下问题。

- 接口没有打开，显示结果如图 5.9 所示，Physical 下显示为*down。
- 接口没有配置 IP 地址或者 IP 地址配置错误，显示结果如图 5.10 所示，IP Address/Mask 下显示为 unassigned。

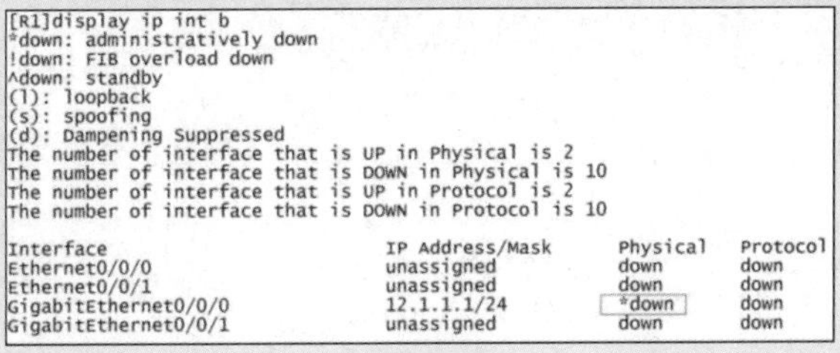

```
[R1]display ip int b
*down: administratively down
!down: FIB overload down
^down: standby
(l): loopback
(s): spoofing
(d): Dampening Suppressed
The number of interface that is UP in Physical is 2
The number of interface that is DOWN in Physical is 10
The number of interface that is UP in Protocol is 2
The number of interface that is DOWN in Protocol is 10

Interface                         IP Address/Mask      Physical   Protocol
Ethernet0/0/0                     unassigned           down       down
Ethernet0/0/1                     unassigned           down       down
GigabitEthernet0/0/0              12.1.1.1/24          *down      down
GigabitEthernet0/0/1              unassigned           down       down
```

图 5.9　接口没有打开

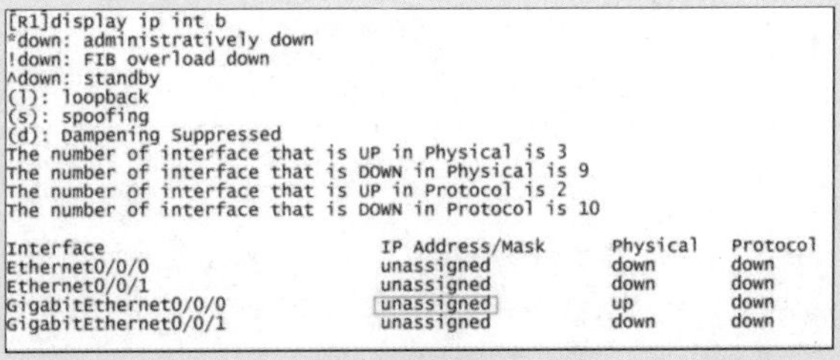

```
[R1]display ip int b
*down: administratively down
!down: FIB overload down
^down: standby
(l): loopback
(s): spoofing
(d): Dampening Suppressed
The number of interface that is UP in Physical is 3
The number of interface that is DOWN in Physical is 9
The number of interface that is UP in Protocol is 2
The number of interface that is DOWN in Protocol is 10

Interface                         IP Address/Mask      Physical   Protocol
Ethernet0/0/0                     unassigned           down       down
Ethernet0/0/1                     unassigned           down       down
GigabitEthernet0/0/0              unassigned           up         down
GigabitEthernet0/0/1              unassigned           down       down
```

图 5.10　没有配置 IP 地址

（3）配置静态路由。

R1 的配置：

```
//配置静态路由的目的地址为23.1.1.0，下一跳地址为12.1.1.2
[R1]ip route-static 23.1.1.0 255.255.255.0 12.1.1.2
```

【技术要点】

配置静态路由有以下三种方式。

- 关联下一跳地址。

```
[Huawei] ip route-static ip-address { mask | mask-length } nexthop-address
```

- 关联出接口地址。

```
[Huawei] ip route-static ip-address { mask | mask-length } interface-type interface-number
```

- 关联出接口和下一跳地址。

```
[Huawei] ip route-static ip-address { mask | mask-length } interface-type interface-number [ nexthop-address ]
```

在创建静态路由时，可以同时指定出接口和下一跳地址。对于不同的出接口类型，也可以只指定出接口或只指定下一跳地址。

对于点到点接口（如串口），只需指定出接口。

对于广播接口（如以太网接口）和 VT（Virtual-template）接口，必须指定下一跳地址。

对于以太网，如果要成功封装数据帧，就必须知道下一跳地址的 MAC 地址，如果没有指定下一跳地址而只指定了出接口，那么设备将无法通过 ARP 协议获取到下一跳的 MAC 地址，从而无法完成数据帧的封装。广域网协议封装帧不需要 MAC 地址，这在后面的内容中会介绍。因此对于以太网接口必须指定下一跳地址。

综上所述，R1 上的静态路由理论上有三种配置方法：

```
[R1]ip route-static 23.1.1.0 255.255.255.0 12.1.1.2    //关联下一跳地址
[R1]ip route-static 23.1.1.0 255.255.255.0 g0/0/0      //关联出接口
[R1]ip route-static 23.1.1.0 255.255.255.0 g0/0/0 12.1.1.2  //关联出接口和下一跳地址
```

R3 的配置：

```
[R3]ip route-static 12.1.1.0 24 23.1.1.2
```

4. 实验调试

（1）在 R1 上查看路由表。

```
[R1]display ip routing-table    //查看路由表
Route Flags: R - relay, D - download to fib
------------------------------------------------------------------------------
Routing Tables: Public
Destinations : 5     Routes : 5

Destination/Mask    Proto  Pre  Cost    Flags NextHop   Interface

      12.1.1.0/24   Direct  0    0        D    12.1.1.1  GigabitEthernet0/0/0
```

```
      12.1.1.1/32    Direct  0    0        D    127.0.0.1 GigabitEthernet0/0/0
      23.1.1.0/24    Static  60   0        RD   12.1.1.2  GigabitEthernet0/0/0
      127.0.0.0/8    Direct  0    0        D    127.0.0.1 InLoopBack0
    127.0.0.1/32     Direct  0    0        D    127.0.0.1 InLoopBack0
```

从以上输出可以看出，路由表有一条23.1.1.0/24的静态路由。

【技术要点】

查看23.1.1.0/24这条路由，各项参数解析如下。

- Destination/Mask：23.1.1.0/24。说明目标网络为23.1.1.0，子网掩码为255.255.255.0。
- Proto：Static。说明此路由是通过静态路由学习到的。
- Pre：60。说明此路由的优先级为60。
- Cost：0。说明此路由的开销为0。
- Flags：RD。其中R代表此路由为迭代的路由条目，D代表此路由条目下发到FIB表中。
- NextHop：12.1.1.2。说明此路由的下一跳地址为12.1.1.2。
- Interface：GigabitEthernet0/0/0。说明路由的出接口为G0/0/0。

（2）在R2上查看路由表。

```
<R2>display ip routing-table
Route Flags: R - relay, D - download to fib
------------------------------------------------------------------------------
Routing Tables: Public
Destinations : 6        Routes : 6

Destination/Mask   Proto   Pre  Cost   Flags NextHop   Interface

      12.1.1.0/24  Direct  0    0       D    12.1.1.2  GigabitEthernet0/0/1
      12.1.1.2/32  Direct  0    0       D    127.0.0.1 GigabitEthernet0/0/1
      23.1.1.0/24  Direct  0    0       D    23.1.1.2  GigabitEthernet0/0/0
      23.1.1.2/32  Direct  0    0       D    127.0.0.1 GigabitEthernet0/0/0
      127.0.0.0/8  Direct  0    0       D    127.0.0.1 InLoopBack0
    127.0.0.1/32   Direct  0    0       D    127.0.0.1 InLoopBack0
```

【思考】

为什么R2上不用配置静态路由？

解析：因为R2有12.1.1.0/24和23.1.1.0/24的直连路由。

【技术要点】

直连路由是由数据链路层协议发现的，是指去往路由器的接口地址所在网段的路径，该路径信息无须网络管理员维护，也无须路由器通过某种算法计算获得，只要该接口处于激活状态，路由器就会把直连接口所在的网段路由信息填写到路由表中。数据链路层只能发现接口所在的直连网段的路由，无法发现跨网段的路由。跨网段的路由需要用其他的方法获得。

（3）在 R3 上查看路由表。

```
<R3>display ip routing-table
Route Flags: R - relay, D - download to fib
------------------------------------------------------------------------------
Routing Tables: Public
Destinations : 5        Routes : 5

Destination/Mask  Proto   Pre  Cost  Flags NextHop     Interface

    12.1.1.0/24  Static  60   0      RD   23.1.1.2    GigabitEthernet0/0/1
    23.1.1.0/24  Direct  0    0       D   23.1.1.3    GigabitEthernet0/0/1
    23.1.1.3/32  Direct  0    0       D   127.0.0.1   GigabitEthernet0/0/1
    127.0.0.0/8  Direct  0    0       D   127.0.0.1   InLoopBack0
   127.0.0.1/32  Direct  0    0       D   127.0.0.1   InLoopBack0
```

（4）R1 访问 R3。

```
<R1>ping 23.1.1.3
PING 23.1.1.3: 56  data bytes, press CTRL_C to break
  Reply from 23.1.1.3: bytes=56 Sequence=1 ttl=254 time=70 ms
  Reply from 23.1.1.3: bytes=56 Sequence=2 ttl=254 time=60 ms
  Reply from 23.1.1.3: bytes=56 Sequence=3 ttl=254 time=80 ms
  Reply from 23.1.1.3: bytes=56 Sequence=4 ttl=254 time=50 ms
  Reply from 23.1.1.3: bytes=56 Sequence=5 ttl=254 time=50 ms

  --- 23.1.1.3 ping statistics ---
    5 packet(s) transmitted
    5 packet(s) received
    0.00% packet loss
    round-trip min/avg/max = 50/62/80 ms
```

从 ping 的结果可以看到，R1 可以访问 R3。

5.3.2 默认路由实验

1. 实验目的

（1）了解默认路由的使用场合。

（2）掌握默认路由的配置方法。

2. 实验拓扑

默认路由实验拓扑如图 5.11 所示。

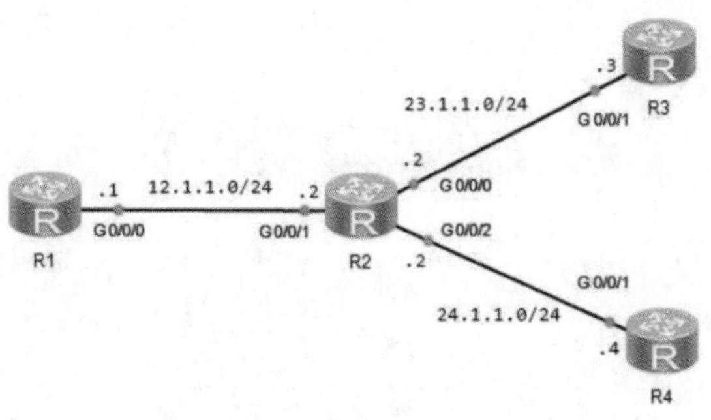

图 5.11 默认路由实验拓扑

3. 实验步骤

（1）配置网络连通性。

R1 的配置：

```
<Huawei>system-view
Enter system view, return user view with Ctrl+Z.
[Huawei]undo info-center enable
[Huawei]sysname R1
[R1]interface g0/0/0
[R1-GigabitEthernet0/0/0]ip address 12.1.1.1 24
[R1-GigabitEthernet0/0/0]undo shutdown
[R1-GigabitEthernet0/0/0]quit
```

R2 的配置：

```
<Huawei>system-view
Enter system view, return user view with Ctrl+Z.
[Huawei]undo info-center enable
[Huawei]sysname R2
[R2]interface g0/0/1
[R2-GigabitEthernet0/0/1]ip address 12.1.1.2 24
[R2-GigabitEthernet0/0/1]undo shutdown
[R2-GigabitEthernet0/0/1]quit
[R2]interface g0/0/0
[R2-GigabitEthernet0/0/0]ip address 23.1.1.2 24
[R2-GigabitEthernet0/0/0]undo shutdown
[R2-GigabitEthernet0/0/0]quit
[R2]interface g0/0/2
[R2-GigabitEthernet0/0/2]ip address 24.1.1.2 24
[R2-GigabitEthernet0/0/2]undo shutdown
[R2-GigabitEthernet0/0/2]quit
```

R3 的配置：

```
<Huawei>system-view
Enter system view, return user view with Ctrl+Z.
[Huawei]undo info-center enable
[Huawei]sysname R3
```

```
[R3]interface g0/0/1
[R3-GigabitEthernet0/0/1]ip address 23.1.1.3 24
[R3-GigabitEthernet0/0/1]undo shutdown
[R3-GigabitEthernet0/0/1]quit
```

R4 的配置：

```
<Huawei>system-view
Enter system view, return user view with Ctrl+Z.
[Huawei]undo info-center enable
[Huawei]sysname R4
[R4]interface g0/0/1
[R4-GigabitEthernet0/0/1]ip address 24.1.1.4 24
[R4-GigabitEthernet0/0/1]undo shutdown
[R4-GigabitEthernet0/0/1]quit
```

（2）配置静态路由。

R1 的配置：

```
//配置默认路由到任意网段的下一跳地址为 12.1.1.2
[R1]ip route-static 0.0.0.0 0.0.0.0 12.1.1.2
```

【技术要点】

在本实验中，如果使用静态路由，则需要配置两条静态路由，具体配置如下：

```
[R1]ip route-static 23.1.1.0 255.255.255.0 12.1.1.2
[R1]ip route-static 24.1.1.0 255.255.255.0 12.1.1.2
```

如果有 1000 条路由，其配置将是特别复杂的。所以针对下一跳地址相同的多条静态路由，可以使用默认路由来简化配置。

R3 的配置：

```
[R3]ip route-static 12.1.1.0 255.255.255.0 23.1.1.2
```

R4 的配置：

```
[R4]ip route-static 12.1.1.0 255.255.255.0 24.1.1.2
```

4. 实验调试

（1）查看 R1 的路由表。

```
[R1]display ip routing-table
Route Flags: R - relay, D - download to fib
------------------------------------------------------------------------------
Routing Tables: Public
Destinations : 5        Routes : 5

Destination/Mask Proto   Pre  Cost   Flags NextHop    Interface

       0.0.0.0/0  Static 60   0       RD   12.1.1.2   GigabitEthernet0/0/0
     12.1.1.0/24  Direct  0   0        D   12.1.1.1   GigabitEthernet0/0/0
     12.1.1.1/32  Direct  0   0        D   127.0.0.1 GigabitEthernet0/0/0
     127.0.0.0/8  Direct  0   0        D   127.0.0.1 InLoopBack0
```

```
        127.0.0.1/32  Direct  0    0        D   127.0.0.1 InLoopBack0
```

通过查看 R1 的路由表，可以看到有一条默认路由，虽然简化了配置，但接下来还要测试一下网络连通性。

（2）R1 访问 R3。

```
[R1]ping 23.1.1.3
  PING 23.1.1.3: 56  data bytes, press CTRL_C to break
    Reply from 23.1.1.3: bytes=56 Sequence=1 ttl=254 time=100 ms
    Reply from 23.1.1.3: bytes=56 Sequence=2 ttl=254 time=60 ms
    Reply from 23.1.1.3: bytes=56 Sequence=3 ttl=254 time=50 ms
    Reply from 23.1.1.3: bytes=56 Sequence=4 ttl=254 time=70 ms
    Reply from 23.1.1.3: bytes=56 Sequence=5 ttl=254 time=80 ms

  --- 23.1.1.3 ping statistics ---
    5 packet(s) transmitted
    5 packet(s) received
    0.00% packet loss
    round-trip min/avg/max = 50/72/100 ms
```

（3）R1 访问 R4。

```
[R1]ping 24.1.1.4
  PING 24.1.1.4: 56  data bytes, press CTRL_C to break
    Reply from 24.1.1.4: bytes=56 Sequence=1 ttl=254 time=60 ms
    Reply from 24.1.1.4: bytes=56 Sequence=2 ttl=254 time=90 ms
    Reply from 24.1.1.4: bytes=56 Sequence=3 ttl=254 time=60 ms
    Reply from 24.1.1.4: bytes=56 Sequence=4 ttl=254 time=80 ms
    Reply from 24.1.1.4: bytes=56 Sequence=5 ttl=254 time=80 ms

  --- 24.1.1.4 ping statistics ---
    5 packet(s) transmitted
    5 packet(s) received
    0.00% packet loss
    round-trip min/avg/max = 60/74/90 ms
```

通过测试可以看到，默认路由虽然简化了配置，但是却不影响访问，所以以后在遇到类似的拓扑时可以考虑使用默认路由。

5.3.3 浮动静态路由实验

1. 实验目的

（1）了解浮动静态路由的使用场景。

（2）掌握浮动静态路由的配置方法。

2. 实验拓扑

浮动静态路由实验拓扑如图 5.12 所示。

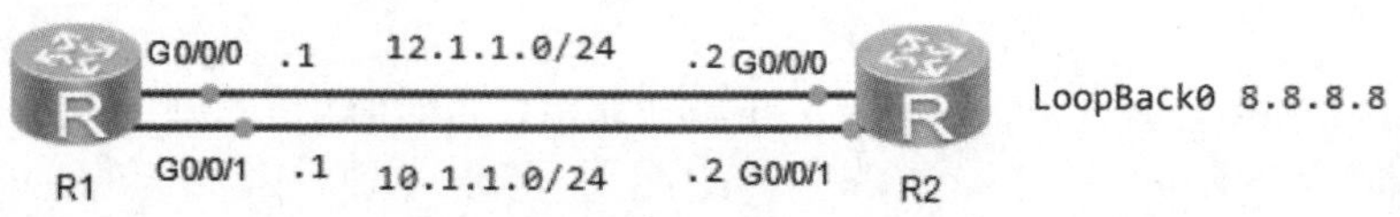

图 5.12　浮动静态路由实验拓扑

3. 实验步骤

（1）配置网络连通性。

R1 的配置：

```
[Huawei]sysname R1
[R1]interface g0/0/0
[R1-GigabitEthernet0/0/0]ip address 12.1.1.1 24
[R1-GigabitEthernet0/0/0]undo shutdown
[R1-GigabitEthernet0/0/0]quit
[R1]interface g0/0/1
[R1-GigabitEthernet0/0/1]ip address 10.1.1.1 24
[R1-GigabitEthernet0/0/1]undo shutdown
[R1-GigabitEthernet0/0/1]quit
```

R2 的配置：

```
<Huawei>system-view
Enter system view, return user view with Ctrl+Z.
[Huawei]undo info-center enable
[Huawei]sysname R2
[R2]interface g0/0/0
[R2-GigabitEthernet0/0/0]ip address 12.1.1.2 24
[R2-GigabitEthernet0/0/0]undo shutdown
[R2-GigabitEthernet0/0/0]quit
[R2]interface g0/0/1
[R2-GigabitEthernet0/0/1]ip address 10.1.1.2 24
[R2-GigabitEthernet0/0/1]undo shutdown
[R2-GigabitEthernet0/0/1]quit
[R2]interface LoopBack 0                    //创建环回口，编号为 0
[R2-LoopBack0]ip address 8.8.8.8 32         //配置 IP 地址
[R2-LoopBack0]quit
```

【技术要点】

LoopBack 是路由器里的一个逻辑接口。逻辑接口是指能够实现数据交换功能，但是物理上不存在、需要通过配置建立的接口。LoopBack 接口一旦被创建，其物理状态和链路协议状态永远是 Up，即使该接口上没有配置 IP 地址。正是因为这个特性，LoopBack 接口具有特殊的用途。在本实验中，LoopBack 中的 8.8.8.8 相当于公网上的一台服务器。

（2）配置浮动静态路由。

如果实验要求：R1 访问 8.8.8.8 的数据都从 G0/0/0 接口出去，只有当 G0/0/0 的链路出了问题才会从 G0/0/1 接口出去，可以通过浮动静态路由进行配置，其配置如下：

```
[R1]ip route-static 8.8.8.8 255.255.255.255 12.1.1.2 preference 50 //优先级改为 50
[R1]ip route-static 8.8.8.8 255.255.255.255 10.1.1.2 preference 100//优先级改为 100
```

【技术要点】

preference 代表一条路由的可信任程度，值越小，优先级越高。

4. 实验调试

（1）查看 R1 的路由表。

```
<R1>display ip routing-table
Route Flags: R - relay, D - download to fib
------------------------------------------------------------------------------
Routing Tables: Public
Destinations : 7        Routes : 7

Destination/Mask  Proto   Pre  Cost  Flags NextHop    Interface

       8.8.8.8/32  Static  50   0      RD    12.1.1.2  GigabitEthernet0/0/0
```

通过以上输出可以看到，路由表里面只有一条去往 8.8.8.8 的静态路由。

（2）查看 8.8.8.8 路由的详细信息。

```
<R1>display ip routing-table 8.8.8.8 verbose
Route Flags: R - relay, D - download to fib
------------------------------------------------------------------------------
Routing Table : Public
Summary Count : 2

Destination: 8.8.8.8/32
Protocol: Static                    Process ID: 0
Preference: 50                      Cost: 0
NextHop: 12.1.1.2                   Neighbour: 0.0.0.0
State: Active Adv Relied            Age: 00h12m54s
Tag: 0                              Priority: medium
Label: NULL                         QoSInfo: 0x0
IndirectID: 0x80000001
RelayNextHop: 0.0.0.0               Interface: GigabitEthernet0/0/0
TunnelID: 0x0                       Flags: RD

Destination: 8.8.8.8/32
Protocol: Static                    Process ID: 0
Preference: 100                     Cost: 0
NextHop: 10.1.1.2                   Neighbour: 0.0.0.0
State: Inactive Adv Relied          Age: 00h12m41s
Tag: 0                              Priority: medium
Label: NULL                         QoSInfo: 0x0
IndirectID: 0x80000002
RelayNextHop: 0.0.0.0               Interface: GigabitEthernet0/0/1
```

```
TunnelID: 0x0                    Flags: R
```

通过以上输出可以看到，有两条路由，下一跳地址为 12.1.1.2 的路由的优先级为 50，下一跳地址为 10.1.1.2 的路由的优先级为 100，优先级为 50 的路由被放到了路由表中，优先级为 100 的路由则没有被选中。

（3）关闭 G0/0/0 接口，将造成 G0/0/0 接口链路故障。

```
[R1]interface g0/0/0
[R1-GigabitEthernet0/0/0]shutdown
[R1-GigabitEthernet0/0/0]quit
```

（4）查看 R1 的路由表。

```
[R1]display ip routing-table
Route Flags: R - relay, D - download to fib
------------------------------------------------------------------------------
Routing Tables: Public
Destinations : 5         Routes : 5

Destination/Mask  Proto   Pre  Cost    Flags NextHop   Interface

      8.8.8.8/32  Static  100  0        RD   10.1.1.2  GigabitEthernet0/0/1
```

通过以上输出可以看到，优先级为 100 的路由出现在了路由表中，这就是浮动静态路由。

（5）把 R1 的 G0/0/0 接口打开。

```
[R1]interface g0/0/0
[R1-GigabitEthernet0/0/0]undo shutdown
[R1-GigabitEthernet0/0/0]quit
```

（6）再次查看 R1 的路由表。

```
[R1]display ip routing-table
Route Flags: R - relay, D - download to fib
------------------------------------------------------------------------------
Routing Tables: Public
Destinations : 7         Routes : 7

Destination/Mask  Proto   Pre  Cost   Flags NextHop   Interface

      8.8.8.8/32  Static  50   0       RD   12.1.1.2  GigabitEthernet0/0/0
```

通过以上输出可以看到，优先级为 50 的路由又回到了路由表中。

5.4 练 习 题

1. 以下关于直连路由说法正确的是（　　）。

A．直连路由优先级低于动态路由

B．直连路由优先级低于静态路由

C．直连路由优先级最高

D．直连路由需要管理员手工配置目的网络和下一跳地址

2.（　　）属性不能作为衡量 Cost 的参数。

A．带宽　　B．Sysname　　C．时延　　D．跳数

3. 以下关于华为设备中静态路由的说法错误的是（　　）。

A．静态路由的开销值（Cost）不可以被修改

B．静态路由优先级的默认值为 60

C．静态路由优先级的范围为 1 ~ 255

D．静态路由的优先级为 0 时，该路由一定会被优先选择

4. VRP 操作平台上的（　　）命令可以只查看静态路由。

A．display ip routing-table protocol static

B．display ip routing-table

C．display ip routing-table verbose

D．display ip routing-table statistics

5. 以下关于静态路由与动态路由描述错误的是（　　）。

A．管理员在企业网络中部署动态路由协议后，后期维护和扩展将更加方便

B．动态路由比静态路由要占用更多的系统资源

C．链路产生故障后，静态路由能够自动完成网络收敛

D．静态路由在企业中应用时其配置简单，管理方便

第 6 章 OSPF

OSPF（Open Shortest Path First，开放式最短路径优先）是 IETF 开发的一个基于链路状态的内部网关协议。目前针对 IPv4 协议使用的是 OSPF Version 2（RFC 2328），针对 IPv6 协议使用的是 OSPF Version 3（RFC 2740）。如无特殊说明，本章所指的 OSPF 均为 OSPF Version 2。

学完本章内容以后，我们应该能够：

- 清楚动态路由协议相较于静态路由协议的优势
- 了解动态路由的分类
- 掌握 OSPF 中的一些基本概念
- 了解 OSPF 协议中 5 种报文与 7 种邻居状态机
- 理解 OSPF 邻居与邻接关系的建立过程

6.1 动态路由协议

动态路由协议因其灵活性高、可靠性好、易于扩展等特点被广泛应用于现代网络通信服务（简称“现网”）。在动态路由协议中，OSPF 协议是应用场景非常广泛的动态路由协议之一。

6.1.1 为什么需要动态路由协议

静态路由是由工程师手工配置和维护的路由条目，命令行简单明确，适用于小型或稳定的网络。静态路由存在以下问题：

（1）无法动态响应网络变化。网络发生变化时，无法自动收敛网络，需要工程师手工修改。

如图 6.1 所示，在部署静态路由的场景下，AR1 会将数据通过 AR2 传输给 AR3，如果 AR3 发生了故障，AR1 是感知不到的，会继续把数据发送给 AR2，因此造成流量的浪费。除非网络工程师在 AR1 上手工删除静态路由。

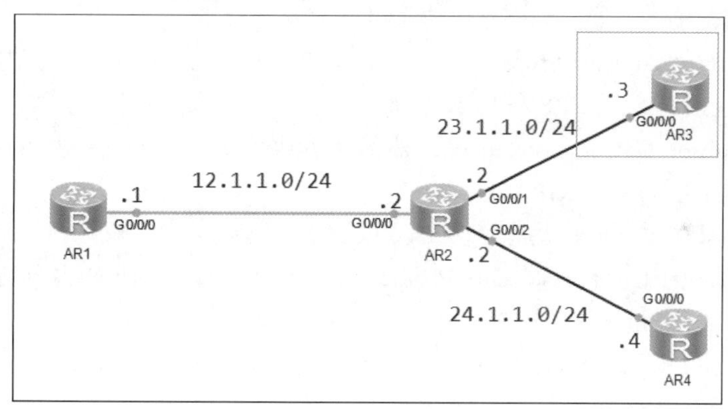

图 6.1　拓扑变更

（2）无法适应规模较大的网络。随着设备数量的增加，配置量将急剧增加。

如图 6.2 所示，随着网络设备数量的增加，部署静态路由的难度越来越大，如果想通过 AR1 ping 通 AR5，需要在 AR1、AR2 和 AR3 上部署去往 45.1.1.0/24 网段的静态路由，还需要在 AR5、AR4 和 AR3 上部署去往 10.1.1.0/24 网段的路由。随着网络设备的增加，需要部署的静态路由条目呈线性增长，这限制了静态路由在现网中的大规模部署。

静态路由的以上问题，可以通过在设备上配置动态路由得到解决。动态路由协议有自己的路由算法，能够自动适应网络拓扑的变化，适用于具有一定数量的三层设备网络。

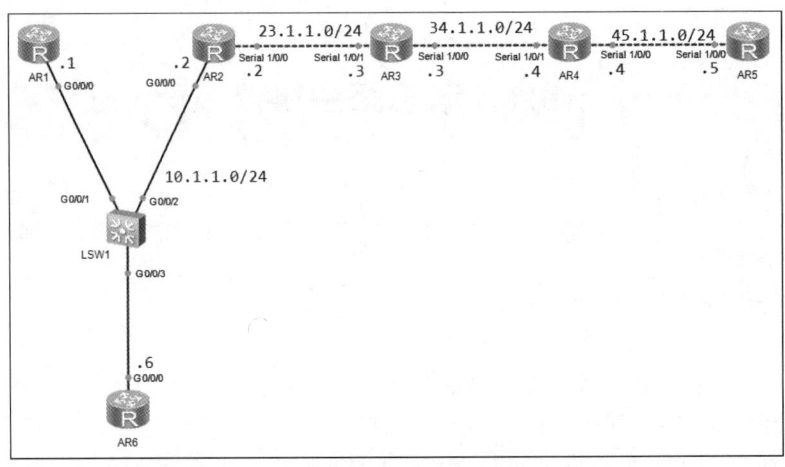

图 6.2 大型网络中不利于部署静态路由

6.1.2 动态路由协议的分类

对动态路由协议可以采用以下不同标准进行分类。

（1）根据作用范围的不同，动态路由协议可分为以下两类。

- IGP（Interior Gateway Protocol，内部网关协议）：在一个自治系统内部运行。常见的IGP协议包括RIP、OSPF和IS-IS三种。
- EGP（Exterior Gateway Protocol，外部网关协议）：运行于不同的自治系统之间。BGP是目前最常用的EGP协议。

（2）根据使用算法的不同，动态路由协议可分为以下两类。

- 距离矢量协议（Distance-Vector Protocol）：包括RIP和BGP两种协议。其中，BGP也被称为路径矢量协议（Path-Vector Protocol）。
- 链路状态协议（Link-State Protocol）：包括OSPF和IS-IS两种协议。

6.1.3 距离矢量协议

运行距离矢量协议的路由器会周期性地泛洪自己的路由表。通过路由的交互，每台路由器都能从相邻的路由器学习到路由，并加载进自己的路由表中。对于网络中的所有路由器而言，它们并不清楚网络的拓扑，只是简单地知道要去往的某个目的方向在哪里、距离有多远。这便是距离矢量算法的本质。距离矢量协议的典型代表是路由器信息协议（Router Information Protocol，RIP），在华为认证考试中这部分内容被删减，所以本书不做详细介绍。

6.1.4 链路状态协议

距离矢量协议可以说是个道听途说的路由协议，就相当于你第一次来到长沙，要去湖南大学，如果你不知道怎么走，就去问别人，别人怎么说你就怎么走，这条路可能是正确的，也可能是错误的。但是链路状态协议不一样，它有整个网络的拓扑结构，就相当于你第一次来到长沙，要去湖南大学，你会打开手机中的导航 App，里面有整个长沙的“拓扑结构”，只要选择起点和终点，就能跟着它顺利到达目的地。

链路状态协议学习路由一共分为以下几个步骤。

1. LSA 泛洪

与距离矢量协议不同，链路状态协议通告的是链路状态而不是路由表。运行链路状态协议的路由器之间首先会建立一个协议的邻居关系，然后彼此之间开始交互 LSA（Link State Advertisement，链路状态通告），如图 6.3 所示。

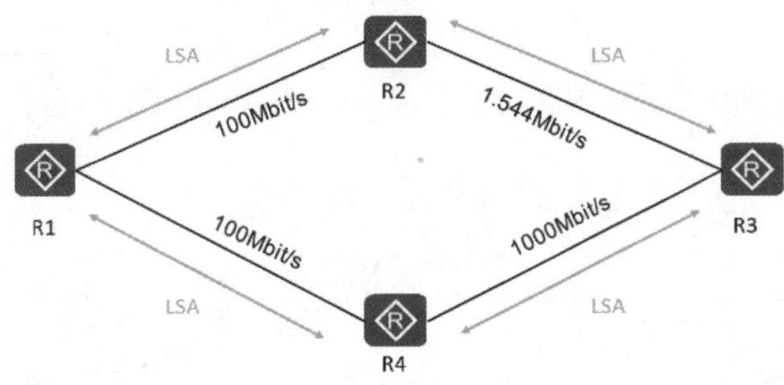

图 6.3 LSA 泛洪

2. 组建 LSDB

每台路由器都会产生 LSA，路由器会将接收到的 LSA 放入自己的 LSDB（Link State DataBase，链路状态数据库）中。路由器通过 LSDB，即可掌握全网的拓扑结构，如图 6.4 所示。

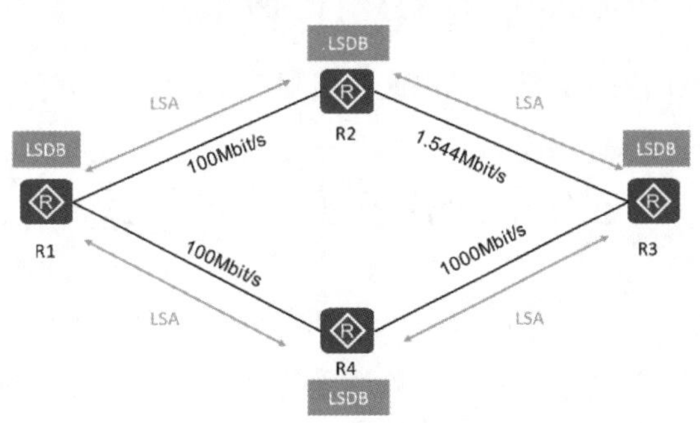

图 6.4 组建 LSDB

3. 计算 SPF

每台路由器基于 LSDB，使用 SPF（Shortest Path First，最短路径优先）算法进行计算。每台路由器都计算出一棵以自己为根的、无环的、拥有最短路径的“树”。有了这棵“树”，路由器就会知道到达网络各个角落的优选路径，如图 6.5 所示。

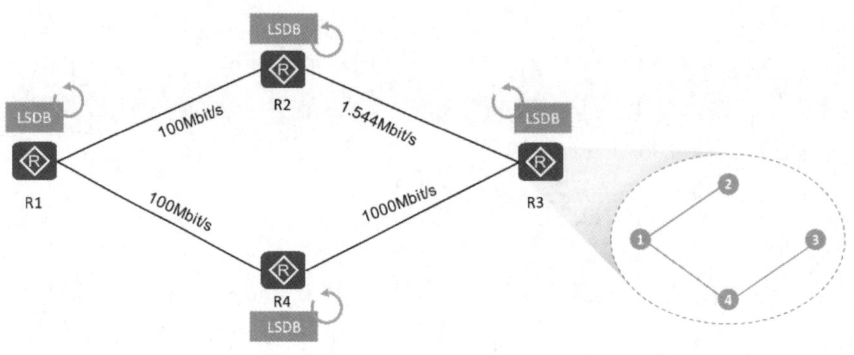

图 6.5 计算 SPF

4. 生成路由表

路由器将计算出来的优选路径加载进自己的路由表（Routing Table），如图 6.6 所示。

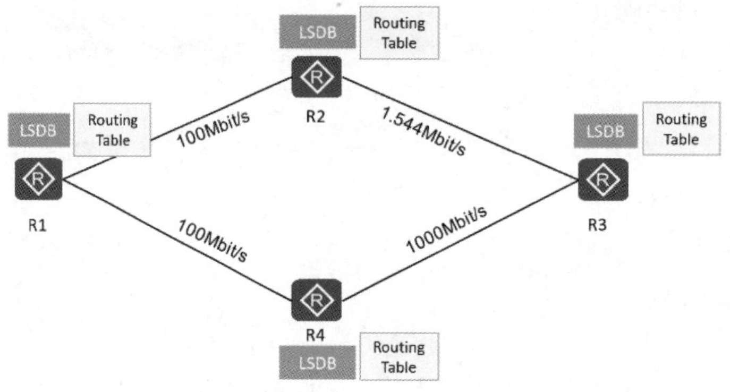

图 6.6 计算 SPF

以上是链路状态协议工作的步骤，了解这些步骤对后面学习 OSPF 有很大的帮助。

6.2 OSPF 的工作原理

在 OSPF 出现前，网络上广泛使用 RIP 作为内部网关协议。由于 RIP 是基于距离矢量算法的路由协议，存在收敛慢、路由环路、可扩展性差等问题，所以逐渐被 OSPF 取代。OSPF 作为基于链路状态的协议，能够解决 RIP 面临的诸多问题。此外，OSPF 还有以下优点。

- OSPF 采用组播形式收发报文，这样可以减少对其他不运行 OSPF 路由器的影响。
- OSPF 支持无类型域间选路（CIDR）。
- OSPF 支持对等价路由进行负载分担。
- OSPF 支持报文加密。

由于 OSPF 具有以上优势，使得 OSPF 作为优秀的内部网关协议被快速接受并广泛使用。

6.2.1 OSPF 的专业术语

1. Router ID

一台路由器如果要运行 OSPF 协议，必须存在 Router ID。Router ID 是一个 32 比特的无符号整数，是一台路由器在自治系统中的唯一标识。Router ID 选举规则如下。

（1）手工配置 OSPF 路由器的 Router ID（建议手工配置）。

（2）如果没有手工配置 Router ID，则路由器使用 LoopBack 接口中最大的 IP 地址作为 Router ID。

（3）如果没有配置 LoopBack 接口，则路由器使用物理接口中最大的 IP 地址作为 Router ID。Router ID 一旦选定，之后如果要更改就需要重启 OSPF 进程。在实际工程中，推荐手工配置 OSPF 路由设备的 Router ID。

2. 区域

区域是从逻辑上将设备划分为不同的组，每个组用区域号（Area ID）来标识。OSPF 的区域号是一个 32 比特的非负整数，它有以下两种表示方法。

（1）点分十进制：如 Area 0.0.0.1。

（2）十进制：如 Area 1。

3. 度量值

OSPF 使用 Cost（开销）作为路由的度量值。每一个激活了 OSPF 的接口都会维护一个接口 Cost，默认的接口 Cost = 100Mbit/s 接口带宽。其中 100Mbit/s 为 OSPF 指定的默认参考值，该值是可配置的。如图 6.7 所示，在 R3 的路由表中，到达 10.0.1.1/32 的 OSPF 路由的 Cost=1+64，即 65。

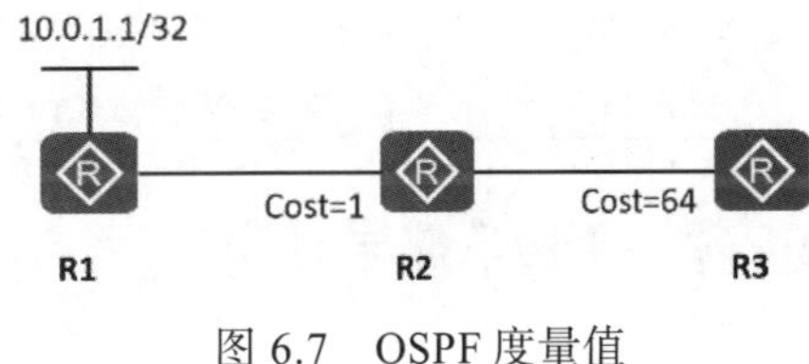

图 6.7　OSPF 度量值

6.2.2 OSPF 路由器的类型

OSPF 路由器的类型如图 6.8 所示。

（1）骨干路由器（Backbone Router）：至少有一个接口属于骨干区域。

（2）区域内路由器（Internal Router）：所有接口都属于同一个 OSPF 区域。

（3）区域边界路由器（Area Border Router，ABR）：可以同时属于两个以上的区域，但其中一个必须是骨干区域。

（4）自治系统边界路由器（AS Boundary Router，ASBR）：只要有一台 OSPF 设备引入了外部路由的信息，它就成为 ASBR。

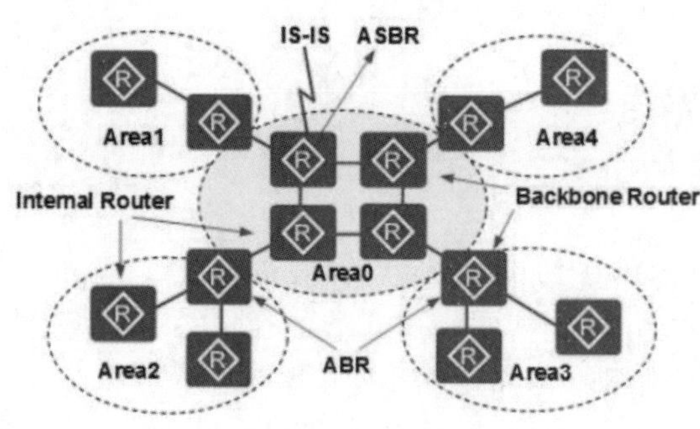

图 6.8 OSPF 路由器的类型

6.2.3 OSPF 的报文类型

OSPF 用 IP 报文直接封装协议报文，协议号为 89。OSPF 分为 5 种报文：Hello 报文、DD 报文、LSR 报文、LSU 报文和 LSAck 报文，见表 6.1。

表 6.1 OSPF 报文类型

报　文	作　用
Hello	周期性发送，用于发现和维持 OSPF 邻居关系
DD	描述本地 LSDB（链路状态数据库）的摘要信息，用于两台设备进行数据库同步
LSR	用于向对方请求所需的 LSA。 设备只有在 OSPF 邻居双方成功交换 DD 报文后才会向对方发出 LSR 报文
LSU	用于向对方发送其所需要的 LSA
LSAck	用于对接收到的 LSA 进行确认

6.2.4 OSPF 邻居状态

在 OSPF 网络中，为了交换路由信息，邻居设备之间首先要建立邻接关系，邻居（neighbors）关系和邻接（adjacencies）关系是两个不同的概念。

- 邻居关系：OSPF 设备启动后，会通过 OSPF 接口向外发送 Hello 报文，收到 Hello 报文的 OSPF 设备会检查报文中所定义的参数，如果双方一致，就会形成邻居关系，两端设备互为邻居。
- 邻接关系：形成邻居关系后，如果两端设备成功交换 DD 报文和 LSA，才建立邻接关系。

邻居和邻接状态是通过 OSPF 状态机表现的，OSPF 共有 8 种邻居状态机，分别是 Down、Attempt、Init、2Way、ExStart、Exchange、Loading、Full。其中，Down、2Way、Full 是稳定状态，Attempt、Init、ExStart、Exchange、Loading 是不稳定状态。不稳定状态是在转换过程中瞬间存在的状态，一般不会超过几分钟。

（1）Down：邻居会话的初始阶段，表明没有在邻居失效时间间隔（dead interval）内收到来自邻居路由器的 Hello 数据包。

（2）Attempt：该状态仅发生在 NBMA（非广播式多路访问）网络中，表明对端在邻居失效时间间隔超时前仍然没有回复 Hello 报文。此时路由器依然以每发送轮询 Hello 报文的时间间隔（poll interval）向对端发送 Hello 报文。

（3）Init：收到 Hello 报文后状态变为 Init。

（4）2Way：收到的 Hello 报文中包含有自己的 Router ID，则状态为 2Way；如果不需要形成邻接关系，则邻居状态机就停留在此状态，否则进入 ExStart 状态。

（5）ExStart：开始协商主从关系，并确定 DD 报文的序列号，此时状态为 ExStart。

（6）Exchange：主从关系协商完毕开始交换 DD 报文，此时状态为 Exchange。

（7）Loading：DD 报文交换完成即 Exchange done，此时状态为 Loading。

（8）Full：LSR 重传列表为空，此时状态为 Full。

6.2.5 OSPF 网络类型

OSPF 网络类型是一个非常重要的接口变量，这个变量将影响 OSPF 在接口上的操作，如采用什么方式发送 OSPF 协议报文，以及是否需要选举 DR（指定路由器）、BDR（备份指定路由器）等，接口默认的 OSPF 网络类型取决于接口所使用的数据链路层封装。OSPF 支持以下 4 种网络类型。

- P2P（Point-to-Point，点到点）。
- P2MP（Point to Multi-Point，点到多点）。
- BMA（Broadcast Multiple Access，广播式多路访问）。
- NBMA（Non-Broadcast Multiple Access，非广播式多路访问）。

P2P 网络如图 6.9 所示。P2P 指的是在一段链路上只能连接两台网络设备的环境，典型的例子是 PPP 链路。当接口采用 PPP 封装时，OSPF 在该接口上采用的默认网络类型为 P2P。

P2MP 网络如图 6.10 所示，P2MP 相当于将多条 P2P 链路的一端进行捆绑得到的网络，没有一种链路层协议会被默认为是 P2MP 网络类型，该类型必须由其他网络类型手工更改，其常用做法是将非全连通的 NBMA 改为 P2MP 网络。

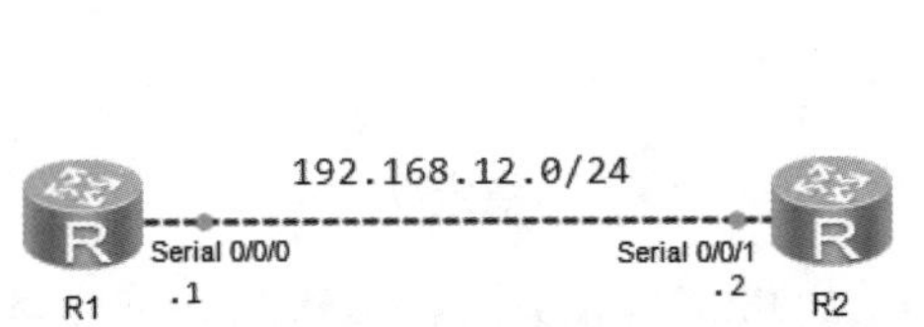

图 6.9 P2P 网络示例

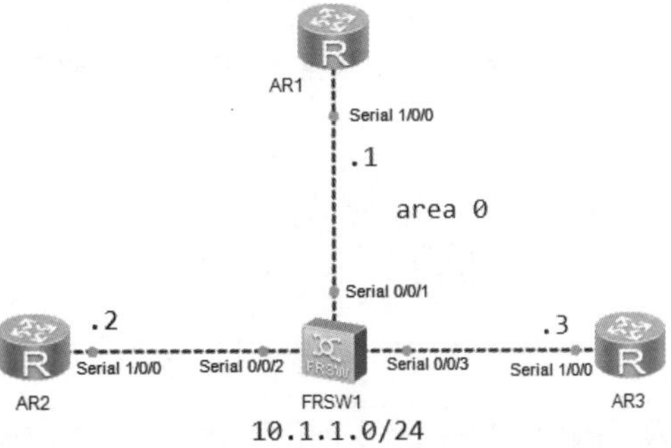

图 6.10 P2MP 网络示例

BMA 网络如图 6.11 所示。BMA 也被称为 Broadcast，指的是一个允许多台设备接入的、支持广播的环境，典型的例子是 Ethernet（以太网）。当接口采用 Ethernet 封装时，OSPF 在该接口上采用的默认网络类型为 BMA。

NBMA 网络如图 6.12 所示。NBMA 指的是一个允许多台网络设备接入且不支持广播的环境，典型的例子是帧中继（Frame-Relay）网络。

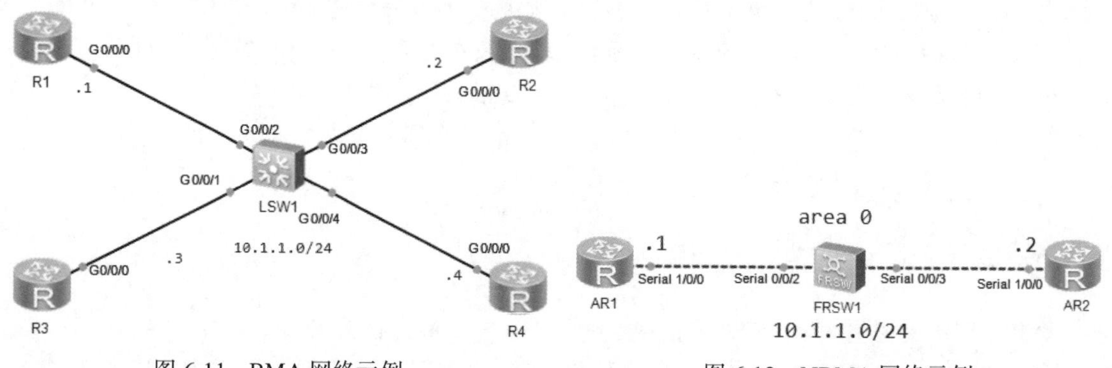

图 6.11　BMA 网络示例

图 6.12　NBMA 网络示例

一般情况下，链路两端的 OSPF 接口网络类型必须一致，否则双方无法建立邻居关系。OSPF 网络类型可以在接口下通过命令手工修改以适应不同的网络场景，如在一个广播域下只有两台 OSPF 路由器时，可以将 BMA 网络类型修改为 P2P 网络类型。

6.2.6　DR 与 BDR 的选举

前面提到的广播式多路访问（BMA）与非广播式多路访问（NBMA）都属于多路式访问（MA）网络，经常提到的以太网就是一种典型的广播式多路访问网络，如图 6.13 所示。在 MA 网络中，如果每台 OSPF 路由器都与其他的所有路由器建立 OSPF 邻接关系，便会导致网络中存在过多的 OSPF 邻接关系，增加设备的负担，也增加了网络中泛洪的 OSPF 报文数量，尤其是当拓扑发生变更时，网络中的 LSA 泛洪可能会造成带宽的浪费和设备资源的损耗。

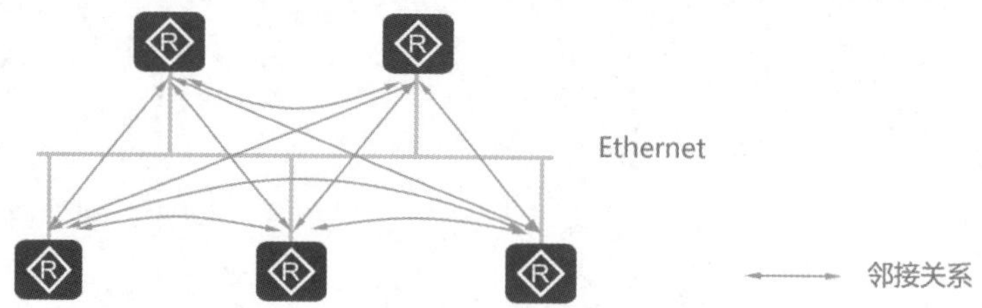

图 6.13　无 DR/BDR MA 网络中的邻接关系

为了减少 MA 网络中的泛洪，可以优化 MA 网络中的 OSPF 邻接关系。OSPF 中指定了三种路由器身份：DR、BDR 和 DRother，而且只允许 DR、DRother 与其他 OSPF 路由器建立邻接关系，DRother 之间的邻居关系会停留在 2Way 状态。BDR 的存在是为了保障网络的可靠性，

BDR 会监控 DR 的状态，并在当前 DR 发生故障时接替其角色。如图 6.14 所示，DR 与 BDR 的存在可以减少邻接关系的数量从而降低设备的负担。

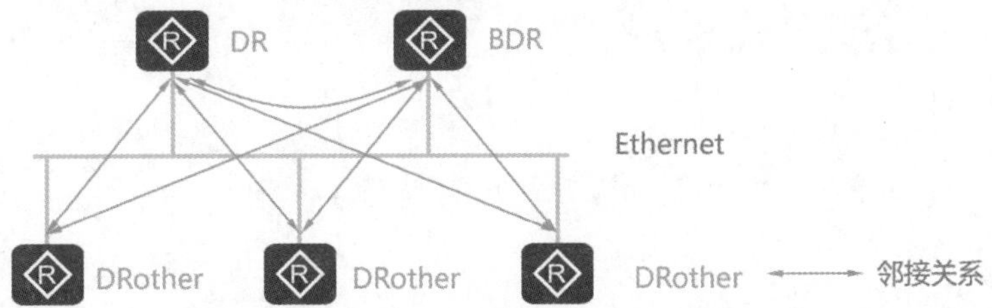

图 6.14 DR/BDR 减少 MA 网络中的邻接关系

DR/BDR 的选举规则：先比较设备 DR 优先级，优先级的取值范围为 0～255，数值越大越优先，其默认值为 1，当设置为 0 时，将不参与 DR/BDR 选举。如果无法通过优先级选举出 DR/BDR，则比较 Router ID，具有更高的 OSPF Router ID 的路由器（接口）会被选举成 DR，其次为 BDR。值得注意的是，DR 具有非抢占性，也就是说，在一个 MA 网络中，一旦选举出 DR，在 DR 设备正常运行的情况下，就算具有更高优先级的设备加入此 MA 网络，也不会被选举为 DR。

不同网络类型中的 DR/BDR 的选举见表 6.2。

表 6.2 不同网络类型中的 DR/BDR 的选举

OSPF 网络类型	常见链路层协议	是否选举 DR	是否和邻居建立邻接关系
P2P	PPP 链路、HDLC 链路	否	是
		否	是
Broadcast	以太网链路	是	DRother 之间为邻居关系，其他均为邻接关系
NBMA	帧中继链路	是	
P2MP	需手工指定	否	是

6.3 OSPF 的配置

6.3.1 配置单区域 OSPF

1. 实验目的

（1）实现单区域 OSPF 的配置。

（2）描述 OSPF 在多路式访问网络中邻接关系建立的过程。

2. 实验拓扑

配置单区域 OSPF 的实验拓扑如图 6.15 所示。

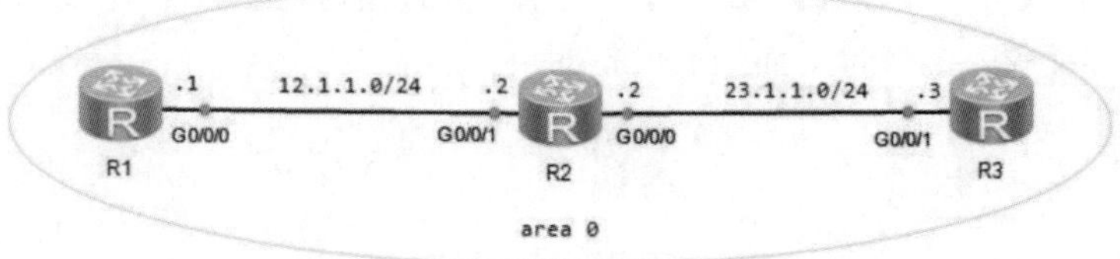

图 6.15　配置单区域 OSPF 的实验拓扑

3. 实验步骤

（1）配置 IP 地址。

R1 的配置：

```
<Huawei>system-view
[Huawei]undo info-center enable
[Huawei]sysname R1
[R1]interface g0/0/0
[R1-GigabitEthernet0/0/0]ip address 12.1.1.1 24
[R1-GigabitEthernet0/0/0]quit
[R1]interface LoopBack 0
[R1-LoopBack0]ip address 1.1.1.1 24
[R1-LoopBack0]quit
```

R2 的配置：

```
<Huawei>system-view
[Huawei]undo info-center enable
[Huawei]sysname R2
[R2]interface g0/0/1
[R2-GigabitEthernet0/0/1]ip address 12.1.1.2 24
[R2-GigabitEthernet0/0/1]quit
[R2]interface g0/0/0
[R2-GigabitEthernet0/0/0]ip address 23.1.1.2 24
[R2-GigabitEthernet0/0/0]quit
[R2]interface LoopBack 0
[R2-LoopBack0]ip address 2.2.2.2 24
[R2-LoopBack0]quit
```

R3 的配置：

```
<Huawei>system-view
[Huawei]undo info-center enable
[Huawei]sysname R3
[R3]interface g0/0/1
[R3-GigabitEthernet0/0/1]ip address 23.1.1.3 24
[R3-GigabitEthernet0/0/1]quit
[R3]interface LoopBack 0
[R3-LoopBack0]ip address 3.3.3.3 32
[R3-LoopBack0]quit
```

（2）运行 OSPF。

R1 的配置：

```
[R1]ospf router-id 1.1.1.1
[R1-ospf-1]area 0
[R1-ospf-1-area-0.0.0.0]network 12.1.1.0 0.0.0.255
[R1-ospf-1-area-0.0.0.0]network 1.1.1.0 0.0.0.255
[R1-ospf-1-area-0.0.0.0]quit
```

R2 的配置：

```
[R2]ospf router-id 2.2.2.2
[R2-ospf-1]area 0
[R2-ospf-1-area-0.0.0.0]network 12.1.1.0 0.0.0.255
[R2-ospf-1-area-0.0.0.0]network 23.1.1.0 0.0.0.255
[R2-ospf-1-area-0.0.0.0]network 2.2.2.0 0.0.0.255
[R2-ospf-1-area-0.0.0.0]quit
```

R3 的配置：

```
[R3]ospf router-id 3.3.3.3
[R3-ospf-1]area 0
[R3-ospf-1-area-0.0.0.0]network 23.1.1.0 0.0.0.255
[R3-ospf-1-area-0.0.0.0]network 3.3.3.0 0.0.0.255
[R3-ospf-1-area-0.0.0.0]quit
```

【技术要点 1】

OSPF 的 Router ID 的编号范围为 1～65535，只在本地有效，不同路由器的 Router ID 可以不同。

【技术要点 2】

Router ID 用于在自治系统中唯一标识一台运行 OSPF 的路由器，它是一个 32 位的无符号整数。Router ID 选举规则如下：

- 手工配置 OSPF 路由器的 Router ID（建议手工配置）。
- 如果没有手工配置 Router ID，则路由器使用 LoopBack 接口中最大的 IP 地址作为 Router ID。
- 如果没有配置 LoopBack 接口，则路由器使用物理接口中最大的 IP 地址作为 Router ID。

4. 实验调试

（1）在 R1 上查看当前设备所有激活 OSPF 的接口信息。

```
<R1>display ospf interface all
OSPF Process 1 with Router ID 1.1.1.1  //OSPF 的进程为 1，Router ID 为 1.1.1.1
                  Interfaces
 Area: 0.0.0.0            (MPLS TE not enabled)    //OSPF 的区域为 0
 Interface: 12.1.1.1 (GigabitEthernet0/0/0)
 Cost: 1         State: DR          Type: Broadcast    MTU: 1500
```

```
Priority: 1    //G0/0/0 的开销为 1，它是 DR，网络类型为广播，MTU 为 1500，优先级为 1
Designated Router: 12.1.1.1              //DR 为 12.1.1.1
Backup Designated Router: 12.1.1.2       //BDR 为 12.1.1.2
Timers: Hello 10 , Dead 40 , Poll  120 , Retransmit 5 , Transmit Delay 1

Interface: 1.1.1.1 (LoopBack0)
Cost: 0       State: P-2-P      Type: P2P        MTU: 1500
Timers: Hello 10 , Dead 40 , Poll  120 , Retransmit 5 , Transmit Delay 1
```

（2）在 R1 上查看当前设备的邻居状态。

```
<R1>display ospf peer
        OSPF Process 1 with Router ID 1.1.1.1
               Neighbors
 Area 0.0.0.0 interface 12.1.1.1(GigabitEthernet0/0/0)'s neighbors
 Router ID: 2.2.2.2           Address: 12.1.1.2
   //邻居状态为 Full，邻居为 Master
   State: Full  Mode:Nbr is  Master  Priority: 1
   DR: 12.1.1.1  BDR: 12.1.1.2  MTU: 0
   Dead timer due in 34  sec
   Retrans timer interval: 5
   Neighbor is up for 00:29:56
   Authentication Sequence: [ 0 ]
```

（3）在 R1 上查看当前设备的 LSDB。

```
<R1>display ospf lsdb
        OSPF Process 1 with Router ID 1.1.1.1
               Link State Database
                       Area: 0.0.0.0
 Type       LinkState ID    AdvRouter          Age  Len   Sequence   Metric
 Router     2.2.2.2         2.2.2.2            109  60    8000000A        1
 Router     1.1.1.1         1.1.1.1            169  48    80000007        1
 Router     3.3.3.3         3.3.3.3            114  48    80000005        1
 Network    23.1.1.2        2.2.2.2            109  32    80000003        0
 Network    12.1.1.1        1.1.1.1            169  32    80000003        0
```

（4）在 R1 上查看当前设备的 OSPF 路由表。

```
<R1>display ospf routing
        OSPF Process 1 with Router ID 1.1.1.1
                Routing Tables
 Routing for Network
 Destination        Cost  Type        NextHop      AdvRouter     Area
 1.1.1.1/32         0     Stub        1.1.1.1      1.1.1.1       0.0.0.0
 12.1.1.0/24        1     Transit     12.1.1.1     1.1.1.1       0.0.0.0
 2.2.2.2/32         1     Stub        12.1.1.2     2.2.2.2       0.0.0.0
 3.3.3.3/32         2     Stub        12.1.1.2     3.3.3.3       0.0.0.0
 23.1.1.0/24        2     Transit     12.1.1.2     2.2.2.2       0.0.0.0

 Total Nets: 5
 Intra Area: 5  Inter Area: 0  ASE: 0  NSSA: 0
```

（5）在 R1 上开启以下命令，观察 OSPF 的状态机。

```
<R1>terminal debugging
<R1>terminal monitor
<R1>debugging ospf event
<R1>debugging ospf packet
<R1>system-view
[R1]interface g0/0/0
[R1-GigabitEthernet0/0/0]shutdown
[R1-GigabitEthernet0/0/0]quit
[R1]interface g0/0/0
[R1-GigabitEthernet0/0/0]undo shutdown
[R1-GigabitEthernet0/0/0]quit
[R1]info-center enable
Sep  2 2022 15:13:00-08:00 R1 %%01IFPDT/4/IF_STATE(l)[0]:Interface
GigabitEthernet0/0/0 has turned into UP state.
[R1]
Sep  2 2022 15:13:00-08:00 R1 %%01IFNET/4/LINK_STATE(l)[1]:The line
protocol IP on the interface GigabitEthernet0/0/0 has entered the UP state.
[R1]
[R1]
Sep  2 2022 15:13:00.191.7-08:00 R1 RM/6/RMDEBUG:
 FileID: 0xd017802c Line: 1295 Level: 0x20
  OSPF 1: Intf 12.1.1.1 Rcv InterfaceUp State Down -> Waiting.
//接口开启（UP）后，OSPF 状态从 Down 变为 Waiting
[R1]
Sep  2 2022 15:13:00.191.8-08:00 R1 RM/6/RMDEBUG:
 FileID: 0xd0178025 Line: 559 Level: 0x20
 OSPF 1: SEND Packet. Interface: GigabitEthernet0/0/0
[R1]
Sep  2 2022 15:13:00.191.9-08:00 R1 RM/6/RMDEBUG: Source Address: 12.1.1.1
[R1]
Sep  2 2022 15:13:00.191.10-08:00 R1 RM/6/RMDEBUG: Destination Address: 224.0.0.5
[R1]
[R1]
Sep  2 2022 15:13:00.191.11-08:00 R1 RM/6/RMDEBUG:  Ver# 2, Type: 1 (Hello)
[R1]
Sep  2 2022 15:13:00.191.12-08:00 R1 RM/6/RMDEBUG:  Length: 44, Router: 1.1.1.1
[R1]
Sep  2 2022 15:13:00.191.13-08:00 R1 RM/6/RMDEBUG:  Area: 0.0.0.0, Chksum: fa9c
[R1]
Sep  2 2022 15:13:00.191.14-08:00 R1 RM/6/RMDEBUG:  AuType: 00
[R1]
Sep  2 2022 15:13:00.191.15-08:00 R1 RM/6/RMDEBUG:  Key(ascii): * * * * * * * *
[R1]
Sep  2 2022 15:13:00.191.16-08:00 R1 RM/6/RMDEBUG:  Net Mask: 255.255.255.0
[R1]
Sep  2 2022 15:13:00.191.17-08:00 R1 RM/6/RMDEBUG:  Hello Int: 10, Option: _E_
[R1]
```

```
Sep  2 2022 15:13:00.191.18-08:00 R1 RM/6/RMDEBUG:  Rtr Priority: 1, Dead Int: 40
[R1]
Sep  2 2022 15:13:00.191.19-08:00 R1 RM/6/RMDEBUG:  DR: 0.0.0.0
[R1]
Sep  2 2022 15:13:00.191.20-08:00 R1 RM/6/RMDEBUG:  BDR: 0.0.0.0
[R1]
Sep  2 2022 15:13:00.191.21-08:00 R1 RM/6/RMDEBUG:  # Attached Neighbors: 0
[R1]
Sep  2 2022 15:13:00.191.22-08:00 R1 RM/6/RMDEBUG:
[R1]
Sep  2 2022 15:13:00.191.23-08:00 R1 RM/6/RMDEBUG:
 FileID: 0xd017802c Line: 1409 Level: 0x20
  OSPF 1 Send Hello Interface Up on 12.1.1.1 //R1 在接口上发送 Hello 包
[R1]
Sep  2 2022 15:13:00.641.1-08:00 R1 RM/6/RMDEBUG:
 FileID: 0xd0178024 Line: 2236 Level: 0x20
 OSPF 1: RECV Packet. Interface: GigabitEthernet0/0/0
[R1]
Sep  2 2022 15:13:00.641.2-08:00 R1 RM/6/RMDEBUG:  Source Address: 12.1.1.2
[R1]
Sep  2 2022 15:13:00.641.3-08:00 R1 RM/6/RMDEBUG:  Destination Address: 224.0.0.5
[R1]
Sep  2 2022 15:13:00-08:00 R1 %%01OSPF/4/NBR_CHANGE_E(l)[2]:Neighbor
changes event: neighbor status changed. (ProcessId=256, NeighborAddress=
2.1.1.12, NeighborEvent=HelloReceived, NeighborPreviousState=Down,
NeighborCurrentState=Init)
//从邻居接收到 Hello 包，状态从 Down 变为 Init
[R1]
Sep  2 2022 15:13:00.641.5-08:00 R1 RM/6/RMDEBUG:  Ver# 2, Type: 1 (Hello)
[R1]
Sep  2 2022 15:13:00.641.6-08:00 R1 RM/6/RMDEBUG:  Length: 44, Router: 2.2.2.2
[R1]
Sep  2 2022 15:13:00.641.7-08:00 R1 RM/6/RMDEBUG:  Area: 0.0.0.0, Chksum: f89a
[R1]
Sep  2 2022 15:13:00.641.8-08:00 R1 RM/6/RMDEBUG:  AuType: 00
[R1]
Sep  2 2022 15:13:00.641.9-08:00 R1 RM/6/RMDEBUG:  Key(ascii): * * * * * * * *
[R1]
Sep  2 2022 15:13:00.641.10-08:00 R1 RM/6/RMDEBUG:  Net Mask: 255.255.255.0
[R1]
Sep  2 2022 15:13:00.641.11-08:00 R1 RM/6/RMDEBUG:  Hello Int: 10, Option: _E_
[R1]
Sep  2 2022 15:13:00.641.12-08:00 R1 RM/6/RMDEBUG:  Rtr Priority: 1, Dead Int: 40
[R1]
Sep  2 2022 15:13:00.641.13-08:00 R1 RM/6/RMDEBUG:  DR: 0.0.0.0
[R1]
Sep  2 2022 15:13:00.641.14-08:00 R1 RM/6/RMDEBUG:  BDR: 0.0.0.0
[R1]
```

```
    Sep  2 2022 15:13:00.641.15-08:00 R1 RM/6/RMDEBUG:  # Attached Neighbors: 0
    [R1]
    Sep  2 2022 15:13:00.641.16-08:00 R1 RM/6/RMDEBUG:
    [R1]
    Sep  2 2022 15:13:00.641.17-08:00 R1 RM/6/RMDEBUG:
     FileID: 0xd017802d Line: 1136 Level: 0x20
      OSPF 1: Nbr 12.1.1.2 Rcv HelloReceived State Down -> Init.
    [R1]
    Sep  2 2022 15:13:10-08:00 R1 %%01OSPF/4/NBR_CHANGE_E(l)[3]:Neighbor
changes event: neighbor status changed. (ProcessId=256, NeighborAddress=
2.1.1.12, NeighborEvent=2WayReceived, NeighborPreviousState=Init,
NeighborCurrentState=2Way)
    //从邻居接收到的 Hello 包，并在 Hello 包中看到了自己的 Router ID，状态从 Init 变为 2Way
    [R1]
    Sep  2 2022 15:13:39-08:00 R1 %%01OSPF/4/NBR_CHANGE_E(l)[4]:Neighbor
changes event: neighbor status changed. (ProcessId=256,
NeighborAddress=2.1.1.12, NeighborEvent=AdjOk?, NeighborPreviousState=2Way,
NeighborCurrentState=ExStart)
    //发送 DD 报文，进入 ExStart 状态
    [R1]
    Sep  2 2022 15:13:44-08:00 R1 %%01OSPF/4/NBR_CHANGE_E(l)[5]:Neighbor
changes event: neighbor status changed. (ProcessId=256, NeighborAddress=
2.1.1.12, NeighborEvent=NegotiationDone,NeighborPreviousState=ExStart,
NeighborCurrentState=Exchange)  //交互 DD 报文并发送 LSR、LSU，进入 Exchange 状态
    [R1]
    Sep  2 2022 15:13:44-08:00 R1 %%01OSPF/4/NBR_CHANGE_E(l)[6]:Neighbor
changes event: neighbor status changed. (ProcessId=256, NeighborAddress=
2.1.1.12, NeighborEvent=ExchangeDone,NeighborPreviousState=Exchange,
NeighborCurrentState=Loading)  //交互完毕进入 Loading 状态
    [R1]
    Sep  2 2022 15:13:44-08:00 R1 %%01OSPF/4/NBR_CHANGE_E(l)[7]:Neighbor
changes event: neighbor status changed. (ProcessId=256, NeighborAddress=
2.1.1.12, NeighborEvent=LoadingDone, NeighborPreviousState=Loading,
NeighborCurrentState=Full
    )//LSA 同步完成
```

6.3.2 配置 OSPF 报文分析和验证

1. 实验目的

（1）通过抓包分析 OSPF 报文。

（2）实现 OSPF 区域认证的配置。

2. 实验拓扑

配置 OSPF 报文分析和验证的实验拓扑如图 6.16 所示。

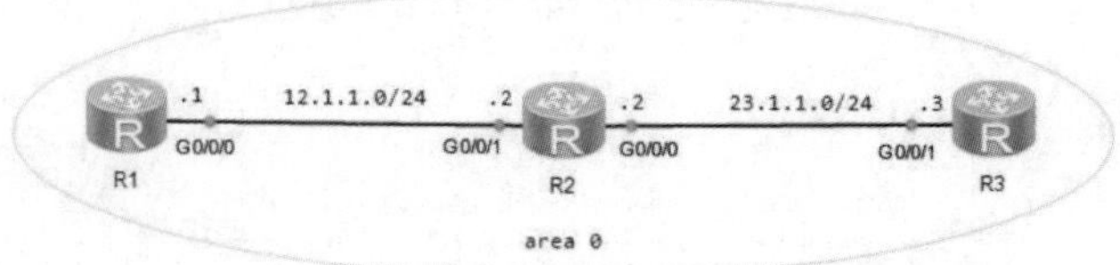

图 6.16　配置 OSPF 报文分析和验证的实验拓扑

3. 实验步骤

（1）配置 IP 地址（和 6.3.1 小节的实验相同，此处略）。

（2）运行 OSPF（和 6.3.1 小节的实验相同，此处略）。

（3）在 R1 的 g0/0/0 接口处抓包。

1）分析包头。OSPF 的所有包都有一个共同的包头，其格式如图 6.17 所示。

```
> Frame 17: 82 bytes on wire (656 bits), 82 bytes captured (656 bits) on interface 0
> Ethernet II, Src: HuaweiTe_62:20:56 (00:e0:fc:62:20:56), Dst: IPv4mcast_05 (01:00:5e:00:00:05)
> Internet Protocol Version 4, Src: 12.1.1.1, Dst: 224.0.0.5
v Open Shortest Path First
  v OSPF Header
    1 Version: 2
    2 Message Type: Hello Packet (1)
    3 Packet Length: 48
    4 Source OSPF Router: 1.1.1.1
    5 Area ID: 0.0.0.0 (Backbone)
    6 Checksum: 0xf694 [correct]
    7 Auth Type: Null (0)
    8 Auth Data (none): 0000000000000000
```

图 6.17　OSPF 包头结构

① Version：OSPF 的版本号。对于 OSPFv2 来说，其值为 2。

② Message Type：OSPF 报文的类型。有以下几种类型：Hello、DD、LSR、LSU、LSAck。

③ Packet Length：OSPF 报文的总长度。包括报文头在内，单位为字节。

④ Source OSPF Router：发送该报文的路由器标识。

⑤ Area ID：发送该报文的所属区域。

⑥ Checksum：校验和，包含除了认证字段的整个报文的校验和。

⑦ Auth Type：验证类型。0 表示不验证，1 表示简单认证，2 表示 MD5 认证。

⑧ Auth Data：认证字段。0 表示未作定义，1 表示密码信息，2 表示 KEY ID、MD5 等。

2）分析 Hello 包。Hello 包的格式如图 6.18 所示。

```
v OSPF Hello Packet
  1 Network Mask: 255.255.255.0
  2 Hello Interval [sec]: 10
  v Options: 0x02, (E) External Routing
      0... .... = DN: Not set
      .0.. .... = O: Not set
      ..0. .... = (DC) Demand Circuits: Not supported
      ...0 .... = (L) LLS Data block: Not Present
    3 .... 0... = (N) NSSA: Not supported
    4 .... .0.. = (MC) Multicast: Not capable
    5 .... ..1. = (E) External Routing: Capable
      .... ...0 = (MT) Multi-Topology Routing: No
  6 Router Priority: 1
  7 Router Dead Interval [sec]: 40
  8 Designated Router: 0.0.0.0
  9 Backup Designated Router: 0.0.0.0
  10 Active Neighbor: 2.2.2.2
```

图 6.18　Hello 包的格式

① Network Mask：发送 Hello 报文的接口所在网络的掩码。

② Hello Interval：发送 Hello 报文的时间间隔。

③ N：处理 Type-7 LSAs。

④ MC：转发 IP 组播报文。

⑤ E：允许 Flood AS-External-LSAs。

⑥ Router Priority：DR 优先级，默认为 1。如果设置为 0，则路由器不能参与 DR 或 BDR 的选举。

⑦ Router Dead Interval：失效时间。如果在此时间内未接收到邻居发来的 Hello 报文，则认为邻居失效。

⑧ Designated Router：DR 的接口地址。

⑨ Backup Designated Router：BDR 的接口地址。

⑩ Active Neighbor：邻居，以 Router ID 标识。

3）分析 DD 包。DD 包的报文格式如图 6.19 所示。

```
v OSPF DB Description
  1  Interface MTU: 0
  2> Options: 0x02, (E) External Routing
   v DB Description: 0x00
        .... 0... = (R) OOBResync: Not set
       3.... .0.. = (I) Init: Not set
       4.... ..0. = (M) More: Not set
       5.... ...0 = (MS) Master: No
    6DD Sequence: 2225
7> LSA-type 1 (Router-LSA), len 48
 > LSA-type 1 (Router-LSA), len 60
 > LSA-type 1 (Router-LSA), len 48
 > LSA-type 2 (Network-LSA), len 32
 > LSA-type 2 (Network-LSA), len 32
```

图 6.19　DD 包的报文格式

① Interface MTU：在不分片的情况下，此接口最大可发出的 IP 报文长度。

② Options：可选项。

③ I：当发送连续多个 DD 报文时，如果这是第一个 DD 报文，则置为 1，否则置为 0。

④ M：当发送连续多个 DD 报文时，如果这是最后一个 DD 报文，则置为 0，否则置为 1，表示后面还有其他的 DD 报文。

⑤ MS：当两台 OSPF 路由器交换 DD 报文时，首先需要确定双方的主从关系，Router ID 大的一方会成为 M（Master）。当值为 1 时，表示发送方为 Master。

⑥ DD Sequence：DD 报文序列号。主从双方利用序列号来保证 DD 报文传输的可靠性和完整性。

⑦ LSA Headers：该 DD 报文中所包含的 LSA 的头部信息。

4）分析 LSR。LSR 的报文格式如图 6.20 所示。

① LS Type：LSA 的类型。

② Link State ID：根据 LSA 中的 LS Type 和 LSA Description 在路由域中描述一个 LSA。

③ Advertising Router：产生此 LSA 的路由器的 Router ID。

```
˅ Link State Request
   1 LS Type: Router-LSA (1)
   2 Link State ID: 2.2.2.2
   3 Advertising Router: 2.2.2.2
```

图 6.20　LSR 的报文格式

5）分析 LSU。LSU 的报文格式如图 6.21 所示。

```
˅ LS Update Packet
    Number of LSAs: 1
  ˅ LSA-type 1 (Router-LSA), len 48
      1 .000 0000 0000 0001 = LS Age (seconds): 1
        0... .... .... .... = Do Not Age Flag: 0
     2> Options: 0x02, (E) External Routing
      3 LS Type: Router-LSA (1)
      4 Link State ID: 1.1.1.1
      5 Advertising Router: 1.1.1.1
      6 Sequence Number: 0x80000010
      7 Checksum: 0x4abe
      8 Length: 48
```

图 6.21　LSU 的报文格式

① LS Age：LSA 产生后所经过的时间，以秒为单位。无论 LSA 是在链路上传输，还是保存在 LSDB 中，其值都会不停地增长。

② Options：可选项。

③ LS Type：LSA 的类型。

④ Link State ID：根据 LSA 中的 LS Type 和 LSA Description 在路由域中描述一个 LSA。

⑤ Advertising Router：产生此 LSA 的路由器的 Router ID。

⑥ Sequence Number：LSA 的序列号。其他路由器根据这个值可以判断哪个 LSA 是最新的。

⑦ Checksum：除了 LS Age 外，其他各域的校验和。

⑧ Length：LSA 的总长度。

需要注意的是，所有的 LSA 都有一个这样的 LSU。

6）分析 LSAck。LSAck 的报文格式如图 6.22 所示。

LSAck 用于对接收到的 LSU 报文进行确认，内容是需要确认的 LSA 的 Header。一个 LSAck 报文可对多个 LSA 进行确认。LSAck 报文根据不同的链路以单播或组播的形式发送。

```
˅ LSA-type 1 (Router-LSA), len 48
      .000 0000 0000 0010 = LS Age (seconds): 2
      0... .... .... .... = Do Not Age Flag: 0
    > Options: 0x02, (E) External Routing
      LS Type: Router-LSA (1)
      Link State ID: 1.1.1.1
      Advertising Router: 1.1.1.1
      Sequence Number: 0x80000010
      Checksum: 0x4abe
      Length: 48
```

图 6.22　LSAck 的报文格式

（4）在 R1 和 R2 之间采用接口认证。

R1 的配置：

```
[R1]interface g0/0/0
[R1-GigabitEthernet0/0/0]ospf authentication-mode md5 1 cipher joinlabs
```

R2 的配置：

```
[R2]interface g0/0/1
[R2-GigabitEthernet0/0/1]ospf authentication-mode md5 1 cipher joinlabs
```

在 R1 的接口 G0/0/0 处抓包，认证报文格式如图 6.23 所示。

```
> Frame 40: 98 bytes on wire (784 bits), 98 bytes captured (784 bits) on interface 0
> Ethernet II, Src: HuaweiTe_62:20:56 (00:e0:fc:62:20:56), Dst: IPv4mcast_05 (01:00:5e:00:00:05)
> Internet Protocol Version 4, Src: 12.1.1.1, Dst: 224.0.0.5
v Open Shortest Path First
  v OSPF Header
      Version: 2
      Message Type: Hello Packet (1)
      Packet Length: 48
      Source OSPF Router: 1.1.1.1
      Area ID: 0.0.0.0 (Backbone)
      Checksum: 0x0000 (None)
    1 Auth Type: Cryptographic (2)
    2 Auth Crypt Key id: 1
    3 Auth Crypt Data Length: 16
    4 Auth Crypt Sequence Number: 505
    5 Auth Crypt Data: b93b24a774016af91a7b9b6217a5a246
```

图 6.23　认证报文格式

① Auth Type：认证类型为 MD5。

② Auth Crypt Key id：配置的 ID 号。

③ Auth Crypt Data Length：数据长度为 16。

④ Auth Crypt Sequence Number：认证的序列号为 505。

⑤ Auth Crypt Data：认证数据为哈希得到的字符串。

（5）在区域 0 配置区域认证。

R1 的配置：

```
[R1]ospf
[R1-ospf-1]are
[R1-ospf-1]area 0
[R1-ospf-1-area-0.0.0.0]authentication-mode md5 1 cipher joinlabs
```

R2 的配置：

```
[R2]ospf
[R2-ospf-1]area 0
[R2-ospf-1-area-0.0.0.0]authentication-mode md5 1 cipher joinlabs
```

R3 的配置：

```
[R3]ospf
[R3-ospf-1]area 0
[R3-ospf-1-area-0.0.0.0]authentication-mode md5 1 cipher joinlabs
```

【技术要点】

OSPF 支持报文验证功能，只有通过验证的 OSPF 报文才能被接收，否则将不能正常建立邻居关系。

路由器支持以下两种验证方式。

- 区域验证方式：属于区域的接口发出的 OSPF 报文都会携带认证信息。
- 接口验证方式：通过本接口发送的报文都会携带认证信息。

当两种验证方式都存在时，优先使用接口验证方式。

6.4 练 习 题

1. 以下哪些协议是动态路由协议？（　　）

A．Direct　　B．Static　　C．BGP　　D．OSPF

2. 以下关于 OSPF 骨干区域的说法正确的是（　　）。

A．当运行 OSPF 协议的路由器数量超过两台时必须部署骨干区域

B．骨干区域所有的路由器都是 ABR

C．area 0 是骨干区域

D．所有区域都可以是骨干区域

3. 运行 OSPF 协议的路由器的所有接口必须属于同一区域。（　　）

A．对　　B．错

4. OSPF 协议用（　　）报文来描述自己的 LSDB。

A．DD　　B．LSR　　C．LSU　　D．Hello

5. OSPF 协议支持的网络类型有（　　）。

A．Point-to-Point　　B．Non-Broadcast Multiple Access

C．Point-to-Multi-Point　　D．Broadcast Multiple Access

第 7 章

交换机

在网络中传输数据时需要遵循一些标准，以太网协议定义了数据帧在以太网上的传输标准，了解以太网协议是充分理解数据链路层通信的基础。以太网交换机是实现数据链路层通信的主要设备，了解以太网交换机的工作原理也是十分必要的。

学完本章内容以后，我们应该能够：

- 了解交换机的转发方式
- 掌握交换机的工作原理

7.1 交换机的转发方式

交换机有以下 3 种转发方式。

1. 直通转发

数据帧的结构如图 7.1 所示，直通转发就是交换机只要看到目的 MAC 地址就开始执行转发过程，它不检测错误，直接转发数据帧。直通转发的优点是不需要存储，延迟非常小、交换特别快；其缺点是因为数据包内容并没有被以太网交换机保存下来，所以无法检查传输的数据包是否有误。

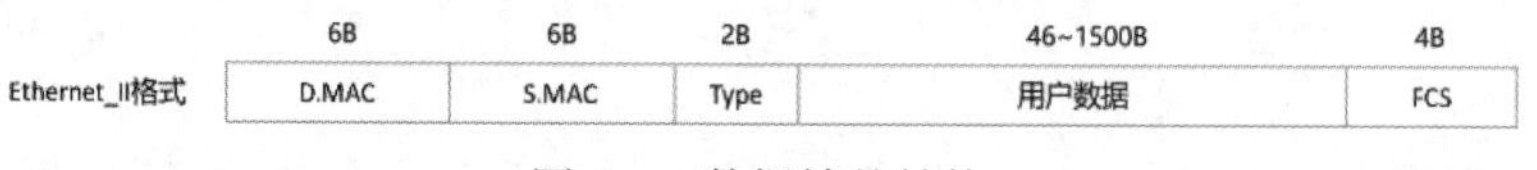

图 7.1 数据帧的结构

2. 存储转发

存储转发是指交换机在接收到完整的数据帧后才开始转发过程，其优点是会进行 CRC 检查，发现错误数据包将会丢弃；缺点是在处理时延时较长。

3. 碎片隔离

碎片隔离就是交换机接收完数据包的前 64 字节后根据帧头信息查表进行转发。此转发模式结合了直通转发和存储转发的优点。与直通转发一样，碎片隔离不用等待接收完完整的数据帧才转发，它会先检查数据包的长度是否够 64 字节（512 比特），如果小于 64 字节，说明是假包（或者残帧），则丢弃该数据包；如果大于 64 字节，则进行转发。碎片隔离同存储转发一样，可以提供错误检测，能够检测前 64 字节的帧是否存在错误，并丢弃错误帧。其优点是避免假包的转发，缺点是不提供数据校验。

华为交换机的转发方式默认为存储转发。

7.2 交换机的工作原理

1. 交换机的初始状态

初始状态下，交换机并不知道所连接主机的 MAC 地址，所以 MAC 地址表是空的。如图 7.2 所示，SWA 为初始状态，在收到主机 A 发送的数据帧之前，MAC 地址表中没有任何表项。

2. 基于源 MAC 地址学习

如图 7.3 所示，主机 A 向主机 C 发送数据时，一般会先发送 ARP 请求帧来获取主机 C 的 MAC 地址，此 ARP 请求帧中的目的 MAC 地址是广播地址，源 MAC 地址是主机 A 的 MAC 地址。SWA 接收到该帧后，会将源 MAC 地址与接收接口的映射关系添加到 MAC 地址表中。默认情况下，交换机学习到的 MAC 地址表项的老化时间为 300s。如果在老化时间内再次收到主机 A 发送的数据帧，则 SWA 中保存的主机 A 的 MAC 地址与 G0/0/1 接口的映射的老化时间将会被刷新。此后，如果交换机接收到目标 MAC 地址为 00-01-02-03-04-AA 的数据帧时，都将通过 G0/0/1 接口转发。需要注意的是，管理员手工添加的 MAC 地址表项不会被老化刷新。

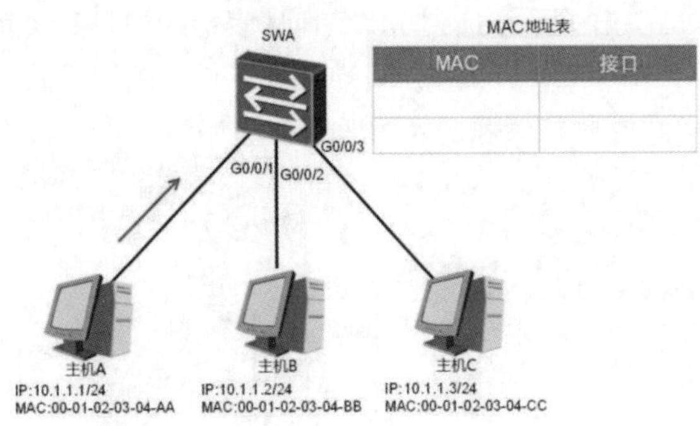

图 7.2　交换机的初始状态

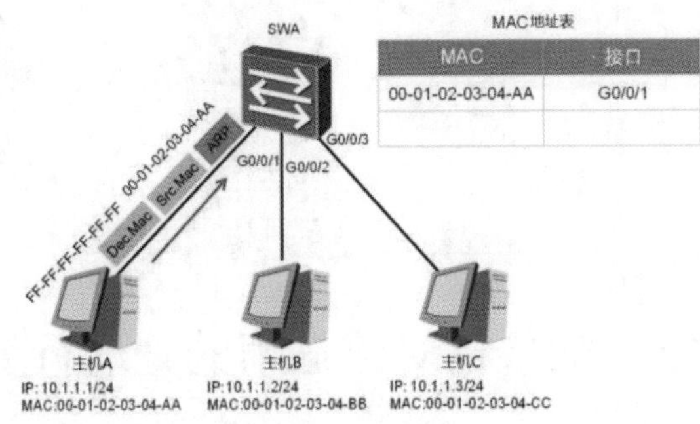

图 7.3　学习阶段

如图 7.4 所示，SWA 把主机 A 的 MAC 地址记录到自己的 MAC 地址表后，查看到数据帧的 MAC 地址为 FF-FF-FF-FF-FF-FF，它便向除了源接口 G0/0/1 外的所有接口进行转发，所以主机 B 和主机 C 都会接收到该数据帧。

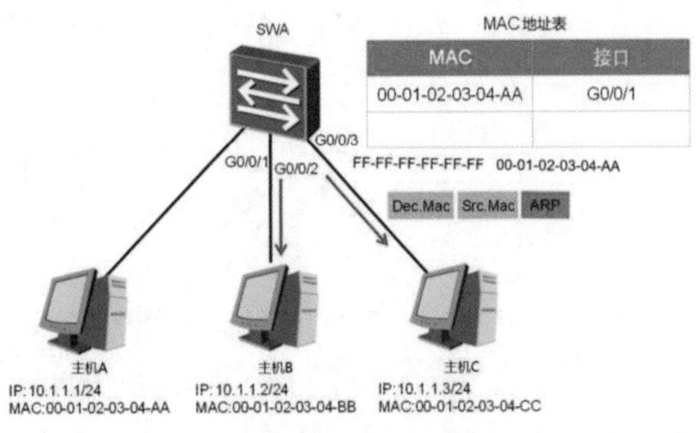

图 7.4　交换机转发数据

3. 基于目的 MAC 地址转发

主机 B 和主机 C 接收到数据帧后，都会查看该数据帧。主机 B 发现目的地址不是自己，所以不会回复该数据帧，而主机 C 会发送 ARP 回复数据帧，此回复数据帧的目的 MAC 地址为主机 A 的 MAC 地址，源 MAC 地址为主机 C 的 MAC 地址。SWA 在收到回复数据帧时，会将该帧的源 MAC 地址和接口的映射关系添加到 MAC 地址表中。如果此映射关系在 MAC 地址表中已经存在，则会被刷新。然后 SWA 查询 MAC 地址表，根据帧的目的 MAC 地址找到对应的转发接口后，从 G0/0/1 接口转发此数据帧。详情如图 7.5 所示。

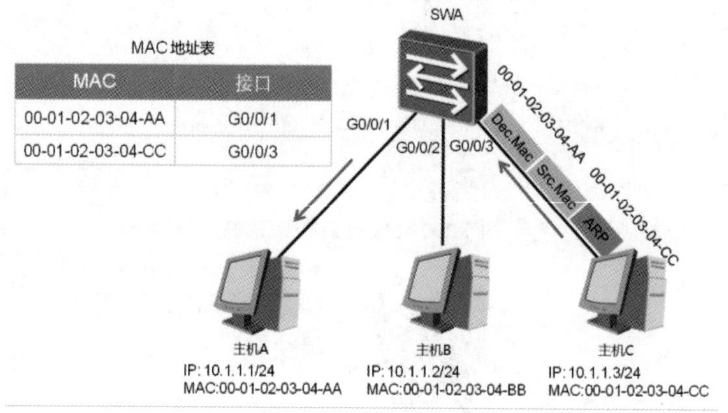

图 7.5　主机回复

7.3　交换机对数据帧的处理行为

交换机会将通过传输介质进入其接口的每一个帧都进行转发操作，其基本作用就是用来转发数据帧。交换机对数据帧的处理行为共有三种：泛洪（Flooding）、转发（Forwarding）和丢弃（Discarding），如图 7.6 所示。

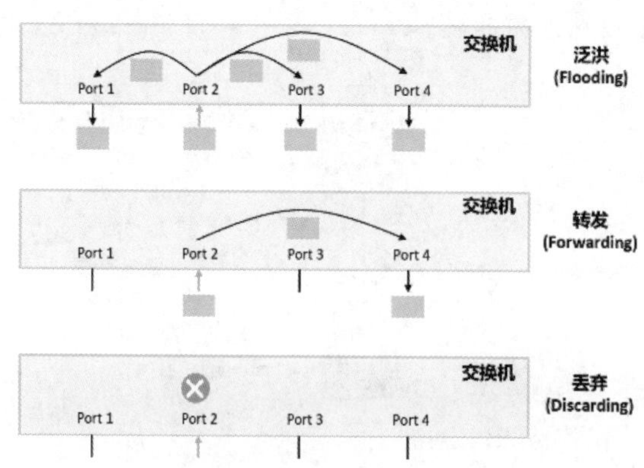

图 7.6　交换机对数据帧的处理行为

7.3.1　泛洪

交换机把从某一接口进入的帧通过其他所有接口转发出去。注意，其他所有接口是指除了该帧进入交换机的接口以外的所有接口。

如图 7.7 所示，主机 1 想要访问主机 2，发送单播数据帧，交换机从 G0/0/1 接口接收到数据帧后，发现在 MAC 地址表中查不到对应的表项，则会泛洪该数据帧；把它从 G0/0/2 接口和 G0/0/3 接口发送出去。

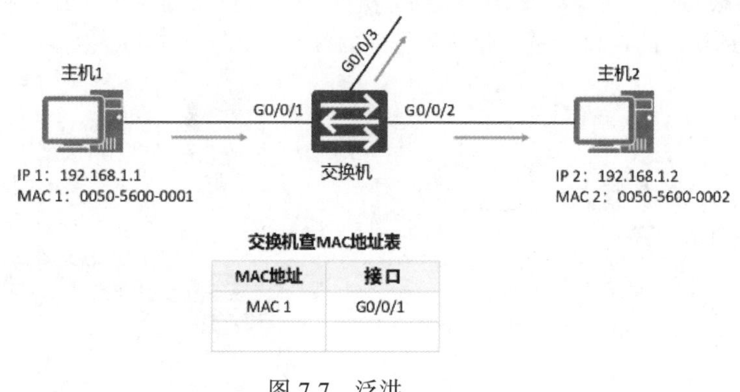

MAC地址	接口
MAC 1	G0/0/1

图 7.7　泛洪

7.3.2　转发

交换机把从某一接口进入的帧通过另一个接口转发出去。注意，另一个接口不能是这个帧进入交换机的接口。

如图 7.8 所示，主机 1 想要访问主机 2，发送单播数据帧，交换机从 G0/0/1 接口接收到数据帧后，在 MAC 地址表中查到了对应的表项，就会点对点地转发该数据帧，把数据帧从 G0/0/2 接口发送出去。

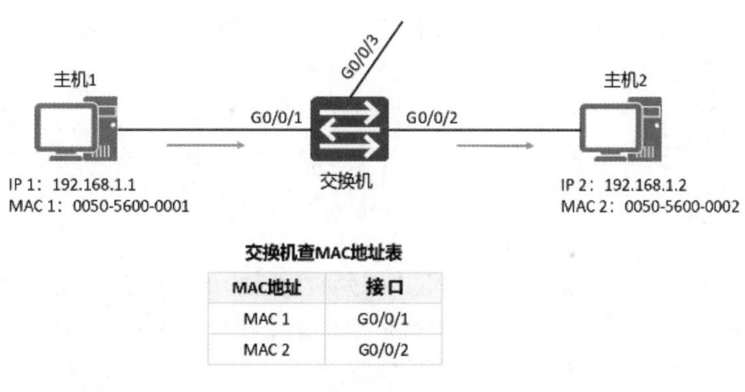

MAC地址	接口
MAC 1	G0/0/1
MAC 2	G0/0/2

图 7.8　转发

7.3.3 丢弃

如果从传输介质进入交换机的某个接口的帧是一个单播帧，则交换机会去 MAC 地址表中查找这个帧的目的 MAC 地址。如果查到了目的 MAC 地址，则比较这个 MAC 地址在 MAC 地址表中对应的接口编号是不是这个帧从传输介质进入交换机的接口的编号。如果是，则交换机将对该帧执行丢弃操作。

如图 7.9 所示，主机 1 想要访问主机 2，发送单播数据帧，交换机 1 接收到数据帧后，若在 MAC 地址表中查不到对应的表项，则会泛洪该数据帧。交换机 2 接收到该数据帧后，发现目的 MAC 地址对应的接口就是接收该数据帧的接口，则会丢弃该数据帧。

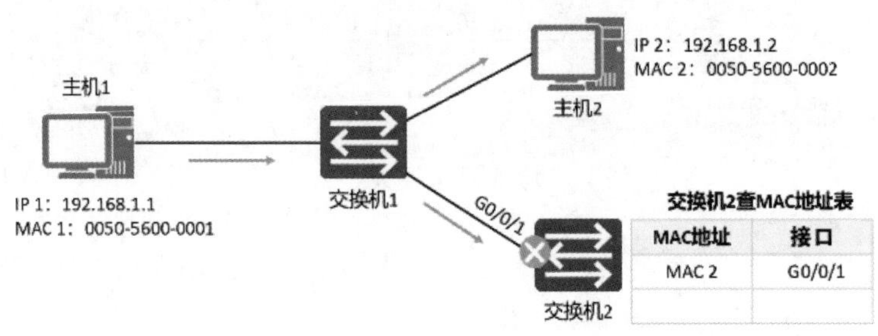

图 7.9 丢弃

7.4 练 习 题

1．二层以太网交换机根据接口所接收到的以太网帧的（　　）生成 MAC 地址表的表项。

A．目的 MAC 地址　　B．目的 IP 地址　　C．源 IP 地址　　D．源 MAC 地址

2．交换机接收到一个单播数据帧后，会在 MAC 地址表中查找目的 MAC 地址，下列说法错误的是（　　）。

A．如果查到了这个 MAC 地址，并且这个 MAC 地址在 MAC 地址表中对应的接口是这个帧进入交换机的接口，则交换机执行丢弃操作

B．如果查不到这个 MAC 地址，则交换机执行泛洪操作

C．如果查到了这个 MAC 地址，并且这个 MAC 地址在 MAC 地址表中对应的接口不是这个帧进入交接机的接口，则交换机执行转发操作

D．如果查不到这个 MAC 地址，则交换机执行丢弃操作

3. 二层交换机属于数据链路层设备，可以识别数据帧中的 MAC 地址信息，根据 MAC 地址转发数据，并将这些 MAC 地址与对应的接口信息记录在自己的 MAC 地址表中。（　　）

A．对　　B．错

4. 交换机接收到一个单播数据帧，如果该数据帧目的 MAC 地址在 MAC 地址表中能够找

到，则该数据帧一定会从此 MAC 地址对应的接口转发出去。（　　）

A．对　　　　　　　　B．错

5. 下面关于二层以太网交换机的描述，说法不正确的是（　　）。

A．二层以太网交换机工作在数据链路层

B．能够学习 MAC 地址

C．需要对所转发的报文三层头部做一定的修改，然后再转发

D．按照以太网帧二层头部信息进行转发

第 8 章

VLAN

以太网是一种基于 CSMA/CD（Carrier Sense Multiple Access/Collision Detection，载波侦听多路访问/冲突检测）的共享通信介质的数据网络通信技术。当主机数目较多时可能会导致冲突严重、广播泛滥、性能显著下降甚至网络不可用。通过交换机实现 LAN（局域网）互连虽然可以解决冲突严重的问题，但仍然不能隔离广播报文和提升网络质量。在这种情况下出现了 VLAN 技术。

学完本章内容以后，我们应该能够：

- 了解 VLAN 技术的产生背景
- 识别数据所属的 VLAN
- 掌握不同的 VLAN 划分方式
- 描述网络中 VLAN 数据的通信过程
- 掌握 VLAN 的基本配置方法

8.1　为什么引入 VLAN 技术

VLAN（Virtual Local Area Network，虚拟局域网）是将一个物理的 LAN 在逻辑上划分成多个广播域的通信技术。每个 VLAN 都是一个广播域，VLAN 内的主机间可以直接通信，而 VLAN 间则不能直接互通。这样，广播报文就被限制在一个 VLAN 内。

8.1.1　传统以太网的问题

如图 8.1 所示，如果 PC1 要向 PC2 发送一个单播帧，假如此时 SW1、SW3、SW7 的 MAC 地址表中存在关于 PC2 的 MAC 地址表项，而 SW2 和 SW5 的 MAC 地址表中不存在关于 PC2 的 MAC 地址表项，那么 SW1 和 SW3 将对该单播帧执行点对点的转发操作，SW7 将对该单播帧执行丢弃操作，SW2 和 SW5 将对该单播帧执行泛洪操作。最后的结果是，PC2 虽然收到了该单播帧，但网络中的很多其他非目的主机同样接收到了不该接收的数据帧。显然，广播域越大，网络安全问题和垃圾流量问题就越严重。

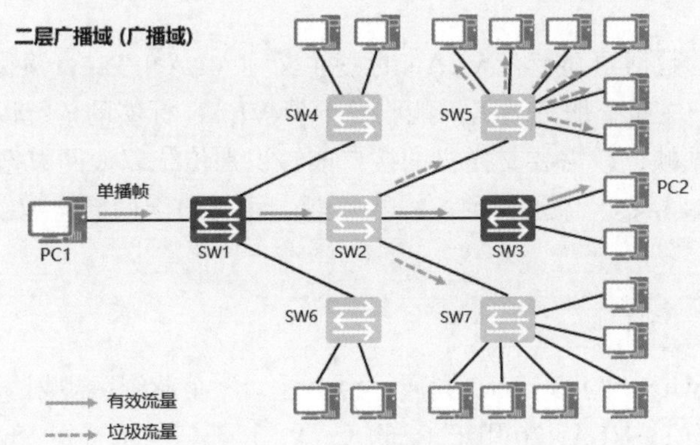

图 8.1　典型交换组网图

8.1.2　VLAN 的作用

为了解决广播域带来的问题，人们引入了 VLAN 技术。如图 8.2 所示，PC1 与 PC2 在同一个 VLAN 内，所以 PC1 发送的广播帧只有 PC2 才能收到。

使用 VLAN 技术具有以下好处。

- 限制广播域：广播域被限制在一个 VLAN 内，节省了带宽，提高了网络处理能力。
- 增强局域网的安全性：不同 VLAN 内的报文在传输时是相互隔离的，即一个 VLAN 内的用户不能和其他 VLAN 内的用户直接通信。
- 提高了网络的健壮性：故障被限制在一个 VLAN 内，本 VLAN 内的故障不会影响其他

VLAN 的正常工作。

- 灵活构建虚拟工作组：用 VLAN 可以划分不同的用户到不同的工作组，同一个工作组的用户也不必局限于某一固定的物理范围，网络构建和维护更加方便、灵活。

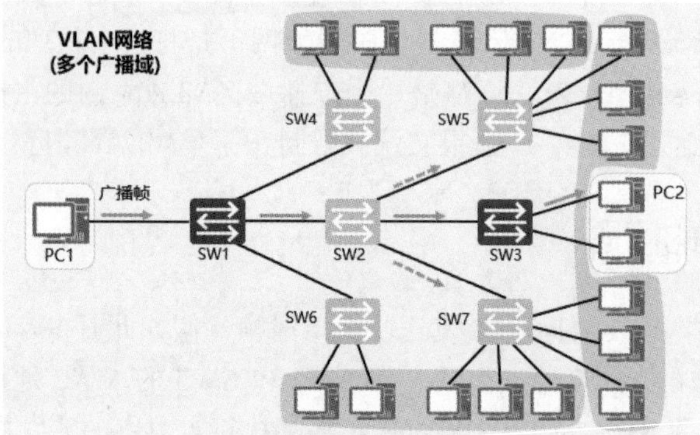

图 8.2　VLAN 应用组网图

8.2　VLAN 的基本原理

交换机内部处理的数据帧都带有 VLAN 标签（又称 VLAN Tag，简称 Tag）。而交换机连接的部分设备（如用户主机、服务器）只能收发不带 VLAN 标签的传统以太网数据帧。因此，要与这些设备交互数据帧，就需要交换机的接口能够识别传统以太网数据帧，并在收发时给数据帧添加、剥除 VLAN 标签。添加何种 VLAN 标签，由接口上的默认 VLAN ID（PVID）决定。

8.2.1　VLAN 标签

如图 8.3 所示，Switch1 与 Switch2 同属一个企业，该企业统一规划了网络中的 VLAN。其中 VLAN10 用于 A 部门，VLAN20 用于 B 部门。A、B 部门的员工在 Switch1 和 Switch2 上都有接入。

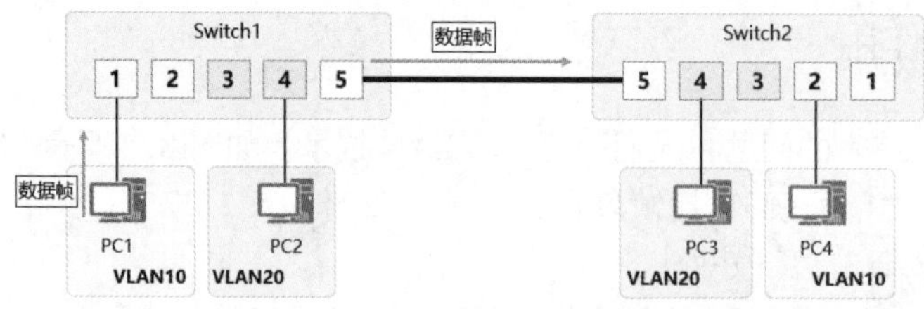

图 8.3　同 VLAN 跨设备传输数据（1）

PC1 发出的数据经过 Switch1 和 Switch2 之间的链路到达 Switch2。如果不加处理，后者无法判断该数据所属的 VLAN，也不知道应该将这个数据输出到本地哪个 VLAN 中。Switch1 和

Switch2 之间的链路要承载多个 VLAN 的数据，就需要一种基于 VLAN 的数据“标记”手段，以便对不同 VLAN 的数据帧进行区分，如图 8.4 所示。

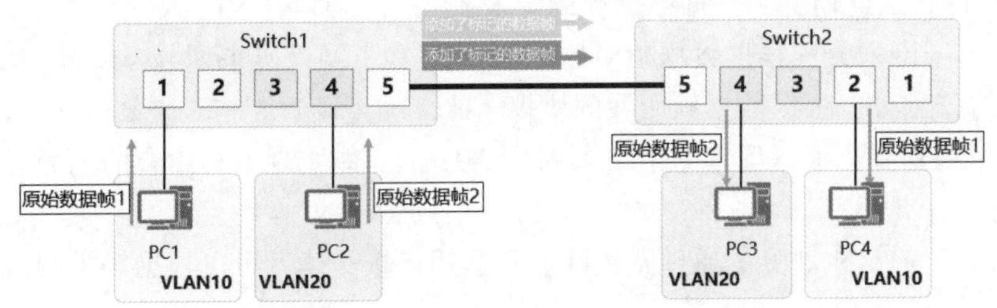

图 8.4　同 VLAN 跨设备传输数据（2）

要使交换机能够分辨不同 VLAN 的报文，则需要在报文中添加标识 VLAN 信息的字段。IEEE 802.1Q 协议规定，在以太网数据帧的目的 MAC 地址和源 MAC 地址字段之后、协议类型字段之前加入 4 字节的 VLAN 标签，用于标识 VLAN 信息，如图 8.5 所示。

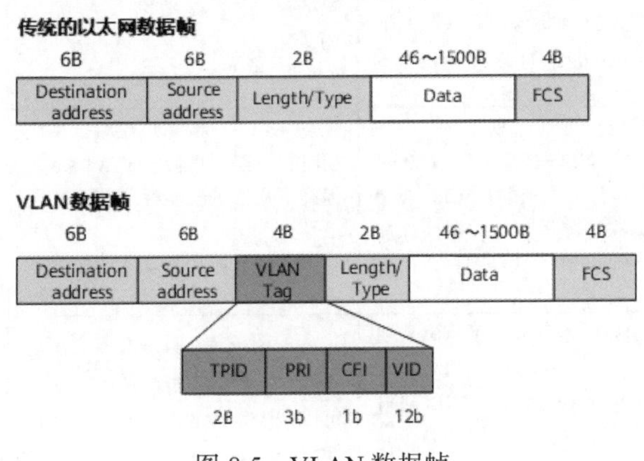

图 8.5　VLAN 数据帧

VLAN 标签各字段的含义如下。

（1）TPID：表示数据帧类型，其值为 0x8100 时，表示 IEEE 802.1Q 的 VLAN 数据帧。如果不支持 IEEE 802.1Q 的设备收到这样的数据帧，会将其丢弃。

（2）PRI：表示数据帧的优先级，用于 QoS。

（3）CFI：在以太网中，CFI 的值为 0。

（4）VID：表示该数据帧所属 VLAN 的编号。取值范围为 0 ~ 4095。

8.2.2　VLAN 的划分方式

计算机发出的数据帧不带任何标签（Untagged 帧）。对支持 VLAN 特性的交换机来说，计算机发出的 Untagged 帧一旦进入交换机，交换机必须通过某种划分原则把这个帧划分到某个特定的 VLAN 中。

VLAN 的划分包括以下 5 种方式。

（1）基于接口划分：根据交换机的接口来划分 VLAN。

（2）基于 MAC 地址划分：根据数据帧的源 MAC 地址来划分 VLAN。

（3）基于 IP 子网划分：根据数据帧中的源 IP 地址和子网掩码来划分 VLAN。

（4）基于协议划分：根据数据帧所属的协议（族）类型及封装格式来划分 VLAN。

（5）基于策略划分：根据配置的策略来划分 VLAN，能实现多种组合的划分方式，包括接口、MAC 地址、IP 地址等。

表 8.1 列出了 VLAN 划分的原理、优缺点和适用场景，读者可以根据场景的需要选择合适的划分方式。

表 8.1　VLAN 的划分方式

划分方式	原　理	优缺点	适用场景
基于接口	根据交换机的接口来划分 VLAN： 网络管理员预先给交换机的每个接口配置不同的 PVID，当一个数据帧进入交换机时，如果没有带 VLAN 标签，则该数据帧就会被添加接口指定 PVID 的 Tag，然后数据帧将在指定 PVID 中传输	优点：定义成员简单。 缺点：成员移动需重新配置 VLAN	适用于任何大小但位置比较固定的网络
基于 MAC 地址	根据数据帧的源 MAC 地址来划分 VLAN： 网络管理员预先配置 MAC 地址和 VID 映射关系表，当交换机接收到的是 Untagged 帧时，就依据该映射关系表给数据帧添加指定 VLAN 的 Tag，然后数据帧将在指定 VLAN 中传输	优点：当用户的物理位置发生改变时，不需要重新配置 VLAN，提高了用户的安全性和接入的灵活性。 缺点：需要预先定义网络中的所有成员	适用于位置经常移动但网卡不经常更换的小型网络，如移动 PC
基于 IP 子网	根据数据帧中的源 IP 地址和子网掩码来划分 VLAN： 网络管理员预先配置 IP 地址和 VID 映射关系表，当交换机接收到的是 Untagged 帧，就依据该映射关系表给数据帧添加指定 VLAN 的 Tag，然后数据帧将在指定 VLAN 中传输	优点：当用户的物理位置发生改变时，不需要重新配置 VLAN。可以减少网络的通信量，可使广播域跨越多个交换机。 缺点：网络中的用户分布需要有规律，且多个用户在同一个网段	适用于对安全需求不高、对移动性和简易管理需求较高的场景。例如，一台 PC 配置多个 IP 地址分别访问不同网段的服务器，以及 PC 切换 IP 地址后要求 VLAN 自动切换等场景
基于协议	根据数据帧所属的协议（族）类型及封装格式来划分 VLAN： 网络管理员预先配置以太网帧中的协议域和 VID 的映射关系表，如果接收到的是 Untagged 帧，就依据该映射关系表给数据帧添加指定 VLAN 的 Tag，然后数据帧将在指定 VLAN 中传输	优点：将网络中提供的服务类型与 VLAN 绑定，方便管理和维护。 缺点：要对网络中所有的协议类型和 VID 的映射关系表进行初始配置。需要分析各种协议的格式并进行相应的转换，会消耗交换机较多的资源，速度上较显劣势	适用于需要同时运行多协议的网络
基于策略	根据配置的策略来划分 VLAN： 网络管理员预先配置策略，如果接收到的是 Untagged 帧，且能匹配配置的策略时，给数据帧添加指定 VLAN 的 Tag，然后数据帧将在指定 VLAN 中传输	优点：安全性高，VLAN 划分后，用户不能改变 IP 地址或 MAC 地址。网络管理人员可根据自己的管理模式或需求选择划分方式。 缺点：针对每一条策略都需要进行手工配置	适用于需求比较复杂的环境

8.2.3 VLAN 的接口链路类型

交换机内部处理的数据帧都带有 VLAN 标签，而现网中交换机连接的设备有些只会收发 Untagged 帧，要想与这些设备交互，就需要接口能够识别 Untagged 帧并在收发时给帧添加、剥除 VLAN 标签。同时，现网中属于同一个 VLAN 的用户可能会被连接在不同的交换机上，且跨越交换机的 VLAN 可能不止一个。如果需要用户间的互通，就需要交换机间的接口能够同时识别和发送多个 VLAN 数据帧。根据接口连接对象以及对收发数据帧处理方式的不同，华为定义了 4 种接口链路类型：Access、Trunk、Hybrid 和 QinQ，以适应不同的连接和组网。其中，Access 接口、Trunk 接口和 Hybrid 接口如图 8.6 所示。

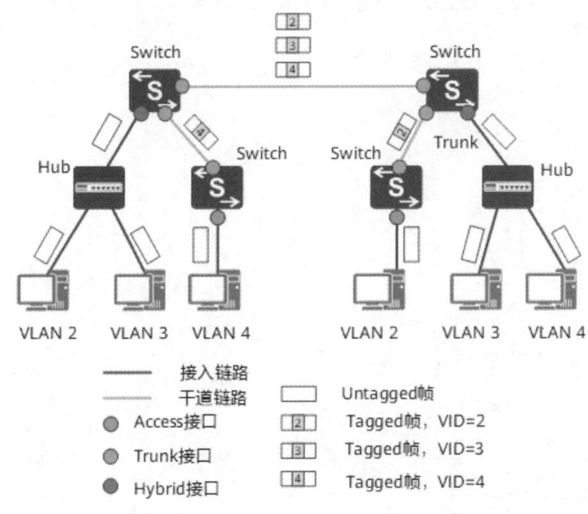

图 8.6 链路类型和接口类型示意图

注：交换机与交换机之间的链路使用 Trunk 接口，其他链路使用 Access 接口

1. Access 接口

Access 接口一般用于与不能识别 Tag 的用户终端（如用户主机、服务器等）相连，或者在不需要区分不同 VLAN 成员时使用。Access 接口大部分情况下只能收发 Untagged 帧，且只能为 Untagged 帧添加唯一的 VLAN Tag。交换机内部只处理 Tagged 帧，所以 Access 接口需要给接收到的数据帧添加 VLAN Tag，也就必须配置默认 VLAN。配置默认 VLAN 后，该 Access 接口便加入了该 VLAN。当 Access 接口接收到带有 Tag 的帧，并且帧中的 VID 与 PVID 相同时，Access 接口也能接收并处理该帧。为了防止用户私自更改接口用途，接入其他交换设备，可以配置接口丢弃入方向带 VLAN Tag 的报文。

2. Trunk 接口

Trunk 接口一般用于连接交换机、路由器、AP 以及可同时收发 Tagged 帧和 Untagged 帧的语音终端。Trunk 接口允许多个 VLAN 的帧带 Tag 通过，但只允许一个 VLAN 的帧从该类接口上发出时不带 Tag（即剥除 Tag）。

3. Hybrid 接口

Hybrid 接口既可以用于连接不能识别 Tag 的用户终端（如用户主机、服务器等）和网络设备（如 Hub、傻瓜交换机），也可以用于连接交换机、路由器以及可同时收发 Tagged 帧和 Untagged 帧的语音终端、AP。Hybrid 接口允许多个 VLAN 的帧带 Tag 通过，且允许从该类接口发出的帧根据需要配置某些 VLAN 的帧带 Tag（即不剥除 Tag）、某些 VLAN 的帧不带 Tag（即剥除 Tag）。

8.3 配置 VLAN

8.3.1 Access 接口

1. 实验目的

（1）熟悉 VLAN 的创建。

（2）将交换机接口划入特定 VLAN。

2. 实验拓扑

配置 Access 接口的实验拓扑如图 8.7 所示。

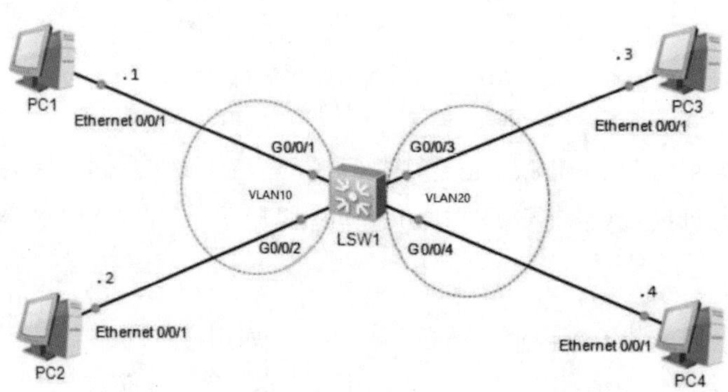

图 8.7　配置 Access 接口的实验拓扑

3. 实验步骤

（1）配置 IP 地址。

PC1 的配置如图 8.8 所示。在 IPv4 下选择静态配置，输入对应的 IP 地址以及子网掩码，然后单击“应用”按钮。PC2、PC3、PC4 的配置同理，这里不再赘述。

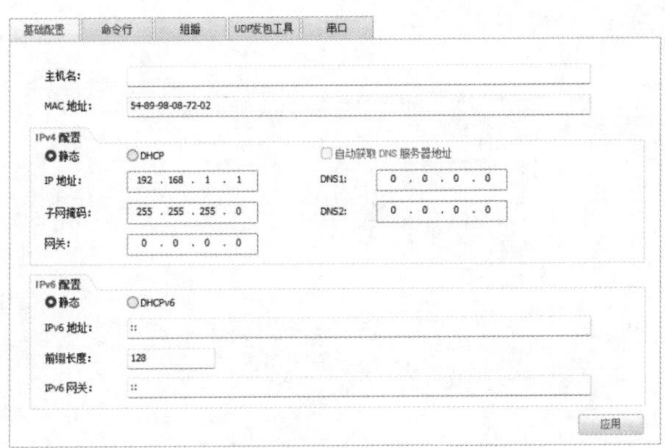

图 8.8 在 PC1 上手工添加 IP 地址

PC2 的配置如图 8.9 所示。

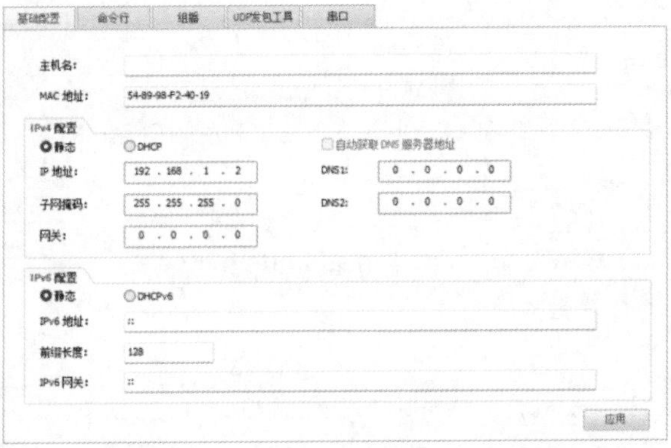

图 8.9 在 PC2 上手工添加 IP 地址

PC3 的配置如图 8.10 所示。

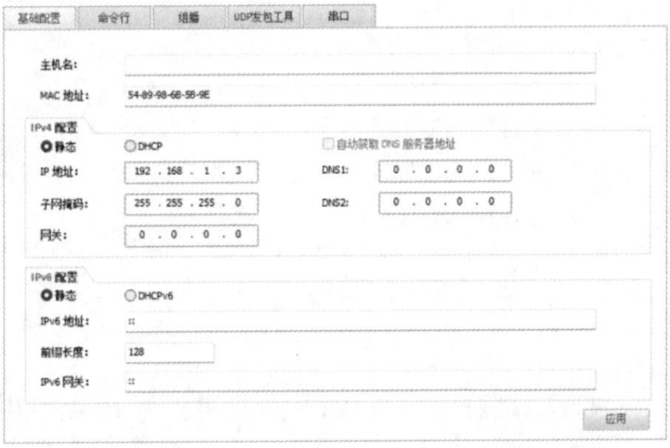

图 8.10 在 PC3 上手工添加 IP 地址

PC4 的配置如图 8.11 所示。

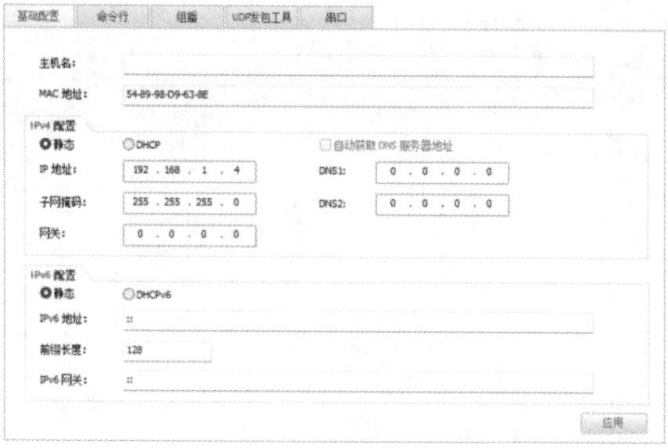

图 8.11　在 PC4 上手工添加 IP 地址

（2）创建 VLAN。

```
<Huawei>system-view
[Huawei]undo info-center enable
[Huawei]sysname LSW1
[LSW1]vlan batch 10 20    //创建 VLAN10 和 VLAN20
[LSW1]quit
```

【提示】

交换机支持的 VLAN 数为 4096，其中 0 和 4095 保留。

（3）把接口划入 VLAN。

```
[LSW1]interface g0/0/1
[LSW1-GigabitEthernet0/0/1]port link-type access    //接口类型为 Access
[LSW1-GigabitEthernet0/0/1]port default vlan 10     //把接口划入 VLAN10
[LSW1-GigabitEthernet0/0/1]quit
[LSW1]interface g0/0/2
[LSW1-GigabitEthernet0/0/2]port link-type access
[LSW1-GigabitEthernet0/0/2]port default vlan 10
[LSW1-GigabitEthernet0/0/2]quit
```

【提示】

读者有没有觉得一个接口一个接口地划入 VLAN 特别麻烦？

```
[LSW1]port-group 1     //创建一个接口组，编号为 1
[LSW1-port-group-1]group-member g0/0/3 to g0/0/4  //G0/0/3 和 G0/0/4 属于接口组
[LSW1-port-group-1]port link-type access
[LSW1-port-group-1]port default vlan 20
[LSW1-port-group-1]quit
```

如果需要对多个以太网接口进行相同的 VLAN 配置，可以采用接口组批量配置，减少重复配置工作。

（4）查看所有已经创建的 VLAN 的基本信息。

```
[LSW1]display vlan    //查看 VLAN 信息
The total number of vlans is : 3
--------------------------------------------------------------------------
U: Up;          D: Down;         TG: Tagged;          UT: Untagged;
MP: Vlan-mapping;                ST: Vlan-stacking;
#: ProtocolTransparent-vlan;     *: Management-vlan;
-------------------------------------------------------------------------

VID  Type    Ports
-------------------------------------------------------------------------
1    common  UT:GE0/0/5(D)      GE0/0/6(D)     GE0/0/7(D)       GE0/0/8(D)
                GE0/0/9(D)      GE0/0/10(D)   GE0/0/11(D)     GE0/0/12(D)
                GE0/0/13(D)     GE0/0/14(D)   GE0/0/15(D)     GE0/0/16(D)
                GE0/0/17(D)     GE0/0/18(D)   GE0/0/19(D)     GE0/0/20(D)
                GE0/0/21(D)     GE0/0/22(D)   GE0/0/23(D)     GE0/0/24(D)
10   common  UT:GE0/0/1(U)      GE0/0/2(U)
20   common  UT:GE0/0/3(U)      GE0/0/4(U)

VID  Status  Property      MAC-LRN Statistics Description
--------------------------------------------------------------------------
1    enable  default       enable  disable    VLAN 0001
10   enable  default       enable  disable    VLAN 0010
20   enable  default       enable  disable    VLAN 0020
```

以上输出中，第一列为 VID；第二列 Type 表示 VLAN 的类型，其中 common 表示普通 VLAN，*common 表示管理 VLAN；第三列 Ports 表示本交换机上属于该 VLAN 的接口。接口前的 UT 表示 VLAN 不带 Tag，TG 表示 VLAN 带 Tag。

【提示】

默认所有的接口都属于 VLAN1。

4. 实验调试

PC1 访问 PC2 和 PC3，结果如图 8.12 所示。

图 8.12　PC1 上显示的 ping 程序测试信息

【提示】

实验证明：相同的VLAN间可以相互访问，不同的VLAN间不能相互访问。

【思考】

PC1访问PC3数据的流程是什么（假设PC1和PC3都属于VLAN10）？

解析：当用户主机PC1发送报文给用户主机PC3时，报文的发送过程如下（假设交换机Switch上还未建立任何转发表项）。

（1）PC1判断目的IP地址跟自己的IP地址在同一网段，于是发送ARP广播请求报文获取目的主机PC3的MAC地址，报文目的MAC地址全填F，目的IP地址为PC3的IP地址192.168.1.3。

（2）报文到达Switch的接口G0/0/1，发现是Untagged帧，给报文添加VID=10的Tag（Tag的VID=接口的PVID），然后将报文的源MAC地址和VID与接口的对应关系（PC1的MAC地址、10、G0/0/1）添加进MAC地址表。

（3）根据报文目的MAC地址和VID查找Switch的MAC地址表，没有找到，于是在所有允许VLAN10通过的接口（本例中接口为G0/0/3）中广播该报文。

（4）Switch的接口G0/0/3在发出ARP请求报文前，根据接口配置，剥离VID=10的Tag。

（5）PC3接收到该ARP请求报文，将PC1的MAC地址和IP地址对应关系记录到ARP表。然后比较目的IP地址与自己的IP地址，发现和自己的相同，就发送ARP响应报文，在报文中封装自己的MAC地址，目的IP地址为PC1的IP地址192.168.1.1。

（6）Switch的接口G0/0/3接收到ARP响应报文后，同样给报文添加VID=10的Tag。

（7）Switch将报文的源MAC地址和VID与接口的对应关系（PC3的MAC地址、10、G0/0/3）添加进MAC地址表，然后根据报文的目的MAC地址和VID（PC1的MAC地址、10）查找MAC地址表，由于前面已记录，查找成功，向出接口G0/0/1转发该ARP响应报文。

（8）Switch向出接口G0/0/1转发前，同样根据接口配置剥离VID=10的Tag。

（9）PC1接收到PC3的ARP响应报文，将PC3的MAC地址和IP地址对应关系记录到ARP表。

后续PC1与PC3的互访，由于彼此已学习到对方的MAC地址，报文中的目的MAC地址直接填写为对方的MAC地址。

【技术要点】

Access接口接收和转发数据帧的方式如下。

（1）接收数据帧。

- Untagged数据帧：添加PVID，接收。

➘ Tagged 数据帧：与 PVID 比较，相同则接收；不同则丢弃。

（2）发送数据帧。VID 与 PVID 比较，相同则剥离标签再发送；不同则丢弃。

8.3.2 Trunk 接口

1. 实验目的

配置交换机的 Trunk 接口。

2. 实验拓扑

配置 Trunk 接口的实验拓扑如图 8.13 所示。

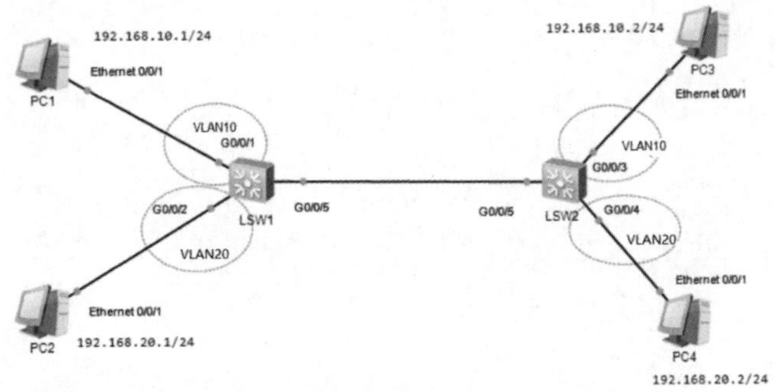

图 8.13　配置 Trunk 接口的实验拓扑

3. 实验步骤

（1）配置 IP 地址。

PC1 的配置如图 8.14 所示。在 IPv4 下选择静态配置，输入对应的 IP 地址以及子网掩码，然后单击“应用”按钮。PC2、PC3、PC4 的配置同理，这里不再赘述。

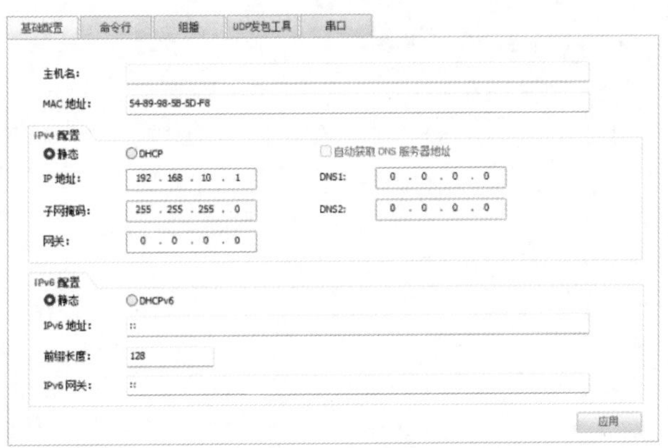

图 8.14　在 PC1 上手工添加 IP 地址

PC2 的配置如图 8.15 所示。

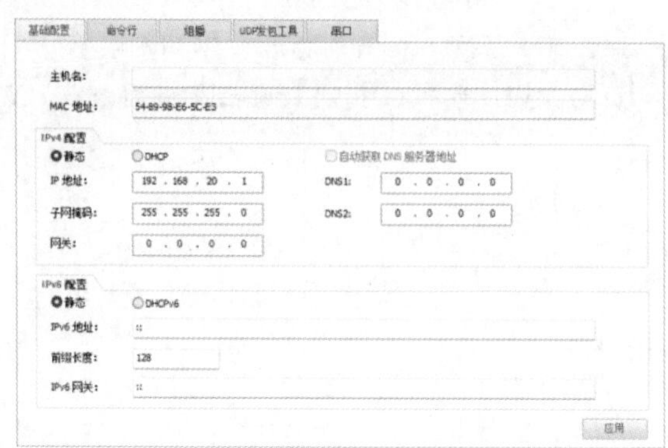

图 8.15 在 PC2 上手工添加 IP 地址

PC3 的配置如图 8.16 所示。

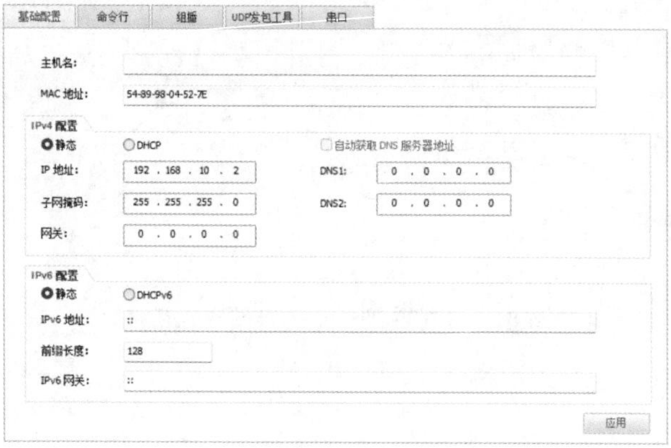

图 8.16 在 PC3 上手工添加 IP 地址

PC4 的配置如图 8.17 所示。

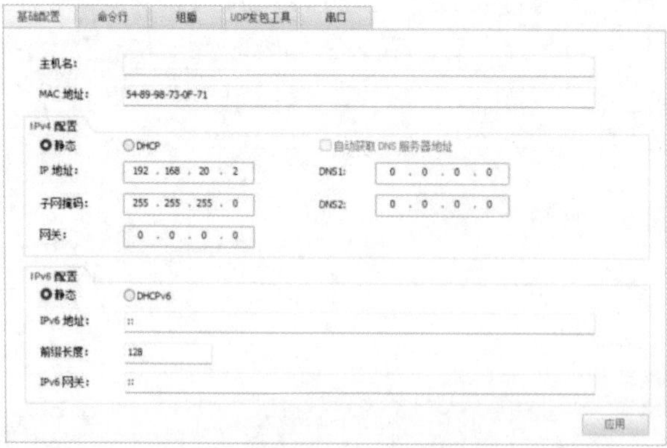

图 8.17 在 PC4 上手工添加 IP 地址

（2）配置交换机 VLAN。

LSW1 的配置：

```
<Huawei>system-view
[Huawei]undo info-center enable
[Huawei]sysname LSW1
[LSW1]vlan batch 10 20
[LSW1]interface g0/0/1
[LSW1-GigabitEthernet0/0/1]port link-type access
[LSW1-GigabitEthernet0/0/1]port default vlan 10
[LSW1-GigabitEthernet0/0/1]quit
[LSW1]interface g0/0/2
[LSW1-GigabitEthernet0/0/2]port link-type access
[LSW1-GigabitEthernet0/0/2]port default vlan 20
[LSW1-GigabitEthernet0/0/2]quit
```

LSW2 的配置：

```
<Huawei>system-view
[Huawei]undo info-center enable
[Huawei]sysname LSW2
[LSW2]vlan batch 10 20
[LSW2]interface g0/0/3
[LSW2-GigabitEthernet0/0/3]port link-type access
[LSW2-GigabitEthernet0/0/3]port default vlan 10
[LSW2-GigabitEthernet0/0/3]quit
[LSW2]interface g0/0/4
[LSW2-GigabitEthernet0/0/4]port link-type access
[LSW2-GigabitEthernet0/0/4]port default vlan 20
[LSW2-GigabitEthernet0/0/4]quit
```

（3）配置 Trunk 接口。

LSW1 的配置：

```
[LSW1]interface g0/0/5
[LSW1-GigabitEthernet0/0/5]port link-type trunk //配置接口模式为 Trunk
//配置 Trunk 链路只允许 VLAN10 和 VLAN20 的数据通过
[LSW1-GigabitEthernet0/0/5]port trunk allow-pass vlan 10 20
//配置接口的默认 VLAN，当接口转发不带标签的帧时，配置此命令会携带对应的默认 VLAN 标签，
//由于该命令是将默认 VLAN 改成 1，设备默认所有接口就是 VLAN1，因此输入后无法看到配置效
//果，可以不做配置
[LSW1-GigabitEthernet0/0/5]port trunk pvid vlan 1
[LSW1-GigabitEthernet0/0/5]quit
```

LSW2 的配置：

```
[LSW2]interface g0/0/5
[LSW2-GigabitEthernet0/0/5]port link-type trunk
[LSW2-GigabitEthernet0/0/5]port trunk allow-pass vlan 10 20
[LSW2-GigabitEthernet0/0/5]port trunk pvid vlan 1
[LSW2-GigabitEthernet0/0/5]quit
```

查看 Trunk：

```
[LSW1]display vlan
```

```
The total number of vlans is : 3
--------------------------------------------------------------------------------
U: Up;          D: Down;          TG: Tagged;          UT: Untagged;
MP: Vlan-mapping;                 ST: Vlan-stacking;
#: ProtocolTransparent-vlan;      *: Management-vlan;
--------------------------------------------------------------------------------

VID  Type    Ports
--------------------------------------------------------------------------------
1    common  UT:GE0/0/3(D)      GE0/0/4(D)      GE0/0/5(U)      GE0/0/6(D)
                GE0/0/7(D)      GE0/0/8(D)      GE0/0/9(D)      GE0/0/10(D)
                GE0/0/11(D)     GE0/0/12(D)     GE0/0/13(D)     GE0/0/14(D)
                GE0/0/15(D)     GE0/0/16(D)     GE0/0/17(D)     GE0/0/18(D)
                GE0/0/19(D)     GE0/0/20(D)      GE0/0/21(D)    GE0/0/22(D)
                GE0/0/23(D)     GE0/0/24(D)
10   common  UT:GE0/0/1(U)
             TG:GE0/0/5(U)
20   common  UT:GE0/0/2(U)
             TG:GE0/0/5(U)

VID  Status  Property      MAC-LRN Statistics Description
--------------------------------------------------------------------------------
1    enable  default       enable  disable    VLAN 0001
10   enable  default       enable  disable    VLAN 0010
20   enable  default       enable  disable    VLAN 0020
```

通过以上输出可以看到，G0/0/5 分别属于 VLAN10 和 VLAN20，并且接口前面标识为 TG，代表 G0/0/5 接口能够转发 VLAN10 和 VLAN20 的数据，并且是以带标签的形式进行转发的。

4. 实验调试

PC1 访问 PC3，结果如图 8.18 所示。

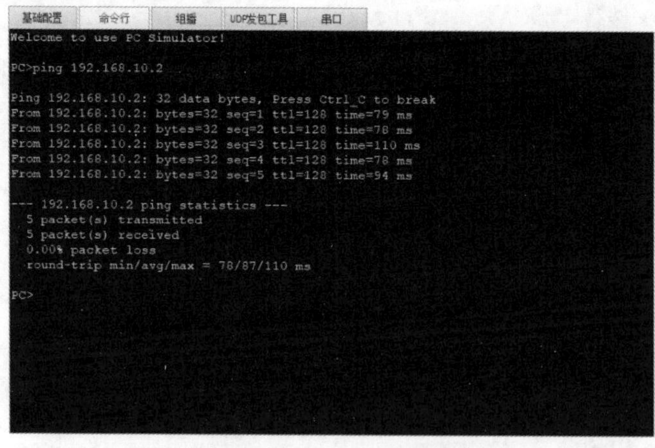

图 8.18　PC1 上显示的 ping 程序测试信息

【思考1】

PC1访问PC3数据的流程是什么？

解析：当用户主机PC1发送报文给用户主机PC3时，报文的发送过程如下（假设交换机LSW1和LSW2上还未建立任何转发表项）。

（1）PC1判断目的IP地址跟自己的IP地址在同一网段，于是发送ARP广播请求报文获取目的主机PC3的MAC地址，报文目的MAC地址全填F，目的IP地址为PC3的IP地址192.168.10.2。

（2）报文到达Switch的接口G0/0/1，发现是Untagged帧，给报文添加VID=10的Tag（Tag的VID=接口的PVID），然后将报文的源MAC地址和VID与接口的对应关系（PC1的MAC地址、10、G0/0/1）添加进MAC地址表。

（3）LSW1的G0/0/5接口在发出ARP请求报文前，因为接口的PVID=1（默认值），与报文的VID不相等，直接透传该报文到LSW2的G0/0/5接口，不剥除报文的Tag。

（4）LSW2的G0/0/5接口接收到该报文后，判断报文的Tag中的VID=10是接口允许通过的VLAN，接收该报文。

（5）LSW2的G0/0/3接口在发出ARP请求报文前，根据接口配置，剥离VID=10的Tag。

（6）PC3接收到该ARP请求报文，将PC1的MAC地址和IP地址对应关系记录到ARP表。然后比较目的IP地址与自己的IP地址，发现和自己的相同，就发送ARP响应报文，在报文中封装自己的MAC地址，目的IP地址为PC1的IP地址192.168.10.1。

（7）LSW2的G0/0/3接口接收到ARP响应报文后，同样给报文添加VID=10的Tag。

（8）LSW2将报文的源MAC地址和VID与接口的对应关系（PC3的MAC地址、10、G0/0/3）添加进MAC地址表，然后根据报文的目的MAC地址和VID（PC1的MAC地址、10）查找MAC地址表，由于前面已记录，查找成功，向出接口G0/0/5转发该ARP响应报文。因为接口G0/0/5为Trunk接口且PVID=1（默认值），与报文的VID不相等，直接透传报文到LSW1的G0/0/5接口。

（9）LSW1的G0/0/5接口接收到PC3的ARP响应报文后，判断报文的Tag中的VID=10是接口允许通过的VLAN，接收该报文。

（10）LSW1向出接口G0/0/1转发前，同样根据接口配置剥离VID=10的Tag。

（11）PC1接收到PC3的ARP响应报文，将PC3的MAC地址和IP地址对应关系记录到ARP表。

可见，干道链路除可传输多个VLAN的数据帧外，还起到透传VLAN的作用，即在干道链路上数据帧只会转发，不会发生Tag的添加或剥离。

【思考2】

如果PVID=10呢？

【技术要点】

Trunk 接口接收和发送数据帧的方式如下。

（1）接收数据帧。

- Untagged 数据帧：添加 PVID，且 VID 在允许列表中，则接收；不在允许列表中，则丢弃。
- Tagged 数据帧：查看 VID 是否在允许列表中，在允许列表中，则接收；不在允许列表中，则丢弃。

（2）发送数据帧。

- VID 在允许列表中，且 VID 与 PVID 一致，则剥离标签发送。
- VID 在允许列表中，但 VID 与 PVID 不一致，则直接带标签发送。
- VID 不在允许列表中，则直接丢弃。

8.3.3 Hybrid 接口

1. 实验目的

（1）掌握 VLAN 的创建方法。

（2）掌握 Hybrid 接口的配置方法。

（3）掌握基于接口划分 VLAN 的配置方法。

2. 实验拓扑

配置 Hybrid 接口的实验拓扑如图 8.19 所示。

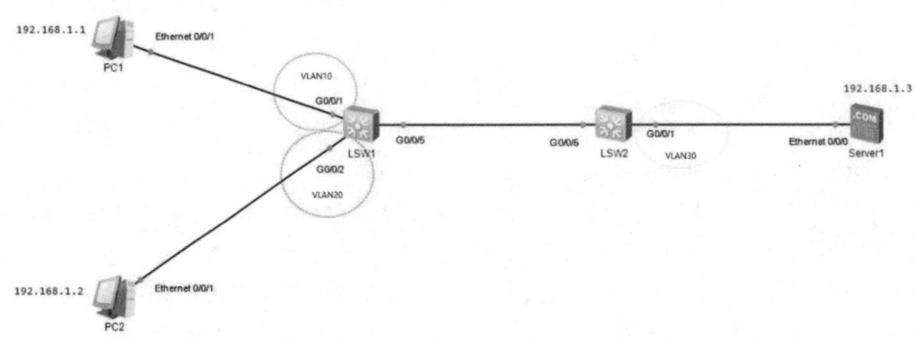

图 8.19　配置 Hybrid 接口的实验拓扑

3. 实验步骤

（1）配置 IP 地址。

PC1 的配置如图 8.20 所示。在 IPv4 下选择静态配置，输入对应的 IP 地址以及子网掩码，然后单击“应用”按钮。PC2、Server1 的配置同理，这里不再赘述。

PC2 的配置如图 8.21 所示。

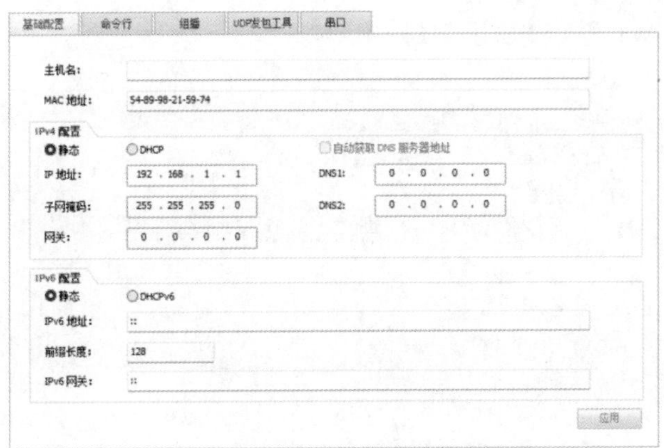

图 8.20　在 PC1 上手工添加 IP 地址

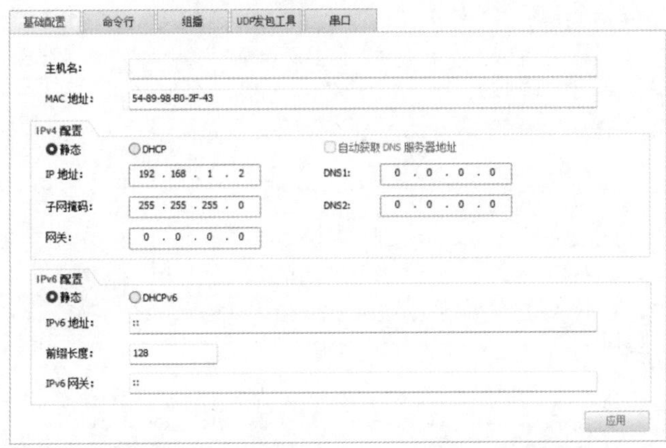

图 8.21　在 PC2 上手工添加 IP 地址

Server1 的配置如图 8.22 所示。

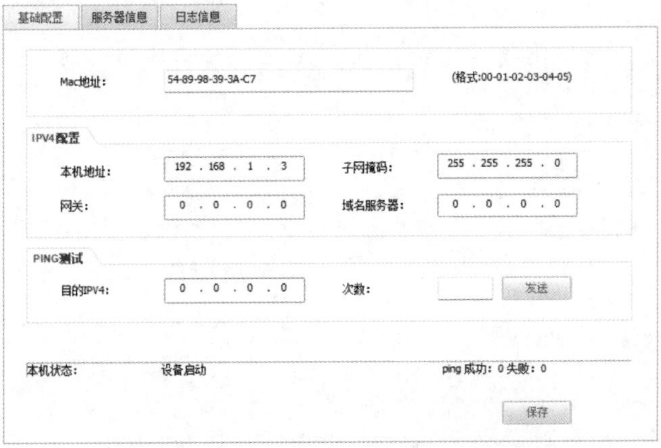

基础配置　服务器信息　日志信息

Mac地址:　54-89-98-39-3A-C7　(格式:00-01-02-03-04-05)

IPV4配置

本机地址:　192 . 168 . 1 . 3　子网掩码:　255 . 255 . 255 . 0

网关:　0 . 0 . 0 . 0　域名服务器:　0 . 0 . 0 . 0

PING测试

目的IPV4:　0 . 0 . 0 . 0　次数:　发送

本机状态:　设备启动　ping 成功: 0 失败: 0

保存

图 8.22　在 Server1 上手工添加 IP 地址

（2）在交换机 LSW1 和 LSW2 上创建 VLAN。

LSW1 的配置：

```
<Huawei>system-view
[Huawei]undo info-center enable
[Huawei]sysname LSW1
[LSW1]vlan batch 10 20 30   //创建 VLAN10、20、30
```

LSW2 的配置：

```
<Huawei>system-view
[Huawei]undo info-center enable
[Huawei]sysname LSW2
[LSW2]vlan batch 10 20 30   //创建 VLAN10、20、30
```

（3）将交换机 LSW1 和 LSW2 之间的链路设置成 Trunk。

LSW1 的配置：

```
[LSW1]interface g0/0/5
[LSW1-GigabitEthernet0/0/5]port link-type trunk   //端口的类型为 Trunk
//允许 VLAN10、20、30 通过
[LSW1-GigabitEthernet0/0/5]port trunk allow-pass vlan 10 20 30
```

LSW2 的配置：

```
[LSW2]interface g0/0/5
[LSW2-GigabitEthernet0/0/5]port link-type trunk
[LSW2-GigabitEthernet0/0/5]port trunk allow-pass vlan 10 20 30
[LSW2-GigabitEthernet0/0/5]quit
```

（4）配置 Hybrid 接口。

LSW1 的配置：

```
[LSW1]interface g0/0/1
//配置接口类型为混合接口，华为设备默认的接口类型也为混合接口，此步骤可以省略
[LSW1-GigabitEthernet0/0/1]port link-type hybrid
//配置 Hybrid 类型接口加入的 VLAN，这些 VLAN 的帧以 Untagged 方式通过接口
[LSW1-GigabitEthernet0/0/1]port hybrid untagged vlan 10 30
//配置接口的 PVID 为 VLAN10
[LSW1-GigabitEthernet0/0/1]port hybrid pvid vlan 10
[LSW1-GigabitEthernet0/0/1]quit
[LSW1]interface g0/0/2
[LSW1-GigabitEthernet0/0/2]port link-type hybrid
[LSW1-GigabitEthernet0/0/2]port hybrid pvid vlan 20
[LSW1-GigabitEthernet0/0/2]port hybrid untagged vlan 20 30
[LSW1-GigabitEthernet0/0/2]quit
```

LSW2 的配置：

```
[LSW2]interface g0/0/1
[LSW2-GigabitEthernet0/0/1]port link-type hybrid
[LSW2-GigabitEthernet0/0/1]port hybrid pvid vlan 30
[LSW2-GigabitEthernet0/0/1]port hybrid untagged vlan 10 20 30
[LSW2-GigabitEthernet0/0/1]quit
```

【技术要点】

- port hybrid untagged vlan 10 30 的作用是，当接口对数据包进行转发时，会将对应的 VLAN10、VLAN30 标签剥离发送。
- port hybrid pvid vlan 10 的作用是，当接口接收到数据包时会为此数据添加对应的数据帧。

以 PC1 访问 Server1 为例，PC1 的数据帧到达交换机 LSW1 的 G0/0/1 接口后，由于配置了 port hybrid pvid vlan 10，此时交换机会为此数据包添加 VLAN10 这个标签。由于 LSW1 和 LSW2 的直连接口配置了 Trunk 并且允许 VLAN10 的数据通过，此时该数据帧的 VLAN 标签不会被 LSW2 接收。LSW2 通过查询 MAC 地址表将此帧发送到 G0/0/1 接口，由于 G0/0/1 接口配置了 port hybrid untagged VLAN10 20 30，意味着 LSW2 会把此数据帧的 VLAN10 标签剥离掉发送给 Server1。回包过程反之，从而实现不同 VLAN 间的数据通信。

4. 实验调试

（1）PC1 访问 Server1，结果如图 8.23 所示。测试结果表明 VLAN10 的设备能够访问 VLAN30。

（2）PC2 访问 Server1，结果如图 8.24 所示。测试结果表明 VLAN20 的设备能够访问 VLAN30。

图 8.23　PC1 上显示的 ping 程序测试信息

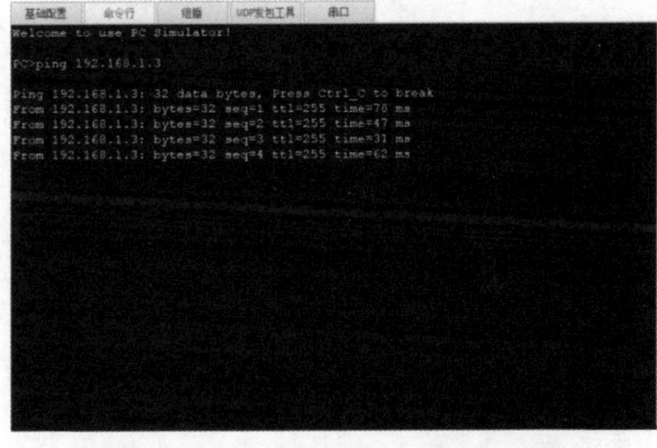

图 8.24　PC2 上显示的 ping 程序测试信息

【技术要点】

Hybrid 接口接收和发送数据帧的方式如下。

（1）接收数据帧。

- Untagged 数据帧：添加 PVID，且 VID 在允许列表中，则接收；不在允许列表中，则丢弃。
- Tagged 数据帧：查看 VID 是否在允许列表中，在允许列表中，则接收；不在允许列表中，则丢弃。

（2）发送数据帧。

- VID 不在允许列表中，直接丢弃。
- VID 在 Untagged 列表中，剥离标签发送。
- VID 在 Tagged 列表中，带标签直接发送。

8.4 练习题

1. 使用命令 vlan batch 10 20 和 vlan batch 10 to 20，分别能创建的 VLAN 数量为（　　）。

A．2 和 2　　B．11 和 11　　C．11 和 2　　D．2 和 11

2. 某公司网络管理员想要把经常变换办公位置而导致经常会从不同的交换机接入公司网络的用户统一划分到 VLAN10，则应该采用（　　）的方式来划分 VLAN。

A．基于协议划分 VLAN　　B．基于 MAC 地址划分 VLAN

C．基于端口划分 VLAN　　D．基于子网划分 VLAN

3. 交换机 G0/0/1 接口配置信息如下，交换机在转发哪个 VLAN 数据帧时将不携带 VLAN Tag？（　　）

```
#
Interface gigabitenternet0/0/1
Port link-type trunk
Port trunk pvid vlan 10
Port trunk allow-pass vlan 10 20 30 40
#
```

A．10　　B．20　　C．30　　D．40

4. Access 端口发送数据帧时应（　　）。

A．打上 PVID 转发　　B．发送带 Tag 的报文

C．替换 VLAN Tag 转发　　D．剥离 Tag 转发

5. IEEE 802.1Q 定义的 VLAN 帧格式中，VLANID 共有（　　）位。

A．6　　B．10　　C．12　　D．8

第 9 章

STP

STP（Spanning Tree Protocol，生成树协议）是一种在交换机上运行，用来解决交换网络中环路问题的数据链路层协议。

学完本章内容以后，我们应该能够：

- 清楚 STP 协议出现的背景
- 理解 STP 协议的选举过程
- 理解 STP 的端口状态
- 理解 BPDU 中各字段的含义和作用

9.1 STP 出现的背景

1. 单点故障

如图 9.1 所示，PC1 和 PC2 通过 LSW1 相互通信，如果 LSW1 出现了故障，那么 PC1 和 PC2 将不能相互通信，这种现象称为单点故障。为了解决这个问题，提出了冗余的拓扑结构。

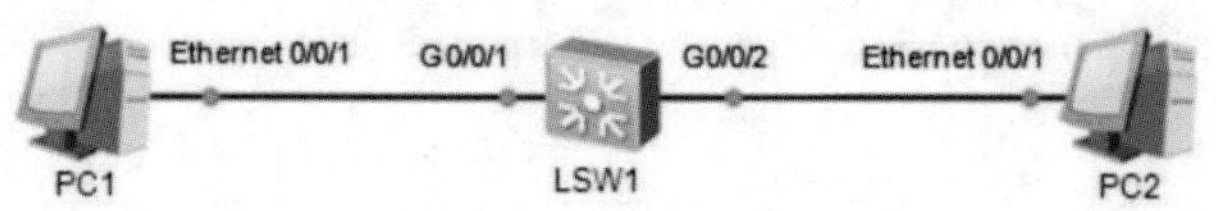

图 9.1　单点故障

2. 冗余的拓扑结构

如图 9.2 所示，PC1 和 PC2 可以通过 LSW1 和 LSW2 相互通信，如 PC1 和 PC2 通过 LSW1 相互通信，如果 LSW1 出现问题，那么 PC1 和 PC2 通信就可以通过 LSW2 相互通信，通过这种冗余的拓扑结构解决了单点故障的问题，但是它又带来了新的问题。

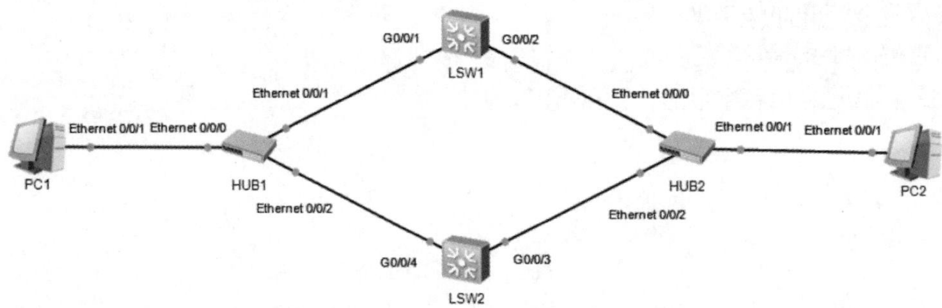

图 9.2　冗余的拓扑结构

3. 冗余的拓扑结构带来的新问题

首先，假设所有的交换机 MAC 地址表都为空，PC1 和 PC2 相互通信，PC1 发送一个广播的数据帧，其转发流程如图 9.3 所示，它会形成一个顺时针的环路。

（1）从 PC1 发送数据帧给 HUB1。

（2）HUB1 接收到的是一个广播帧，经过复制和放大，分别发送给 LSW1 和 LSW2（只分析发送给 LSW1 的数据帧）。

（3）LSW1 接收到数据帧以后，基于源 MAC 地址学习（G0/0/1-A），因为接收到的是一个广播帧，除源端口以外向所有端口转发，所以数据帧发送给了 HUB2。

（4）HUB2 接收到数据帧以后，经过复制和放大，把数据帧发送给 PC2 和 LSW2。

（5）LSW2 接收到数据帧以后，基于源 MAC 地址学习（G0/0/3-A），因为接收到的是一个广播帧，除源端口以外向所有端口转发，所以数据帧发送给了 HUB1。

（6）HUB1 接收到数据帧以后，经过复制和放大，把数据帧发送给 PC1 和 LSW1，这样就形成了一个顺时针的环路。

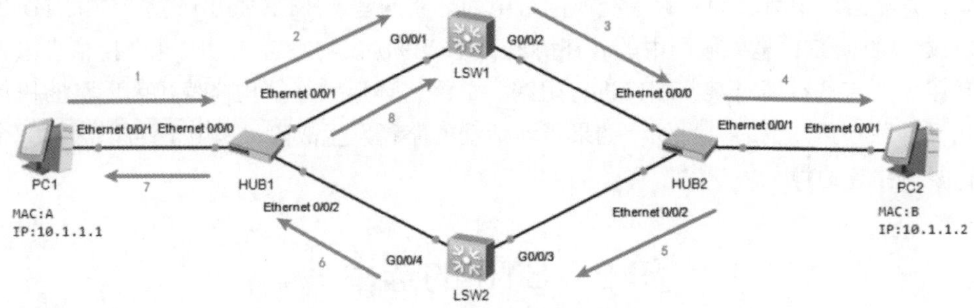

图 9.3　顺时针的环路

接下来再看 HUB1 发送给 LSW2 的数据帧是怎样转发的，其转发流程如图 9.4 所示，它会形成一个逆时针的环路。

（1）HUB1 接收到 PC1 发送的数据帧，经过复制和放大，把数据帧转发给 LSW2。

（2）LSW2 接收到数据帧以后，基于源 MAC 地址学习（G0/0/4-A），因为接收到的是一个广播帧，除源端口以外向所有端口转发，所以数据帧发送给了 HUB2。

（3）HUB2 接收到数据帧以后，经过复制和放大，把数据帧发送给 PC2 和 LSW1。

（4）LSW1 接收到数据帧以后，基于源 MAC 地址学习（G0/0/2-A），因为接收到的是一个广播帧，除源端口以外向所有端口转发，所以数据帧发送给了 HUB1。

（5）HUB1 接收到数据帧以后，经过复制和放大，它会把数据帧转发给 PC1 和 LSW2。

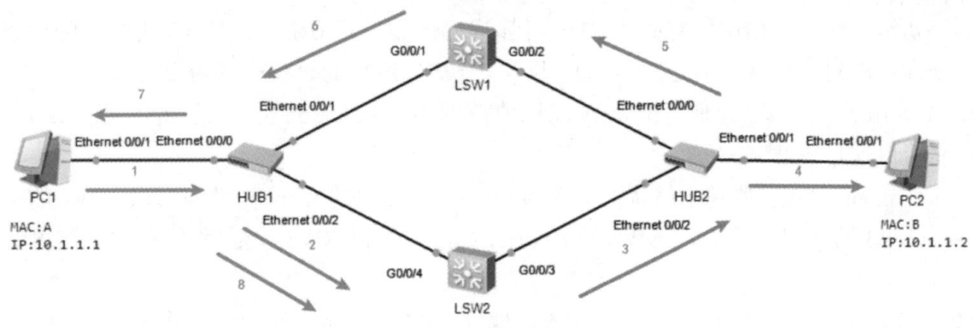

图 9.4　逆时针的环路

通过以上分析可以得出，冗余的拓扑结构会带来以下问题。

（1）环路产生广播风暴，广播风暴会导致网络瘫痪。

（2）MAC 地址表震荡导致 MAC 地址表项被破坏。

（3）多帧复制，PC2 会接收到 N 个广播帧。

4. STP

以太网交换网络中为了进行链路备份，提高网络的可靠性，通常会使用冗余链路，但是这也带来了网络环路的问题。网络环路会引发广播风暴和 MAC 地址表震荡等问题，导致用户通信质量差，甚至通信中断。为了解决交换网络中的环路问题，IEEE 提出了基于 802.1D 标准的生成树协议 STP。STP 是局域网中的破环协议，运行该协议的设备通过彼此交换信息来发现网络中的环路，并有选择地对某些端口进行阻塞，最终将环形网络结构修剪成无环路的树形网络结构，达到破除环路的目的。另外，如果当前活动的路径发生故障，STP 还可以激活冗余备份链路，恢复网络连通性。

9.2 STP 的选举

STP 是对存在环路的整个交换网络通过计算，得出一棵无环路的交换树来实现环路消除的，其基本原则如下。

（1）在整个交换网络中选举出一个交换机作为根桥，其他的交换机均为非根桥。

（2）在每个非根桥交换机上选举一个根端口。

（3）在每个物理网段上选举一个指定端口。

（4）阻塞非根桥上的非根端口和非指定端口。

虽然 STP 中有 3 种端口角色，但实际只有根端口和指定端口这两种是可转发用户数据且呈转发状态的，其他均为预备端口，呈阻塞状态。

9.2.1 选择根桥

网络初始化时，网络中所有的 STP 设备都认为自己是“根桥”，桥 ID 为自身的设备 ID。通过交换配置消息，设备之间比较桥 ID，网络中桥 ID 最小的设备被选为根桥。

桥 ID=priority+MAC 地址，priority 的取值范围为 0 ~ 65535（必须是 4096 的倍数）。

读者可以这样理解：

（1）比较 priority，值越小越优。如图 9.5 所示，SW1 的 priority 为 4096，SW2 的 priority 为 4096，SW3 的 priority 为 0，SW3 的 priority 最小，所以 SW3 为根桥，而 SW2 与 SW3 为非根桥。

（2）如果 priority 相同，再比较 MAC 地址，越小越优。如图 9.6 所示，三台交换机的 priority 都为 4096，通过比较 priority 不能确定哪台交换机是根桥，所以要比较它们的 MAC 地址。SW1 的 MAC 地址为 4c1f-aabc-102a，SW2 的 MAC 地址为 4c1f-aabc-102b，SW3 的 MAC 地址为 4c1f-aabc-102c，可以看出，SW1 的 MAC 地址最小，所以 SW1 为根桥，SW2 与 SW3 为非根桥。

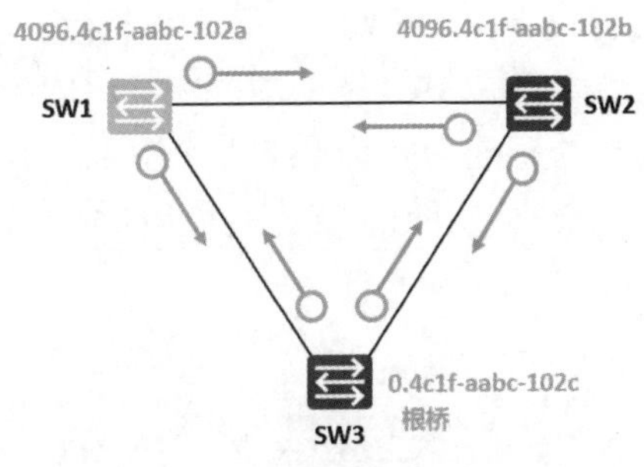

图 9.5 比较 priority

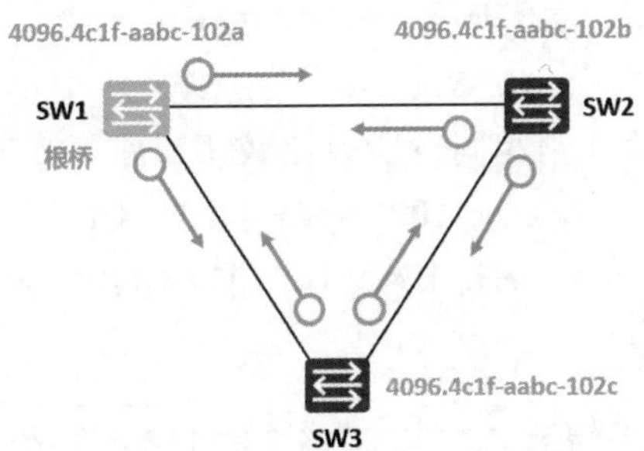

图 9.6 比较 MAC 地址

【说明】

- 网络中拥有最小桥 ID 的交换机成为根桥。
- 在一个连续的 STP 交换网络中只会存在一个根桥。
- 根桥的角色是可抢占的。
- 为了确保交换网络的稳定性，建议提前规划 STP 组网，并将规划为根桥的交换机的桥优先级设置为最小值 0。

9.2.2 选择根端口

选出了根桥之后，剩下的交换机称为非根桥，每一个非根桥有且仅有一个根端口。下面来看一下根端口的选举原则。

（1）到根桥的开销最小。

华为在其交换设备上定义了 3 种端口成本的计算方法，见表 9.1。默认遵循 IEEE 802.1t 标准，并可使用 stp pathcost-standard 命令来修改默认的端口成本的计算方法。

```
stp pathcost-standard{dot1d-1998|dot1t|legacy}
```

表 9.1 三种方法的默认成本值

带　宽	802.1d-1998 标准	802.1t	华　为
10Mbit/s	100	2000000	200000
100Mbit/s	19	200000	200
1000Mbit/s	4	20000	20
10Gbit/s	2	2000	2
40Gbit/s	1	500	1

如图 9.7 所示，SW3 为根桥，SW1 和 SW2 为非根桥，SW1 和 SW2 上有且仅有一个根端口，所以本网络中有两个根端口。以 SW1 为例，在 SW1 上要选举一个根端口出来，SW1 的 G0/0/1 到根桥的开销为 20000，SW1 的 G0/0/2 到根桥的开销为 40000，所以 SW1 的 G0/0/1 成为根端口。

（2）直连网桥的桥 ID 最小。

如图 9.8 所示，SW1 为根桥，SW2、SW3、SW4 有且仅有一个根端口，所以本网络中有三个根端口。以 SW4 为例，在 SW4 上要选举出一个根端口，但是 SW4 上的 G0/0/1 和 G0/0/2 到根桥的开销相同，所以比较不出来。SW4 上的 G0/0/1 的直连网桥为 SW2，它的桥 ID 为 32768.4c1f-aabc-102a，SW4 上的 G0/0/2 的直连网桥为 SW3，它的桥 ID 为 32768.4c1f-aabc-102b，SW3 的桥 ID 最小，所以 G0/0/2 成为根端口。

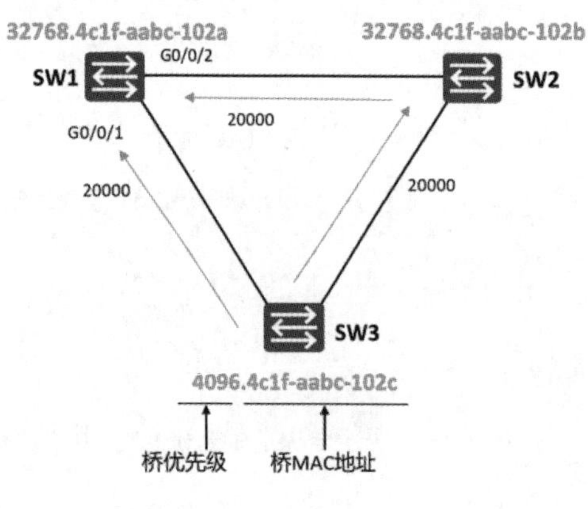

图 9.7　根端口的选举（1）

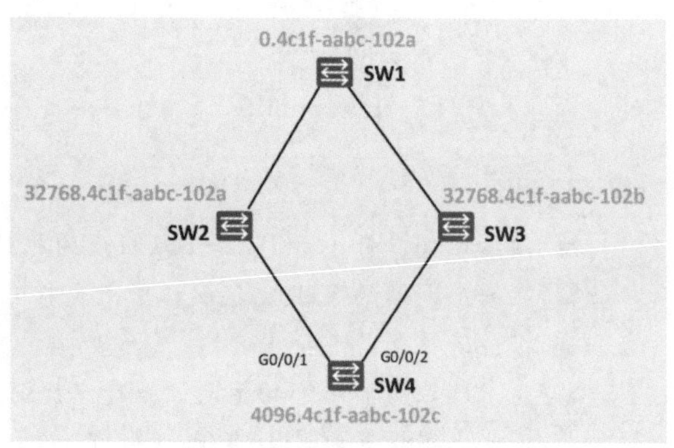

图 9.8　根端口的选举（2）

（3）比较对方的端口 ID。

端口 ID 长度为 2 字节，其中，端口优先级占 1 字节，端口号占 1 字节。但是在配置时，端口优先级仅能配置高 4 位，后 12 位将作为端口号（端口号系统自己分配，不可修改）。默认的端口优先级为 128。

如图 9.9 所示，SW1 为根桥，SW4 为非根桥，本网络中只有一个根端口，在 SW4 上要选举一个根端口，其方法如下。

1）比较到根桥的开销：由于端口速率相同，默认 STP 开销值相同，比较不出来。

2）比较端口对端设备的 BID，也比较不出来。

3）比较对方的端口 ID：SW4 上的 G0/0/1 接口对方的端口为 SW1 上的 G0/0/1，其端口 ID=128.1，SW4 上的 G0/0/2 接口对方的端口为 SW1 的 G0/0/2，其端口 ID=128.2，128.1<128.2，所以 G0/0/1 被选举为根端口。

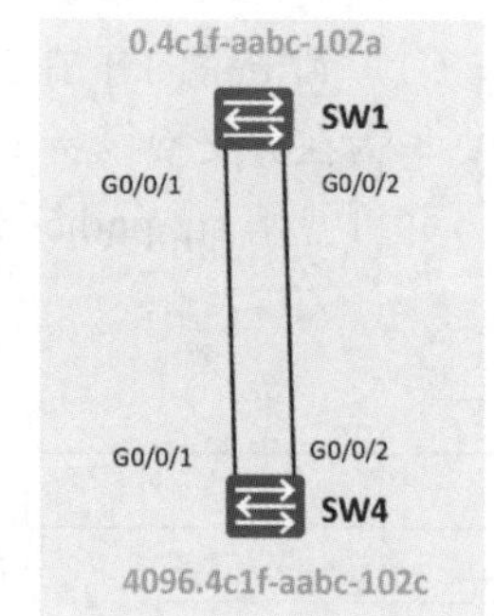

图 9.9　根端口的选举（3）

【说明】

- 每一台非根桥交换机都会在自己的端口中选举出一个端口。
- 非根桥交换机上有且只有一个根端口。
- 当非根桥交换机有多个端口接入网络中时，根端口是其接收到最优配置 BPDU 的端口。
- 可以形象地理解根端口是每台非根桥上“朝向”根桥的端口。

9.2.3 选择指定端口

选择好了根桥和根端口，接下来要选择指定端口。每个网段有且仅有一个指定端口，下面介绍指定端口的选举原则。

（1）到根桥的开销最小。

如图 9.10 所示，SW3 为根桥，在本网络中共有三个指定端口，以 SW1 和 SW3 之间的网段为例，SW1 的 G0/0/1 到达根桥的开销为 20000，SW3 的 G0/0/2 到根桥的开销为 0，所以 G0/0/2 为指定端口。

（2）所在网桥的桥 ID 最小。

如图 9.10 所示，SW1 与 SW2 所在的网段要有一个指定端口，SW1 的 G0/0/1 和 SW2 的 G0/0/2 到达根桥的开销是一样的，所以进行第二步比较。SW1 的 G0/0/1 所在网桥的桥 ID 为 32768.4c1f-aabc-102a，SW2 的 G0/0/2 所在网桥的桥 ID 为 32768.4c1f-aabc-102b，所以 G0/0/1 成为指定端口。

（3）比较本端口的端口 ID，端口 ID 小的为指定端口。

如图 9.11 所示，在这个网络里面一定有一个指定端口，通过指定端口的选择原则，（1）和（2）都选择不出来，G0/0/1 的端口 ID=128.1，G0/0/2 的端口 ID=128.2，所以 G0/0/1 成为指定端口。

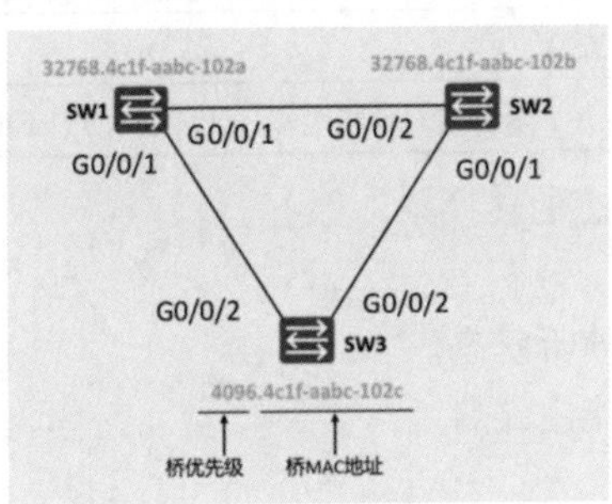

图 9.10 指定端口的选举（1）

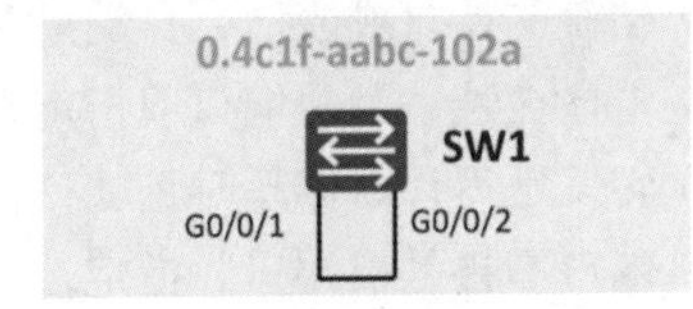

图 9.11 指定端口的选举（2）

9.2.4 阻塞端口

非根非指定端口，在 STP 协议中将会被阻塞。

如图 9.12 所示，第一步：选择根桥，三台交换机的优先级都为 4096，通过比较 MAC 地址，SW1 被选举为根桥。第二步：选择根端口，在 SW2 上，通过比较到达根桥的开销，可以选出 G0/0/1 为根端口；在 SW3 上，通过比较到达根桥的开销，可以选出 G0/0/1 为根端口。第三步：选择指定端口，在 SW1 上 G0/0/0 和 G0/0/1 都是指定端口，SW2 的 G0/0/2 和 SW3 的 G0/0/2 通过比较自己的 BID，可以选出 SW2 的 G0/0/2 为指定端口，SW3 的 G0/0/2 是非根非指定端口，因此会被阻塞。

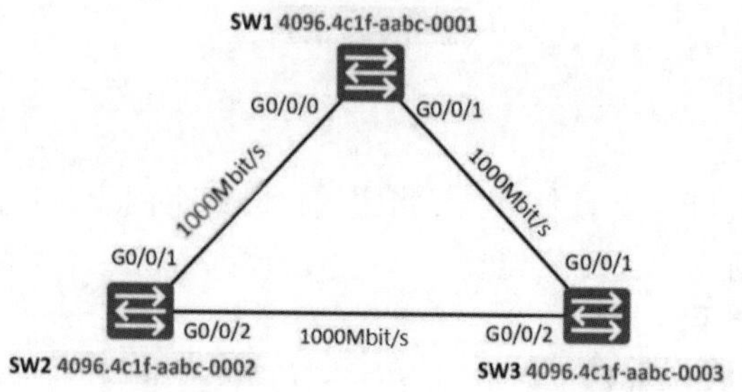

图 9.12　阻塞端口

9.2.5　STP 的端口状态

运行 STP 协议的设备的端口存在 5 种状态，分别为 Disabled（禁用）、Blocking（阻塞）、Listening（侦听）、Learning（学习）、Forwarding（转发），见表 9.2。

表 9.2　STP 的端口状态

状　态	说　明
Disabled	端口不处理 BPDU 报文，也不转发用户流量
Blocking	端口仅接收并处理 BPDU 报文，不转发用户流量
Listening	过渡状态，开始计算生成树，端口可以接收和发送 BPDU 报文，但不转发用户流量
Learning	过渡状态，建立无环的 MAC 地址转发表，不转发用户流量
Forwarding	端口可以接收和发送 BPDU 报文，也可以转发用户流量。只有根端口或指定端口才能进入 Forwarding 状态

STP 的端口状态迁移如图 9.13 所示，STP 端口状态的转换条件如下。

（1）端口初始化或激活，自动进入阻塞状态。

（2）端口被选举为根端口或指定端口，自动进入侦听状态。

（3）转发延迟计时器超时且端口依然为根端口或指定端口。

（4）端口不再是根端口、指定端口或指定状态。

（5）端口被禁用或者链路失效。

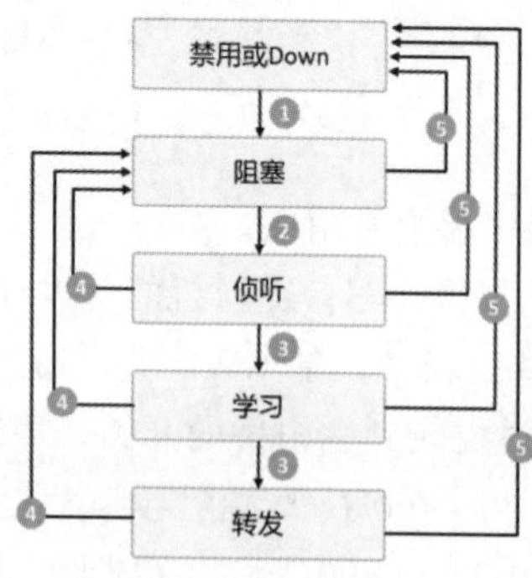

图 9.13　STP 的端口状态迁移

9.3 STP 的报文

前面的章节中介绍了桥 ID、路径开销和端口 ID 等信息，所有这些信息都是通过 BPDU 协议报文进行传输的。

BPDU 报文被封装在以太网数据帧中，目的 MAC 地址是组播 MAC 地址 01-80-C2-00-00-00，Length/Type 字段为 MAC 地址数据长度，后面是 LLC 头，LLC 之后是 BPDU 报文头。以太网数据帧格式如图 9.14 所示。

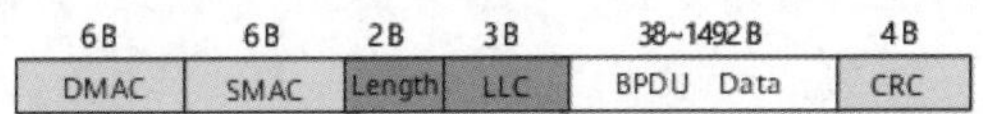

图 9.14　以太网数据帧格式

9.3.1 BPDU 报文格式

STP 通过交互 BPDU 报文来计算一棵无环树，BPDU 报文格式如图 9.15 所示。

PID	PVI	BPDU Type	Flags	Root ID	RPC	Bridge ID	Port ID	Message Age	Max Age	Hello Time	Forward Delay

图 9.15　BPDU 报文格式

BPDU 报文格式说明见表 9.3。

表 9.3　BPDU 报文格式说明

字 节	字 段	描　述
2	PID	协议 ID，对于 STP 而言，该字段的值总为 0
1	PVI	协议版本 ID，对于 STP 而言，该字段的值总为 0
1	BPDU Type	指示本 BPDU 的类型。若值为 0x00，则表示本报文为配置 BPDU；若值为 0x80，则为 TCN BPDU
1	Flags	标志，STP 只使用了该字段的最高及最低两个比特位，最低位是 TC（Topology Change，拓扑变更）标志，最高位是 TCA（Topology Change Acknowledgment，拓扑变更确认）标志
8	Root ID	根桥的交换机 ID
4	RPC	根路径开销，到达根桥的 STP Cost
8	Bridge ID	BPDU 发送桥的 ID
2	Port ID	BPDU 发送桥的接口 ID（优先级+接口号）
2	Message Age	消息寿命，从根桥发出 BPDU 之后的秒数，每经过一个网桥都将增加 1，所以它本质上是到达根桥的跳数
2	Max Age	最大寿命，当一段时间未收到任何 BPDU，生存期到达最大寿命时，网桥认为该接口连接的链路发生故障。默认为 20s
2	Hello Time	根桥连续发送 BPDU 的时间间隔。默认为 2s
2	Forward Delay	转发延迟，在侦听和学习状态所停留的时间间隔。默认为 15s

【说明】

BPDU 记忆口诀（4 个标识、4 个参数、4 个计时器）。

（1）4 个标识（BPDU 对自身的标识）：协议、版本、类型、标志。

（2）4 个参数（STP 计算的参数）：发送 BPDU 的交换机 ID、当前根桥的 Bridge ID、发送 BPDU 的端口的 PortID、RPC。

（3）4 个计时器。

1）Hello Time：默认为 2s，若修改，一定要在根桥上进行修改。

2）Forward Delay：默认为 15s，因为 STP 的生成需要一定的时间，每台交换机的端口状态变化不是同步的，如果新选出来的端口马上转发数据，可能造成临时的环路，所以 STP 引入了 Forward Delay 机制：新选出的 RP（根端口）和 DP（指定端口）需要 30s 才能转发数据，以此来保证无环路。

3）Message Age：从根交换机发出的配置 BPDU 为 0，每经过一个桥增加 1。

4）Max Age：交换机接收到配置 BPDU 后，会对其中的 Message Age 和 Max Age 进行对比，Message Age 小于等于 Max Age 时会触发它产生新的配置 BPDU，否则被丢弃。

9.3.2 STP 报文类型

STP 有两种报文类型，一种是配置 BPDU（Configuration BPDU），另一种是拓扑变更提示 BPDU（TCN BPDU）。

- 配置 BPDU：一种心跳报文，只要端口使能 STP，则配置 BPDU 就会按照 Hello Time 定时器规定的时间间隔从指定端口发出。
- TCN BPDU：在设备检测到网络拓扑发生变化时才发出。

1. 配置 BPDU

（1）STP 刚启动时，各交换机周期性发送。

（2）STP 稳定后，只有根桥才会周期性发送，非根交换机会从自己的根端口周期性地接收配置 BPDU，并立即被触发而产生自己的配置 BPDU，且从自己的指定端口发送出去。

2. TCN BPDU

TCN BPDU 的结构只有协议标识、版本号、类型，其值为 0x80，它的工作机制如图 9.16 所示。

（1）网络中的一条链路发生了故障，只有故障点的交换机可以感知到，其他交换机是感知不到的。

（2）这时故障点交换机会周期性（2s）地通过根端口向上游交换机发送 TCN BPDU，直到上游交换机发来了 TCA。

（3）上游交换机接收到 TCN BPDU 后，向下游交换机发送 TCA，周期性（2s）地通过根端口向上游交换机发送 TCN BPDU。

（4）此过程一直重复，直到根桥接收到 TCN BPDU 后，发送 TC。

（5）交换机接收到 TC 后意识到网络拓扑发生了变化，说明 MAC 地址表可能不再是正确的了，会将 MAC 地址表的老化时间从 300s 变成 15s，加速老化。

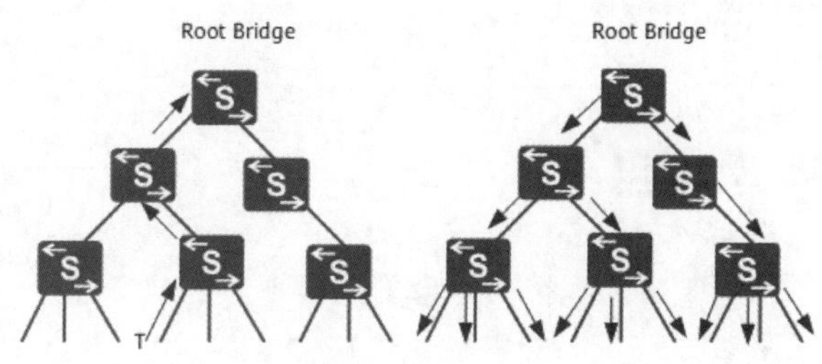

图 9.16 TCN BPDU 工作机制

9.4 STP 的收敛时间

在稳定的 STP 拓扑里，非根桥会定期接收到根桥的配置 BPDU。如果根桥发生了故障，停止发送配置 BPDU，则下游交换机就无法接收到根桥的配置 BPDU。如果下游交换机一直接收不到新的配置 BPDU，则原来接收到的配置 BPDU 中的 Max Age 定时器就会超时（默认为 20s），从而导致已经接收到的配置 BPDU 失效。STP Max Age 定时器可用于链路故障检测。

1. 根桥故障

如图 9.17 所示，根桥的故障恢复过程如下。

（1）SW1 根桥发生故障，停止发送 BPDU 报文。

（2）SW2 等待 Max Age 计时器（20s）超时，从而导致已经接收到的 BPDU 报文失效，又接收不到根桥发送的新的 BPDU 报文，从而得知上游交换机出现了故障。

（3）非根桥会互相发送配置 BPDU，重新选举新的根桥。

（4）经过重新选举后，SW3 的 A 端口经过两个 Forward Delay（15s）时间恢复转发状态。

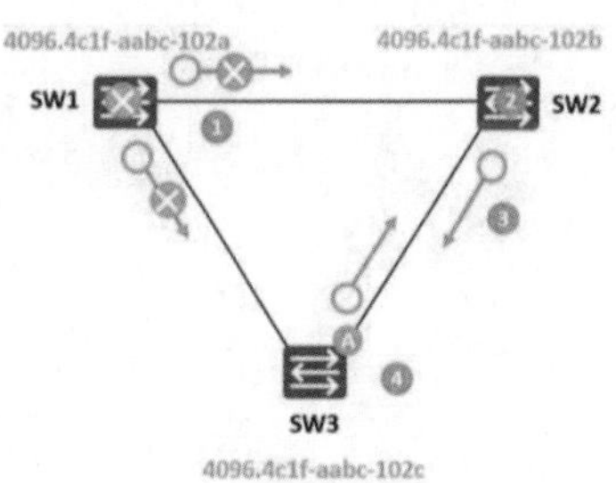

图 9.17 根桥的故障恢复过程

非根桥会在 BPDU 老化之后开始根桥的重新选举，根桥故障会导致 50s 左右的恢复时间。

2. 直连链路故障

如图 9.18 所示，直连链路的故障恢复过程如下。

（1）当交换机 SW2 网络稳定时检测到根端口的链路发生了故障，则其备用端口会经过两倍的 Forward Delay（15s）时间进入用户流量转发状态。

（2）SW2 检测到直连链路发生故障后，会将预备端口转换为根端口。

直连链路故障时，备用端口 30s 后才恢复转发状态。

3. 非直连链路故障

如图 9.19 所示，非直连链路故障后，SW3 的备用端口恢复到转发状态，非直连故障会导致 50s 左右的恢复时间。

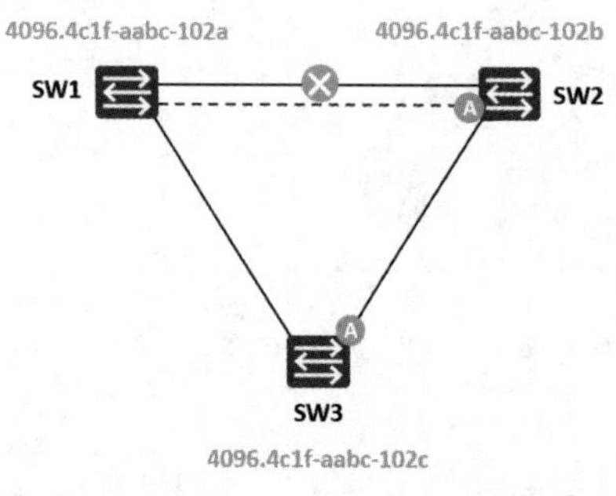

图 9.18　直连链路的故障恢复过程

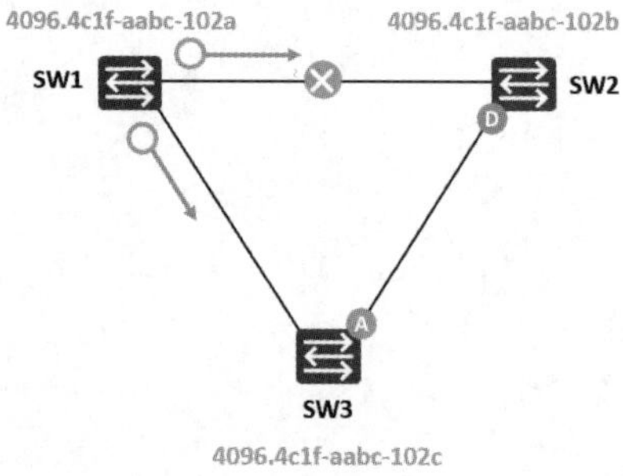

图 9.19　非直连链路的故障恢复过程

9.5　STP 的配置

1. 实验目的

在交换机中开启 STP 协议并通过网桥优先级修改 STP 的根桥。

2. 实验拓扑

配置 STP 的实验拓扑如图 9.20 所示。

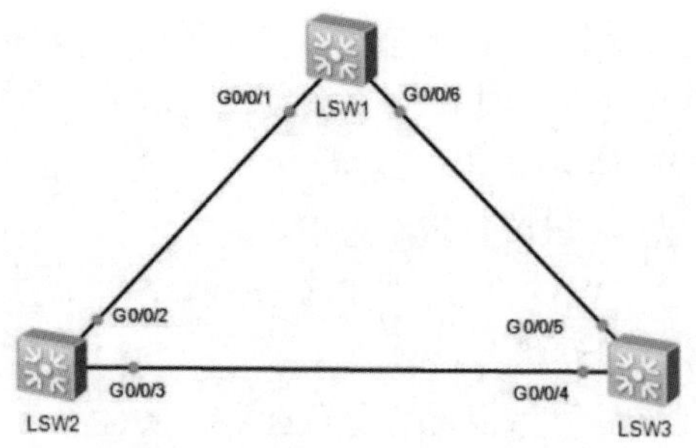

图 9.20　配置 STP 的实验拓扑

3. 实验步骤

（1）开启 STP。

配置 LSW1：

```
<Huawei>system-view
[Huawei]undo info-center enable
[Huawei]sysname LSW1
[LSW1]stp mode stp   //设置 STP 的模式为 STP，默认为 MSTP
```

配置 LSW2：

```
<Huawei>system-view
[Huawei]undo info-center enable
[Huawei]sysname LSW2
[LSW2]stp mode stp
```

配置 LSW3：

```
<Huawei>system-view
[Huawei]undo info-center enable
[Huawei]sysname LSW3
[LSW3]stp mode stp
```

（2）查看 STP。

查看生成树的状态，以 LSW1 为例：

```
[LSW1]display stp
-------[CIST Global Info][Mode STP]-------
CIST Bridge          : 32768.4c1f-ccea-2663       //自身的桥 ID
Config Times         : Hello 2s MaxAge 20s FwDly 15s MaxHop 20
Active Times         : Hello 2s MaxAge 20s FwDly 15s MaxHop 20
CIST Root/ERPC       : 32768.4c1f-cc06-69ba / 20000//当前的根桥 ID 与根路径开销
CIST RegRoot/IRPC    : 32768.4c1f-ccea-2663 / 0
CIST RootPortId      : 128.1
BPDU-Protection      : Disabled
TC or TCN received   : 110
TC count per hello   : 0
STP Converge Mode    : Normal
Time since last TC   : 0 days 0h: 2m: 41s
Number of TC         : 12
Last TC occurred     : GigabitEthernet0/0/1
```

查看 LSW1 交换机上生成树的状态信息摘要：

```
[LSW1]display stp brief
 MSTID  Port                        Role  STP State     Protection
   0    GigabitEthernet0/0/1        ROOT  FORWARDING      NONE
   0    GigabitEthernet0/0/6        ALTE  DISCARDING      NONE
```

查看 LSW2 交换机上生成树的状态信息摘要：

```
[LSW2]display stp brief
 MSTID  Port                        Role  STP State     Protection
   0    GigabitEthernet0/0/2        DESI  FORWARDING      NONE
   0    GigabitEthernet0/0/3        DESI  FORWARDING      NONE
```

查看 LSW3 交换机上生成树的状态信息摘要：

```
[LSW3]display stp brief
 MSTID  Port                        Role  STP State     Protection
   0    GigabitEthernet0/0/4        ROOT  FORWARDING      NONE
   0    GigabitEthernet0/0/5        DESI  FORWARDING      NONE
```

综合根桥 ID 信息以及各个交换机上的端口信息，可得当前拓扑，如图 9.21 所示。

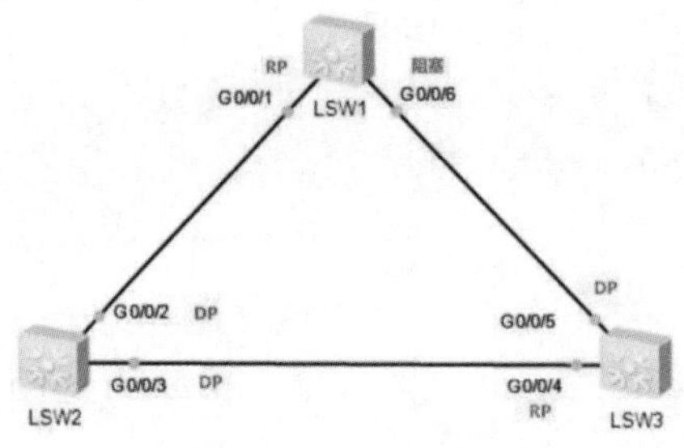

图 9.21　当前拓扑

4. 实验调试

把 LSW1 的优先级修改成 0，LSW3 的优先级修改成 4096，查看 LSW2 的 G0/0/3 接口是否阻塞。

LSW1 的配置：

```
[LSW1]stp root primary          //把 LSW1 变成主根桥
```

相当于

```
[LSW1]stp priority 0
```

LSW3 的配置：

```
[LSW3]stp root secondary        //把 SW3 变成备用根桥
```

相当于

```
[LSW3]stp priority 4096
```

查看 LSW2 交换机上生成树的状态信息摘要：

```
[LSW2]display stp brief
 MSTID  Port                        Role  STP State     Protection
   0    GigabitEthernet0/0/2        ROOT  FORWARDING      NONE
   0    GigabitEthernet0/0/3        ALTE  DISCARDING      NONE
```

综合根桥 ID 信息以及各个交换机上的端口信息，可得当前拓扑，如图 9.22 所示。

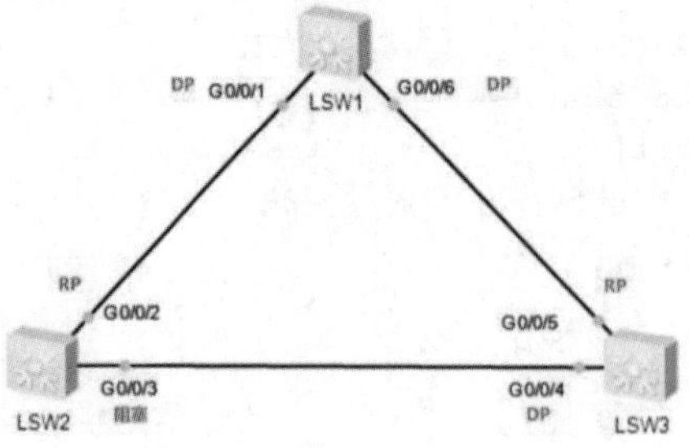

图 9.22　修改优先级后的拓扑

9.6 练 习 题

1. STP 的配置 BPDU 报文不包含（　　）参数。

A．Port ID　　B．VID　　C．Bridge ID　　D．Root ID

2. 默认情况下，STP 报文中的 Forward Delay 时间是（　　）。

A．5s　　B．10s　　C．15s　　D．20s

3. STP 中端口处于（　　）工作状态时，可以不经过其他状态转换为 Forwarding 状态。

A．Blocking　　B．Learning　　C．Listening　　D．Disabled

4. 在存在冗余链路的二层网络中，可以使用（　　）避免出现环路。

A．VRRP　　B．ARP　　C．UDP　　D．STP

5. 运行 STP 的设备端口处于 Forwarding 状态，下列说法正确的有（　　）。

A．该端口既转发用户流量，也处理 BPDU 报文

B．该端口仅接收并处理 BPDU 报文，不转发用户流量

C．该端口会根据接收到的用户流量构建 MAC 地址表，但不转发用户流量

D．该端口不仅不处理 BPDU 报文，也不转发用户流量

第 10 章

VLAN 间互访

传统交换二层组网中，默认所有网络都处于同一个广播域，这带来了诸多问题。VLAN 技术的提出，满足了二层组网隔离广播域的需求，使得属于不同 VLAN 的网络无法互访，但不同 VLAN 之间又存在着相互访问的需求。本章主要介绍如何实现不同 VLAN 之间的相互通信。

学完本章内容以后，我们应该能够：

- 掌握单臂路由实现 VLAN 间通信
- 掌握三层交换实现 VLAN 间通信

10.1 VLAN 间互访技术

VLAN 间互访技术主要分为 Dot1q 终结子接口（单臂路由）和 VLANIF 接口。

1．Dot1q 终结子接口

Dot1q 终结子接口是一种三层的逻辑接口，可以实现 VLAN 间的三层互通。Dot1q 终结子接口适用于通过一个三层以太网接口下接多个 VLAN 网络的环境。由于不同 VLAN 的数据流会争用同一个以太网主接口的带宽，当网络繁忙时，就会导致通信瓶颈。

2．VLANIF 接口

VLANIF 接口也是一种三层的逻辑接口，可以实现 VLAN 间的三层互通。VLANIF 的配置非常简单，是实现 VLAN 间互访最常用的一种技术。每个 VLAN 对应一个 VLANIF，在为 VLANIF 接口配置 IP 地址后，该接口即可作为本 VLAN 内用户的网关，对需要跨网段的报文进行基于 IP 地址的三层转发。但由于每个 VLAN 需要配置一个 VLANIF，并在接口上指定一个 IP 子网网段，因此比较浪费 IP 地址。

在一些特殊情况下，一个 VLANIF 接口需要配置多个 IP 地址。例如，一台交换机通过一个接口连接了一个物理网络，但该物理网络的用户分别属于多个不同网段（如通过 HUB、傻瓜交换机等接入多台 PC，或一台 PC 通过双网卡接入等）。为了使交换机与物理网络中的所有用户通信，就需要在该接口上配置一个主 IP 地址和多个从 IP 地址。

10.2 VLAN 间互访配置

10.2.1 Dot1q 终结子接口

1. 实验目的

（1）掌握通过配置 Dot1q 终结子接口实现 VLAN 间互访的方法。

（2）深入理解 VLAN 间互访的转发流程。

2. 实验拓扑

配置 Dot1q 终结子接口的实验拓扑如图 10.1 所示。

3. 实验步骤

（1）配置 IP 地址。

PC1 的配置：在 IPv4 下选择静态配置，输入对应的 IP 地址以及子网掩码和网关，然后单击“应用”按钮。PC2 的配置同 PC1，这里不再赘述。

PC1 的配置如图 10.2 所示，PC2 的配置如图 10.3 所示。

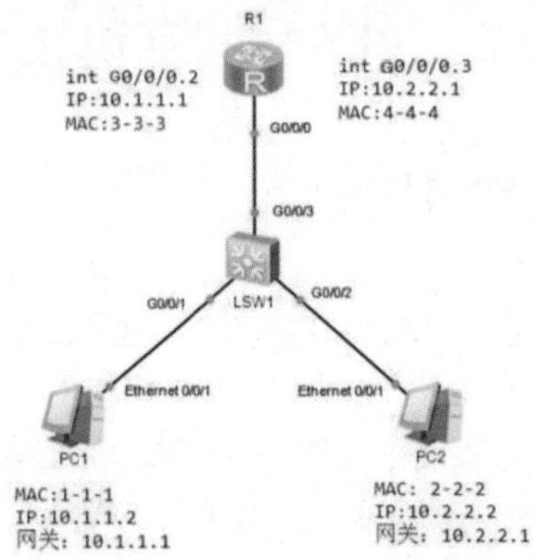

图 10.1　配置 Dot1q 终结子接口的实验拓扑

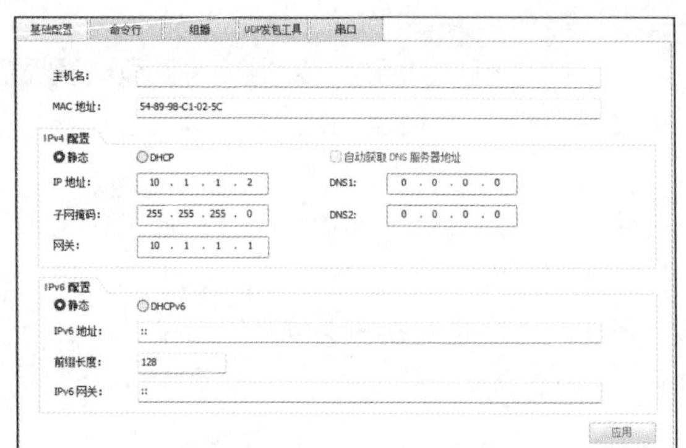

图 10.2　在 PC1 上手工添加 IP 地址

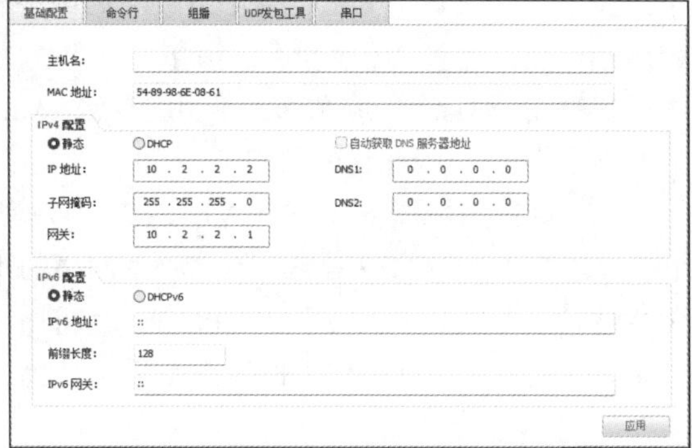

图 10.3　在 PC2 上手工添加 IP 地址

（2）在 LSW1 上创建 VLAN2 和 VLAN3。将 G0/0/1 接口划入 VLAN2，将 G0/0/2 接口划入 VLAN3，将 G0/0/3 设置成 Trunk 接口。

```
<Huawei>system-view
[Huawei]undo info-center enable
[Huawei]sysname LSW1
[LSW1]vlan batch 2 3   //创建 VLAN2 和 VLAN3
[LSW1]interface g0/0/1
[LSW1-GigabitEthernet0/0/1]port link-type access
[LSW1-GigabitEthernet0/0/1]port default vlan 2  //把 G0/0/1 接口划入 VLAN2
[LSW1-GigabitEthernet0/0/1]quit
[LSW1]interface g0/0/2
[LSW1-GigabitEthernet0/0/2]port link-type access
[LSW1-GigabitEthernet0/0/2]port default vlan 3  //把 G0/0/2 接口划入 VLAN3
[LSW1-GigabitEthernet0/0/2]quit
[LSW1]interface g0/0/3
//连接路由器的接口因为需要传递多 VLAN 的数据，所以需要配置 Trunk 接口
[LSW1-GigabitEthernet0/0/3]port link-type trunk
```

```
//Trunk 接口允许 VLAN2 和 VLAN3 通过
[LSW1-GigabitEthernet0/0/3]port trunk allow-pass vlan 2 3
[LSW1-GigabitEthernet0/0/3]quit
```

（3）在 R1 上配置单臂路由。

```
<Huawei>system-view
[Huawei]undo info-center enable
[Huawei]sysname R1
[R1]interface g0/0/0
[R1-GigabitEthernet0/0/0]undo shutdown    //主接口只要打开，不要做其他任何配置
[R1-GigabitEthernet0/0/0]quit
[R1]interface g0/0/0.2 //设置子接口 G0/0/0.2
//配置 Dot1q 终结 VLAN2，配置了此命令，该子接口可以剥离 Tag 为 VLAN2 的数据帧，并
//且发送数据帧时会将数据帧添加 VLAN2 的 Tag
[R1-GigabitEthernet0/0/0.2]dot1q termination vid 2
[R1-GigabitEthernet0/0/0.2]ip address 10.1.1.1 24   //配置 IP 地址
[R1-GigabitEthernet0/0/0.2]arp broadcast enable //开启 ARP 广播功能，如果终结
//子接口上未使能 ARP 广播功能，系统将会直接把该 IP 报文丢弃，从而不能对该 IP 报文进行转发
[R1-GigabitEthernet0/0/0.2]quit
[R1]interface g0/0/0.3  //设置子接口 G0/0/0.3
[R1-GigabitEthernet0/0/0.3]dot1q termination vid 3
[R1-GigabitEthernet0/0/0.3]ip address 10.2.2.1 24
[R1-GigabitEthernet0/0/0.3]arp broadcast enable
[R1-GigabitEthernet0/0/0.3]quit
```

4. 实验调试

使用 PC1 访问 PC2，可以看到不同 VLAN 的设备可以通过路由设备实现互相通信，结果如图 10.4 所示。

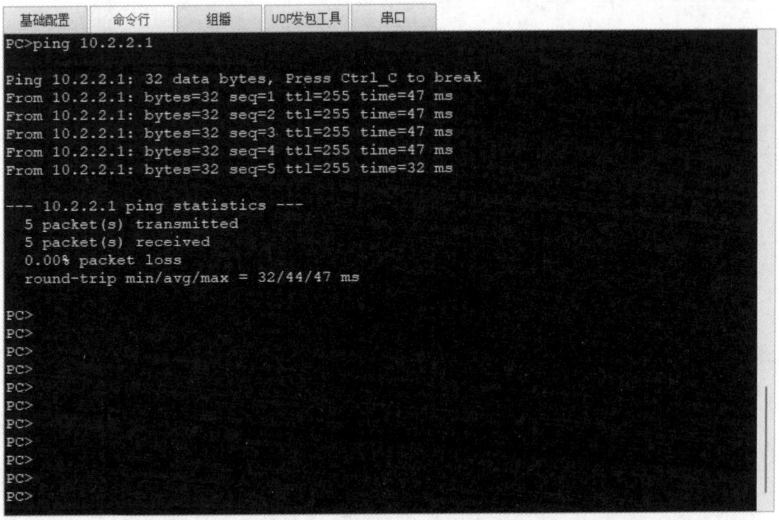

基础配置 | 命令行 | 组播 | UDP发包工具 | 串口

```
PC>ping 10.2.2.1

Ping 10.2.2.1: 32 data bytes, Press Ctrl_C to break
From 10.2.2.1: bytes=32 seq=1 ttl=255 time=47 ms
From 10.2.2.1: bytes=32 seq=2 ttl=255 time=47 ms
From 10.2.2.1: bytes=32 seq=3 ttl=255 time=47 ms
From 10.2.2.1: bytes=32 seq=4 ttl=255 time=47 ms
From 10.2.2.1: bytes=32 seq=5 ttl=255 time=32 ms

--- 10.2.2.1 ping statistics ---
  5 packet(s) transmitted
  5 packet(s) received
  0.00% packet loss
  round-trip min/avg/max = 32/44/47 ms

PC>
PC>
PC>
PC>
PC>
PC>
PC>
PC>
PC>
PC>
PC>
```

图 10.4　PC1 上显示的 ping 程序测试信息

10.2.2 VLANIF 接口

1. 实验目的

（1）掌握通过配置 VLANIF 接口实现 VLAN 间互访的方法。

（2）深入理解 VLAN 间互访的转发流程。

2. 实验拓扑

配置 VLANIF 接口的实验拓扑如图 10.5 所示。

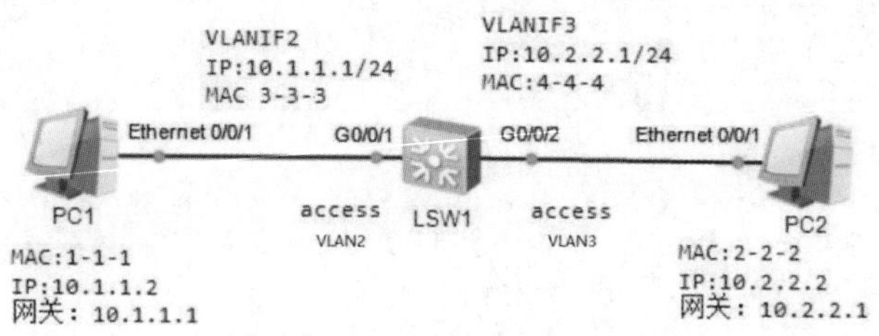

图 10.5 配置 VLANIF 接口的实验拓扑

3. 实验步骤

（1）配置 IP 地址。

PC1 的配置：在 IPv4 下选择静态配置，输入对应的 IP 地址及子网掩码和网关，然后单击“应用”按钮。PC2 的配置同 PC1，这里不再赘述。

PC1 的配置如图 10.6 所示，PC2 的配置如图 10.7 所示。

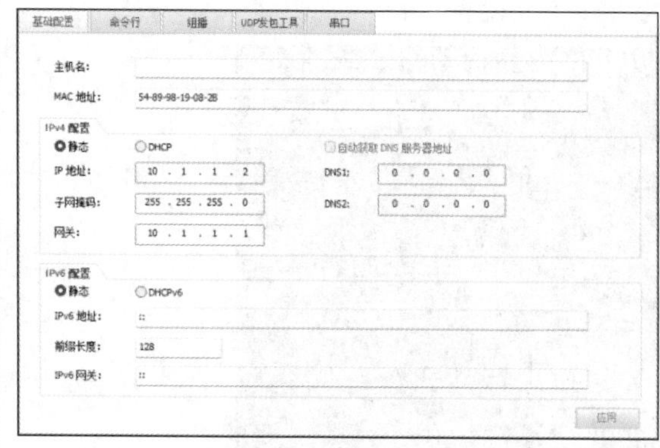

图 10.6 在 PC1 上手工添加 IP 地址

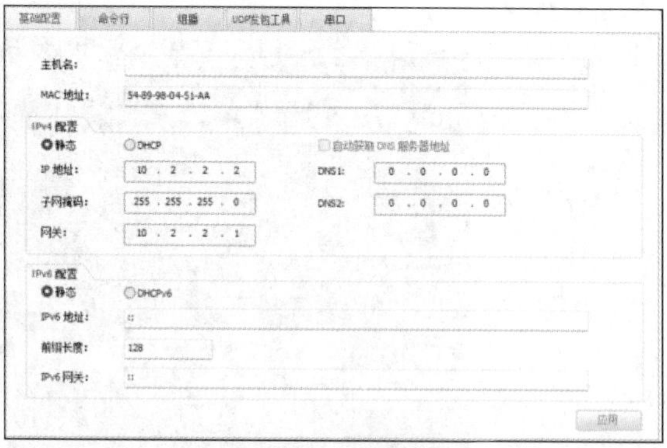

图 10.7 在 PC2 上手工添加 IP 地址

（2）在 LSW1 上创建 VLAN，把接口划入 VLAN。

```
<Huawei>system-view
[Huawei]undo info-center enable
[Huawei]sysname LSW1
```

```
[LSW1]vlan batch 2 3    //创建 VLAN2 和 VLAN3
[LSW1]interface g0/0/1
[LSW1-GigabitEthernet0/0/1]port link-type access
[LSW1-GigabitEthernet0/0/1]port default vlan 2    //G0/0/1 属于 VLAN2
[LSW1-GigabitEthernet0/0/1]quit
[LSW1]interface g0/0/2
[LSW1-GigabitEthernet0/0/2]port link-type access
[LSW1-GigabitEthernet0/0/2]port default vlan 3   //G0/0/2 属于 VLAN3
[LSW1-GigabitEthernet0/0/2]quit
```

（3）在 LSW1 上创建 VLANIF 接口。

```
[LSW1]interface Vlanif 2      //创建 VLANIF 接口，并且在 VLANIF 接口配置 IP 地址
[LSW1-Vlanif2]ip address 10.1.1.1 24     //设置 IP 地址
[LSW1-Vlanif2]undo shutdown              //打开接口
[LSW1-Vlanif2]quit
[LSW1]interface Vlanif 3
[LSW1-Vlanif3]ip address 10.2.2.1 24
[LSW1-Vlanif3]undo shutdown
[LSW1-Vlanif3]quit
```

【技术要点】

使用交换机的三层 VLAN 间路由实现不同 VLAN 通信时，在网关设备上配置对应 VLAN 的 VLANIF 接口作为此 VLAN 的网关，并且在 VLANIF 接口配置对应的网关 IP 地址实现不同网段的数据通信。VLANIF 接口是一种三层的逻辑接口，支持 VLAN Tag 的剥离和添加，因此可以通过 VLANIF 接口实现 VLAN 之间的通信。

4. 实验调试

使用 PC1 访问 PC2，可以看到使用 VLANIF 接口也能够实现不同 VLAN 间的通信，结果如图 10.8 所示。

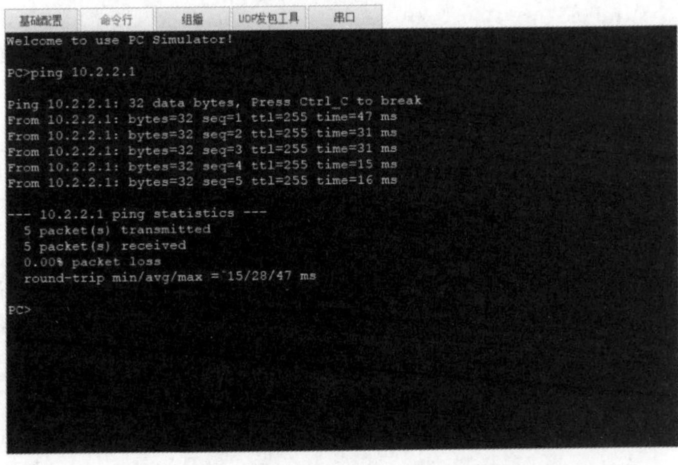

图 10.8　PC1 上显示的 ping 程序测试信息

【思考】

数据是怎么转发的?

解析：当用户主机 PC1 发送报文给用户主机 PC2 时，报文的发送过程如下（假设三层交换机 Switch 上还未建立任何转发表项）。

（1）PC1 判断目的 IP 地址与自己的 IP 地址不在同一网段，因此发出请求网关 MAC 地址的 ARP 报文，目的 IP 地址为网关 IP 地址 10.1.1.1，目的 MAC 地址全为 F。

（2）报文到达 Switch 的接口 G0/0/1，Switch 为报文添加 VID=2 的 Tag（Tag 的 VID=接口的 PVID），然后将报文的源 MAC 地址和 VID 与接口的对应关系（1-1-1、2、IF_1）添加进 MAC 地址表。

（3）Switch 检查报文是 ARP 请求报文，且目的 IP 地址是自己 VLANIF2 接口的 IP 地址，向 PC1 发送应答报文，并将 VLANIF2 接口的 MAC 地址 3-3-3 封装在应答报文中，应答报文从接口 G0/0/1 发出。同时，Switch 会将 PC1 的 IP 地址与 MAC 地址的对应关系记录到 ARP 表。

（4）PC1 接收到 Switch 的应答报文，将 Switch 的 VLANIF2 接口的 IP 地址与 MAC 地址的对应关系记录到自己的 ARP 表中，并向 Switch 发送目的 MAC 地址为 3-3-3、目的 IP 地址为 10.2.2.2（PC2 的 IP 地址）的报文。

（5）报文到达 Switch 的接口 G0/0/1，同样给报文添加 VID=2 的 Tag。

（6）Switch 根据报文的源 MAC 地址和 VID 与接口的对应关系更新 MAC 地址表，并比较报文的目的 MAC 地址与 VLANIF2 的 MAC 地址，发现两者相等，进行三层转发，根据目的 IP 地址查找三层转发表，没有找到匹配项，向上层转发至 CPU 查找路由表。

（7）CPU 根据报文的目的 IP 地址去查找路由表，发现与一个直连网段（VLANIF3 对应的网段）相匹配，于是继续查找 ARP 表，没有找到，Switch 会在目的网段对应的 VLANIF3 的所有接口发送 ARP 请求报文，目的 IP 地址是 10.2.2.2，从接口 G0/0/2 发出。

（8）PC2 接收到 ARP 请求报文，发现请求 IP 是自己的 IP 地址，就发送 ARP 应答报文，将自己的 MAC 地址包含在其中。同时，将 VLANIF3 的 MAC 地址与 IP 地址的对应关系记录到自己的 ARP 表中。

（9）Switch 的接口 G0/0/2 接收到 PC2 的 ARP 应答报文后，为报文添加 VID=3 的 Tag，并将 PC2 的 MAC 地址和 IP 地址的对应关系记录到自己的 ARP 表中。然后，将 PC1 的报文转发给 PC2，发送前，同样剥离报文中的 Tag。同时将 PC2 的 IP 地址、MAC 地址、VID 及出接口的对应关系记录到三层转发表中。

至此，PC1 完成对 PC2 的单向访问，PC2 访问 PC1 的过程与此类似。这样，后续 PC1 与 PC2 之间的往返报文都会先发送给网关 Switch，由 Switch 查找三层转发表进行三层转发。

10.3 练 习 题

1. 为了实现 VLANIF 接口上的网络层功能，需要在 VLANIF 接口上配置（　　）。

A．MAC 地址　　B．子网掩码　　C．IP 前缀　　D．IP 地址

2. 下列关于单臂路由的说法，正确的有（　　）。

A．每个 VLAN 都有一个物理连接

B．交换机和路由器之间仅使用一条物理链路连接

C．交换机把连接到路由器的接口配置成 Trunk 类型的接口并允许相关 VLAN 的帧通过

D．在路由器上需要创建子接口

3. 通过单臂路由的方式实现 VLAN 间路由互通，其优势是（　　）。

A．减少设备数量　　B．减少路由表条目

C．减少 IP 地址的使用　　D．减少链路连接的数量

4. 下列关于 VLANIF 接口的说法，正确的是（　　）。

A．VLANIF 接口不需要学习 MAC 地址　　B．VLANTF 接口没有 MAC 地址

C．不同的 VLANIF 接口可以使用相同的 IP 地址　　D．VLANIF 接口是三层接口

5. 路由器某接口配置信息如图 10.9 所示，则此接口可以接收携带（　　）个 VLAN 的数据包。

```
interface Gigabit Ethernet 0/0/2.30
dot1q termination vid 100
ip address 10.0.21.1 255.255.255.0
arp broadcast enable
```

图 10.9　路由接口配置信息

A．1　　B．100　　C．30　　D．20

第 11 章

链路聚合

随着业务的发展和园区网络规模的不断扩大，用户对于网络的带宽、可靠性要求越来越高。传统解决方案通过升级设备的方式提高网络带宽，同时通过部署冗余链路并辅以 STP 实现高可靠性。但传统解决方案存在灵活度低、故障恢复时间长、配置复杂等缺点。

本章将介绍通过链路聚合技术与堆叠、集群技术实现网络带宽提升与高可靠性保障。

学完本章内容以后，我们应该能够：

- 理解链路聚合原理
- 掌握手工负载分担
- 掌握 LACP 工作原理
- 理解 LACP 模式分类

11.1 以太网链路聚合

11.1.1 以太网链路聚合简介

以太网链路聚合（Eth-Trunk）简称链路聚合，通过将多个物理接口捆绑为一个逻辑接口，可以在不进行硬件升级的条件下，达到增加链路带宽的目的。链路聚合技术主要有以下三个优势。

- 增加带宽：链路聚合接口的最大带宽可以达到各成员接口带宽之和。
- 提高可靠性：当某条活动链路出现故障时，流量可以切换到其他可用的成员链路上，从而提高链路聚合接口的可靠性。
- 负载分担：在一个链路聚合组内，可以实现在各成员活动链路上的负载分担。

11.1.2 链路聚合基本术语

如图 11.1 所示，以太网链路聚合有以下几个概念。

（1）聚合组（Link Aggregation Group，LAG）：若干条链路捆绑在一起所形成的逻辑链路。每个聚合组唯一对应着一个逻辑接口，这个逻辑接口又被称为链路聚合接口或 Eth-Trunk 接口。

（2）成员接口和成员链路：组成 Eth-Trunk 接口的各个物理接口称为成员接口。成员接口对应的链路称为成员链路。

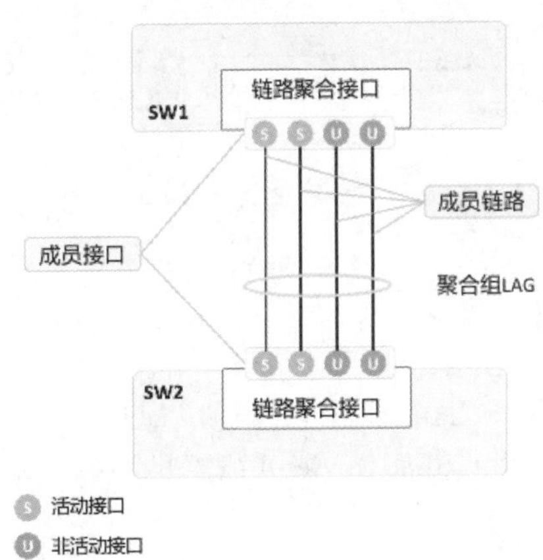

图 11.1　链路聚合基本术语

（3）活动接口和活动链路：活动接口又称选中（Selected）接口，是参与数据转发的成员接口。活动接口对应的链路被称为活动链路（Active Link）

（4）非活动接口和非活动链路：非活动接口又称非选中（Unselected）接口，是不参与数据转发的成员接口。非活动接口对应的链路被称为非活动链路（Inactive Link）。

（5）聚合模式：根据是否开启 LACP（Link Aggregation Control Protocol，链路聚合控制协议），链路聚合可以分为手工模式和 LACP 模式两种。

11.2　以太网链路聚合模式

11.2.1　手工模式

手工模式下，Eth-Trunk 的建立、成员接口的加入由手工配置，没有 LACP 的参与。手工模式下所有活动链路都参与数据的转发，平均分担流量。如果某条活动链路故障，链路聚合组自动在剩余的活动链路中平均分担流量。当需要在两个直连设备之间提供一个较大的链路带宽，而其中一端或两端设备都不支持 LACP 时，可以配置手工模式链路聚合。

11.2.2　LACP 模式

1. 手工模式的缺点

如图 11.2 所示，DeviceA 与 DeviceB 之间创建 Eth-Trunk，需要将 DeviceA 上的 4 个接口与 DeviceB 捆绑成一个 Eth-Trunk。由于错将 DeviceA 上的一个接口与 DeviceC 相连，将会导致 DeviceA 向 DeviceB 传输数据时可能会将本应该发送到 DeviceB 的数据发送到 DeviceC 上。而手工模式的 Eth-Trunk 却不能及时检测到此故障。

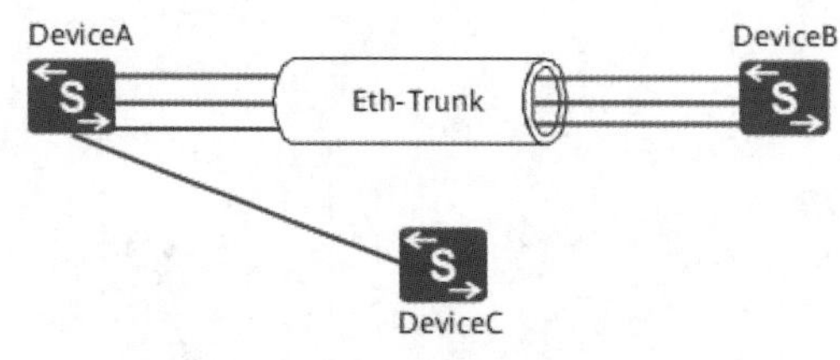

图 11.2　手工模式

如果在 DeviceA 和 DeviceB 上都启用 LACP，经过协商后，Eth-Trunk 就会选择正确连接的链路作为活动链路来转发数据，从而 DeviceA 发送的数据能够准确地到达 DeviceB。

2. LACP 的基本概念

（1）系统 LACP 优先级。系统 LACP 优先级是为了区分两端设备优先级的高低而配置的参数。LACP 模式下，两端设备所选择的活动接口必须保持一致，否则链路聚合组就无法建立。此时可以使其中一端具有更高的优先级，另一端则根据高优先级的一端来选择活动接口。系统 LACP 优先级值越小，优先级越高。

（2）接口 LACP 优先级。接口 LACP 优先级是为了区别同一个 Eth-Trunk 中的不同接口被选为活动接口的优先程度，优先级高的接口将优先被选为活动接口。接口 LACP 优先级值越小，优先级越高。

（3）成员接口间 $M:N$ 备份。LACP 模式链路聚合由 LACP 确定聚合组中的活动和非活动链路，又称为 $M:N$ 模式，即 M 条活动链路与 N 条备份链路。这种模式提供了更高的链路可靠性，并且可以在 M 条链路中实现不同方式的负载均衡，如图 11.3 所示。

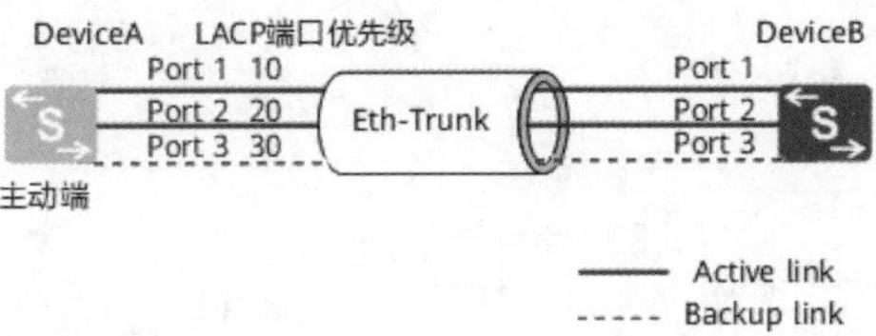

图 11.3　成员接口间 $M:N$ 备份

该模式主要应用在只向用户提供 M 条链路的带宽，同时又希望提供一定的故障保护能力的情况下。当有一条链路出现故障时，系统能够自动选择一条优先级最高的可用备份链路作为活动链路。如果在备份链路中无法找到可用链路，并且目前处于活动状态的链路数目低于配置的活动接口数下限阈值，那么系统就会关闭聚合接口。

3. LACP 模式实现原理

LACP 通过链路聚合控制协议数据单元（Link Aggregation Control Protocol Data Unit，LACPDU）与对端交互信息。LACPDU 报文中包含设备的系统优先级、MAC 地址、接口优先级、接口号和操作 Key 等信息。LACP 模式 Eth-Trunk 建立的过程如下。

（1）在 LACP 模式的 Eth-Trunk 中加入成员接口后，两端互相发送 LACPDU 报文。

如图 11.4 所示，在 DeviceA 和 DeviceB 上创建 Eth-Trunk 并配置为 LACP 模式，然后向 Eth-Trunk 中手工加入成员接口。此时成员接口上便启用了 LACP，两端互发 LACPDU 报文。

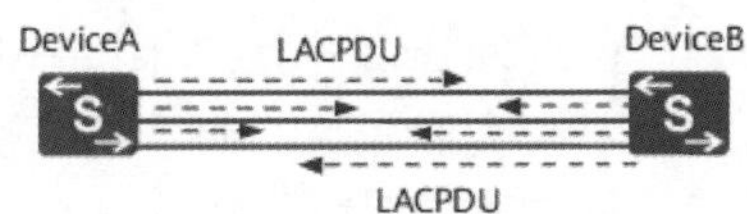

图 11.4　LACP 模式链路聚合互发 LACPDU

（2）确定主动端和活动链路。

如图 11.5 所示，两端设备均会接收到对端发来的 LACPDU 报文。以 DeviceB 为例，当 DeviceB 接收到 DeviceA 发送的报文时，DeviceB 会查看并记录对端信息，然后比较系统优先级字段，如果 DeviceA 的系统优先级高于本端的系统优先级，则确定 DeviceA 为 LACP 主动端。如果 DeviceA 和 DeviceB 的系统优先级相同，则比较两端设备的 MAC 地址，MAC 地址小的一端为 LACP 主动端。

确定主动端后，两端都会以主动端的接口优先级来选择活动接口，如果主动端的接口优先级都相同，则选择接口编号比较小的为活动接口。两端设备选择了一致的活动接口，活动链路组便可以建立起来，从这些活动链路中以负载分担的方式转发数据。

4. LACP 抢占

如图 11.6 所示，接口 Port1、Port2 和 Port3 为 Eth-Trunk 的成员接口，DeviceA 为主动端，活动接口数上限阈值为 2，三个接口的 LACP 优先级分别为 10、20、30。当通过 LACP 协商完毕后，接口 Port1 和 Port2 因为优先级较高被选作活动接口，Port3 成为备份接口。

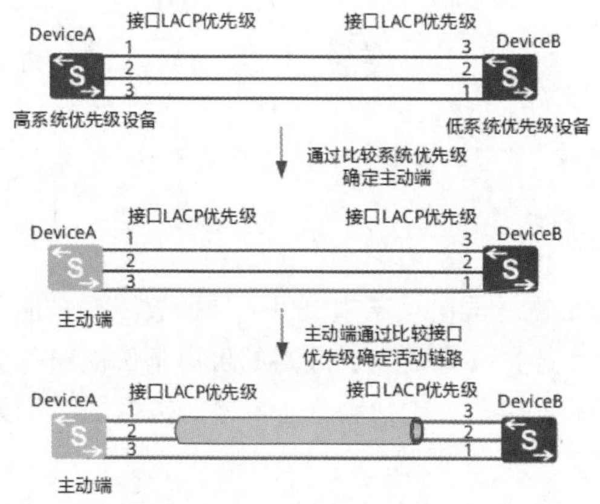

图 11.5　LACP 模式确定主动端和活动链路的过程

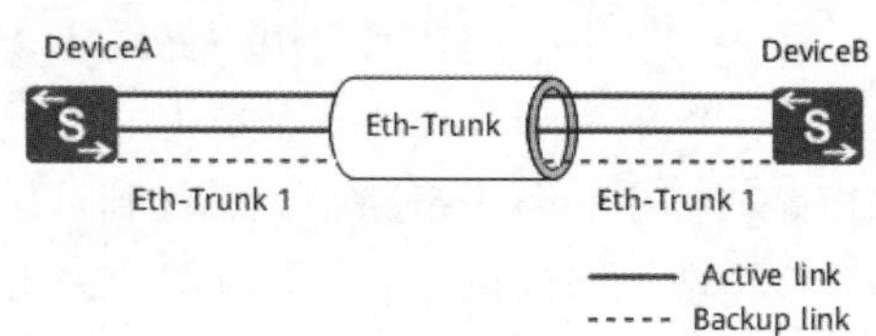

图 11.6　LACP 抢占场景

使能 LACP 抢占功能后，聚合组会始终保持高优先级的接口作为活动接口的状态。以下两种情况需要使能 LACP 抢占功能。

（1）Port1 接口出现故障后又恢复了正常。当 Port1 接口出现故障时被 Port3 所取代，如果在 Eth-Trunk 接口下未使能 LACP 抢占功能，则故障恢复时 Port1 将处于备份状态；如果使能了 LACP 抢占功能，当 Port1 故障恢复时，由于其接口优先级比 Port3 高，将重新成为活动接口，Port3 再次成为备份接口。

（2）如果希望 Port3 接口替换 Port1、Port2 中的一个接口成为活动接口，可以使能 LACP 抢占功能，并配置 Port3 接口的 LACP 优先级较高。如果没有使能 LACP 抢占功能，即使将备份接口的优先级调整为高于当前活动接口的优先级，系统也不会重新选择活动接口。

11.3　链路聚合配置

11.3.1　手工模式配置

1. 实验目的

掌握使用手工模式配置链路聚合的方法。

2. 实验拓扑

手工模式配置 Eth-Trunk 的实验拓扑如图 11.7 所示。

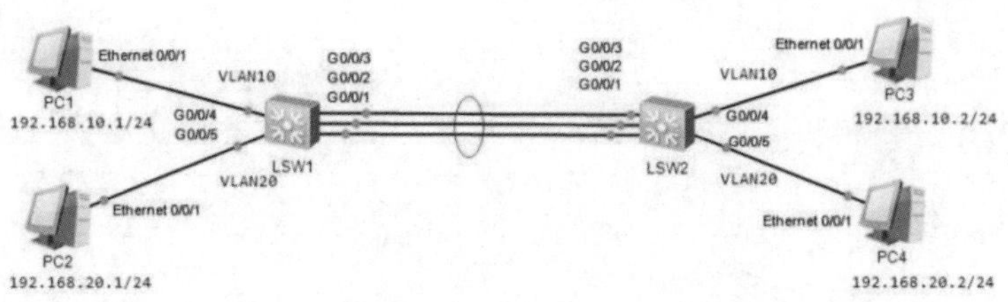

图 11.7　手工模式配置 Eth-Trunk 的实验拓扑

3. 实验步骤

（1）配置 IP 地址。

PC1 的配置如图 11.8 所示，在 IPv4 下选择静态配置，输入对应的 IP 地址以及子网掩码，然后单击“应用”按钮。PC2、PC3、PC4 的配置同 PC1。

PC2 的配置如图 11.9 所示，PC3 的配置如图 11.10 所示，PC4 的配置如图 11.11 所示。

图 11.8　在 PC1 上手工添加 IP 地址　　　　图 11.9　在 PC2 上手工添加 IP 地址

图 11.10　在 PC3 上手工添加 IP 地址　　　　图 11.11　在 PC4 上手工添加 IP 地址

（2）在 LSW1 和 LSW2 上创建 Eth-Trunk 接口并加入成员接口。

```
<Huawei>system-view
[Huawei]undo info-center enable
```

```
[Huawei]sysname LSW1
[LSW1]interface Eth-Trunk 1                //创建链路聚合组 1
//将 G0/0/1 到 G0/0/3 加入聚合组 1
[LSW1-Eth-Trunk1]trunkport GigabitEthernet 0/0/1 to 0/0/3
[LSW1-Eth-Trunk1]quit
```

```
<Huawei>system-view
[Huawei]undo info-center enable
[Huawei]sysname LSW2
[LSW2]interface Eth-Trunk 1                //创建链路聚合组 1
//将 G0/0/1 到 G0/0/3 加入聚合组 1
[LSW2-Eth-Trunk1]trunkport GigabitEthernet 0/0/1 to 0/0/3
[LSW2-Eth-Trunk1]quit
```

（3）在 LSW1 和 LSW2 上创建 VLAN 并将接口加入 VLAN。

LSW1 的配置：

```
[LSW1]vlan batch 10 20
[LSW1]interface g0/0/4
[LSW1-GigabitEthernet0/0/4]port link-type access
[LSW1-GigabitEthernet0/0/4]port default vlan 10
[LSW1-GigabitEthernet0/0/4]quit
[LSW1]interface g0/0/5
[LSW1-GigabitEthernet0/0/5]port link-type access
[LSW1-GigabitEthernet0/0/5]port default vlan 20
[LSW1-GigabitEthernet0/0/5]quit
```

LSW2 的配置：

```
[LSW2]vlan batch 10 20
[LSW2]interface g0/0/4
[LSW2-GigabitEthernet0/0/4]port link-type access
[LSW2-GigabitEthernet0/0/4]port default vlan 10
[LSW2-GigabitEthernet0/0/4]quit
[LSW2]interface g0/0/5
[LSW2-GigabitEthernet0/0/5]port link-type access
[LSW2-GigabitEthernet0/0/5]port default vlan 20
[LSW2-GigabitEthernet0/0/5]quit
```

（4）在 LSW1 和 LSW2 上配置 Eth-Trunk 1 接口允许 VLAN10 和 VLAN20 通过。

LSW1 的配置：

```
[LSW1]interface Eth-Trunk 1
[LSW1-Eth-Trunk1]port link-type trunk
[LSW1-Eth-Trunk1]port trunk allow-pass vlan 10 20
[LSW1-Eth-Trunk1]quit
```

LSW2 的配置：

```
[LSW2]interface Eth-Trunk 1
[LSW2-Eth-Trunk1]port link-type trunk
[LSW2-Eth-Trunk1]port trunk allow-pass vlan 10 20
[LSW2-Eth-Trunk1]quit
```

【技术要点】

Eth-Trunk 接口为设备的逻辑接口，交换机 LSW1 和 LSW2 的实际接口 G0/0/1 到 G0/0/3 都属于该聚合口的成员接口，对于交换机 LSW1 和 LSW2 而言，就相当于使用聚合口 Eth-Trunk 1 连接在一起，因此交换机 LSW1 和 LSW2 的链路类型以及相关配置只需要在聚合口中配置即可，无须到实际接口中进行配置。

（5）配置 Eth-Trunk 1 的负载分担方式。

LSW1 的配置：

```
[LSW1]interface Eth-Trunk 1
//配置负载分担方式为基于源 MAC 地址进行 Hash 计算选择路径
[LSW1-Eth-Trunk1]load-balance src-dst-mac
[LSW1-Eth-Trunk1]quit
```

LSW2 的配置：

```
[LSW2]interface Eth-Trunk 1
[LSW2-Eth-Trunk1]load-balance src-dst-mac
[LSW2-Eth-Trunk1]quit
```

【技术要点】

数据流是指一组具有某个或某些相同属性的数据包。这些属性有源 MAC 地址、目的 MAC 地址、源 IP 地址、目的 IP 地址、TCP/UDP 源端口号、TCP/UDP 目的端口号等。

对于负载分担，可以分为逐包负载分担和逐流负载分担两种类型。

- 逐包负载分担。在使用 Eth-Trunk 转发数据时，由于聚合组两端设备之间有多条物理链路，就会产生同一数据流的第一个数据帧在一条物理链路上传输，而第二个数据帧在另一条物理链路上传输的情况。这样一来，同一数据流的第二个数据帧就有可能比第一个数据帧先到达对端设备，从而产生接收数据包乱序的情况。
- 逐流负载分担。这种机制把数据帧中的地址通过 Hash 算法生成 Hash-Key 值，然后根据这个数值在 Eth-Trunk 转发表中寻找对应的出接口，不同的 MAC 地址或 IP 地址计算得出的 Hash-Key 值不同，从而出接口也就不同，这样既保证了同一数据流的帧在同一条物理链路上转发，又实现了流量在聚合组内各物理链路上的负载分担。逐流负载分担能保证数据包的顺序，但不能保证带宽的利用率。

4. 实验调试

（1）在 LSW1 上检查创建的 Eth-Trunk 1 接口。

```
[LSW1]display eth-trunk 1
Eth-Trunk1's state information is:
WorkingMode: NORMAL           Hash arithmetic: According to SA-XOR-DA
Least Active-linknumber: 1  Max Bandwidth-affected-linknumber: 8
Operate status: UP            Number Of Up Port In Trunk: 3
----------------------------------------------------------------------
PortName                         Status      Weight
```

```
GigabitEthernet0/0/1          UP          1
GigabitEthernet0/0/2          UP          1
GigabitEthernet0/0/3          Up          1
```

以上输出表明，编号为 1 的聚合通道已经形成。每个字段代表的含义如下。

- WorkingMode：表示工作模式，NORMAL 为手工负载分担模式。
- Hash arithmetic：表示负载分担的 Hash 算法，SA-XOR-DA 表示基于源 MAC 地址进行 Hash 计算。
- Least Active-linknumber：表示处于 UP 状态的成员链路的下限阈值。
- Max Bardwidth-affected-linknumber：表示处于 UP 状态的成员链路的上限阈值。
- Operate status：表示聚合口的状态，UP 为正常启动状态，DOWN 为物理上出现故障。
- Status：表示本地成员接口的状态。
- Weight：表示接口的权重值。

（2）在 LSW1 上查看 Eth-Trunk 1 接口的带宽。

```
[LSW1]display interface Eth-Trunk 1
Eth-Trunk1 current state : UP
Line protocol current state : UP
Description:
Switch Port, PVID :    1, Hash arithmetic : According to SA-XOR-DA,
    Maximal BW: 3G, Current BW: 3G, The Maximum Frame Length is 9216
IP Sending Frames' Format is PKTFMT_ETHNT_2, Hardware address is 4c1f-cce5-1fa5
Current system time: 2022-04-03 14:29:28-08:00
    Input bandwidth utilization  :    0%
    Output bandwidth utilization :    0%
-----------------------------------------------------
PortName                      Status      Weight
-----------------------------------------------------
GigabitEthernet0/0/1          UP          1
GigabitEthernet0/0/2          UP          1
GigabitEthernet0/0/3          UP          1
-----------------------------------------------------
The Number of Ports in Trunk : 3
The Number of UP Ports in Trunk : 3
```

以上输出表明，当前 Eth-Trunk 1 接口的状态为 UP，协议状态也为 UP，最大能够支持的带宽为 3Gbit/s。

11.3.2 LACP 模式配置

1. 实验目的

（1）掌握使用静态 LACP 模式配置链路聚合的方法。

（2）掌握静态 LACP 模式下控制活动链路的方法。

（3）掌握静态 LACP 的部分特性的配置。

2. 实验拓扑

静态 LACP 模式配置链路聚合的实验拓扑如图 11.12 所示。

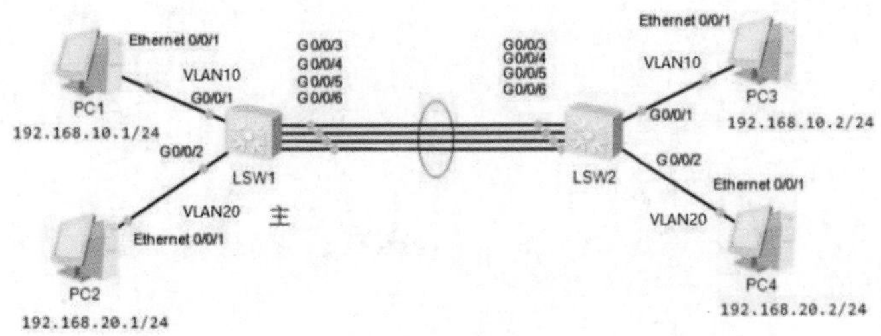

图 11.12　静态 LACP 模式配置链路聚合的实验拓扑

3. 实验步骤

（1）配置 IP 地址。

PC1 的配置如图 11.13 所示。在 IPv4 下选择静态配置，输入对应的 IP 地址以及子网掩码，然后单击“应用”按钮。PC2、PC3、PC4 的配置同 PC1 的配置。

PC2 的配置如图 11.14 所示，PC3 的配置如图 11.15 所示，PC4 的配置如图 11.16 所示。

图 11.13　在 PC1 上手工添加 IP 地址

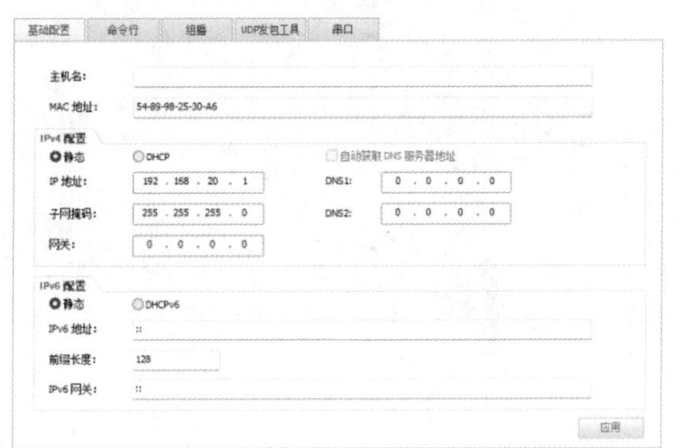

图 11.14　在 PC2 上手工添加 IP 地址

图 11.15　在 PC3 上手工添加 IP 地址

图 11.16　在 PC4 上手工添加 IP 地址

（2）在 LSW1 和 LSW2 上创建 VLAN10 和 VLAN20，把接口划入 VLAN。

LSW1 的配置：

```
<Huawei>system-view
[Huawei]undo info-center enable
[Huawei]sysname LSW1
[LSW1]vlan batch 10 20
[LSW1]interface g0/0/1
[LSW1-GigabitEthernet0/0/1]port link-type access
[LSW1-GigabitEthernet0/0/1]port default vlan 10
[LSW1-GigabitEthernet0/0/1]quit
[LSW1]interface g0/0/2
[LSW1-GigabitEthernet0/0/2]port link-type access
[LSW1-GigabitEthernet0/0/2]port default vlan 20
[LSW1-GigabitEthernet0/0/2]quit
```

LSW2 的配置：

```
<Huawei>system-view
[Huawei]undo info-center enable
[Huawei]sysname LSW2
[LSW2]vlan batch 10 20
[LSW2]interface g0/0/1
[LSW2-GigabitEthernet0/0/1]port link-type access
[LSW2-GigabitEthernet0/0/1]port default vlan 10
[LSW2-GigabitEthernet0/0/1]quit
[LSW2]interface g0/0/2
[LSW2-GigabitEthernet0/0/2]port link-type access
[LSW2-GigabitEthernet0/0/2]port default vlan 20
[LSW2-GigabitEthernet0/0/2]quit
```

（3）在 LSW1 和 LSW2 上配置 Eth-Trunk 1 接口。

LSW1 的配置：

```
[LSW1]interface Eth-Trunk 1
[LSW1-Eth-Trunk1]mode lacp-static   //配置工作模式为 LACP 静态模式
//将 G0/0/3 到 G0/0/6 加入成员接口
[LSW1-Eth-Trunk1]trunkport GigabitEthernet 0/0/3 to 0/0/6
[LSW1-Eth-Trunk1]port link-type trunk
[LSW1-Eth-Trunk1]port trunk allow-pass vlan 10 20
[LSW1-Eth-Trunk1]quit
```

LSW2 的配置：

```
[LSW2]interface Eth-Trunk 1
[LSW2-Eth-Trunk1]mode lacp-static
[LSW2-Eth-Trunk1]trunkport GigabitEthernet 0/0/3 to 0/0/6
[LSW2-Eth-Trunk1]port link-type trunk
[LSW2-Eth-Trunk1]port trunk allow-pass vlan 10 20
[LSW2-Eth-Trunk1]quit
```

4. 实验调试

（1）查看 Eth-Trunk 1 接口的相关信息。

```
[LSW1]display Eth-Trunk 1
Eth-Trunk1's state information is:
Local:
LAG ID: 1                    WorkingMode: STATIC
Preempt Delay: Disabled      Hash arithmetic: According to SIP-XOR-DIP
System Priority: 32768       System ID: 4c1f-cc8e-641d
Least Active-linknumber: 1   Max Active-linknumber: 4
Operate status: UP           Number Of Up Port In Trunk: 3
------------------------------------------------------------------------
ActorPortName          Status   PortType PortPri  PortNo PortKey PortState Weight
GigabitEthernet0/0/3 Selected 1GE       32768    4      305     10111100   1
GigabitEthernet0/0/4 Selected 1GE       32768    5      305     10111100   1
GigabitEthernet0/0/5 Selected 1GE       32768    6      305     10111100   1
GigabitEthernet0/0/6 Unselect 1GE       32768    7      305     10110000   1

Partner:
------------------------------------------------------------------------
ActorPortName          SysPri   SystemID         PortPri PortNo PortKey PortState
GigabitEthernet0/0/3 32768    4c1f-cc3a-3420   32768   4      305     10111100
GigabitEthernet0/0/4 32768    4c1f-cc3a-3420   32768   5      305     10111100
GigabitEthernet0/0/5 32768    4c1f-cc3a-3420   32768   6      305     10111100
GigabitEthernet0/0/6 32768    4c1f-cc3a-3420   32768   7      305     10100000
```

以上输出表明，基于 LACP 静态模式的聚合链路已经形成，各参数的具体含义如下。

- LAG ID：表示该聚合口的编号为 1。
- WorkingMode：表示该聚合口的工作模式，STATIC 为 LACP 静态模式。
- System Priority：表示 SW1 的系统 LACP 优先级，这里为 32768。
- Max Active-linknumber：表示最大活动接口的数量，这里为 4 个。
- Status：表示活动接口的状态，其值为 Selected，表示该成员接口被选中，成为活动接口；其值为 Unselect，表示该成员接口未被选中。
- PortType：表示本地成员接口的类型。
- PortPri：表示本地成员接口的 LACP 优先级。
- PortNo：表示本地成员接口在 LACP 中的编号。
- PortKey：表示本地成员接口在 LACP 中的 Key 值。
- PortState：表示本地成员接口的状态变量。

（2）手工定义活动端口阈值。

```
[LSW1]interface Eth-Trunk 1
[LSW1-Eth-Trunk1]max active-linknumber 2
[LSW1-Eth-Trunk1]quit
```

（3）查看配置结果。

```
[LSW1]display Eth-Trunk 1
```

```
Eth-Trunk1's state information is:
Local:
LAG ID: 1                      WorkingMode: STATIC
Preempt Delay: Disabled        Hash arithmetic: According to SIP-XOR-DIP
System Priority: 32768         System ID: 4c1f-cc8e-641d
Least Active-linknumber: 1  Max Active-linknumber: 2
Operate status: UP             Number Of Up Port In Trunk: 2
--------------------------------------------------------------------------
ActorPortName          Status   PortType PortPri PortNo PortKey PortState Weight
GigabitEthernet0/0/3 Selected 1GE       32768   4      305      10111100  1
GigabitEthernet0/0/4 Selected 1GE       32768   5      305      10111100  1
GigabitEthernet0/0/5 Unselect 1GE       32768   6      305      10100000  1
GigabitEthernet0/0/6 Unselect 1GE       32768   7      305      10100000  1

Partner:
--------------------------------------------------------------------------
ActorPortName          SysPri   SystemID         PortPri PortNo PortKey PortState
GigabitEthernet0/0/3 32768    4c1f-cc3a-3420   32768   4       305      10111100
GigabitEthernet0/0/4 32768    4c1f-cc3a-3420   32768   5       305      10111100
GigabitEthernet0/0/5 32768    4c1f-cc3a-3420   32768   6       305      10100000
GigabitEthernet0/0/6 32768    4c1f-cc3a-3420   32768   7       305      10100000
```

通过以上输出可知，修改了最大活动接口的数目为 2，现在有 4 条链路，所以有两条链路为非活动链路，根据端口号，默认选择 G0/0/5 和 G0/0/6 接口为非活动接口。

（4）在 LSW1 上将系统 LACP 的优先级修改为 99，使其成为主动端。

```
[LSW1]lacp priority 99
```

（5）在 LSW1 上查看结果。

```
[LSW1]display Eth-Trunk 1
Eth-Trunk1's state information is:
Local:
LAG ID: 1                      WorkingMode: STATIC
Preempt Delay: Disabled        Hash arithmetic: According to SIP-XOR-DIP
System Priority: 99            System ID: 4c1f-cc8e-641d
Least Active-linknumber: 1  Max Active-linknumber: 2
Operate status: UP             Number Of Up Port In Trunk: 2
--------------------------------------------------------------------------
ActorPortName          Status   PortType PortPri PortNo PortKey PortState Weight
GigabitEthernet0/0/3 Selected 1GE       32768   4      305      10111100  1
GigabitEthernet0/0/4 Selected 1GE       32768   5      305      10111100  1
GigabitEthernet0/0/5 Unselect 1GE       32768   6      305      10100000  1
GigabitEthernet0/0/6 Unselect 1GE       32768   7      305      10100000  1

Partner:
--------------------------------------------------------------------------
ActorPortName          SysPri   SystemID         PortPri PortNo PortKey PortState
GigabitEthernet0/0/3 32768    4c1f-cc3a-3420   32768   4       305      10111100
GigabitEthernet0/0/4 32768    4c1f-cc3a-3420   32768   5       305      10111100
```

```
GigabitEthernet0/0/5 32768    4c1f-cc3a-3420  32768   6       305      10100000
GigabitEthernet0/0/6 32768    4c1f-cc3a-3420  32768   7       305      10100000
```

通过以上输出可以看到，LSW1 的优先级变成了 99，成为主动端。

（6）在 LSW1 上将 G0/0/5 和 G0/0/6 接口的优先级修改为 88，使这两个接口成为活动接口。

```
[LSW1]interface g0/0/5
[LSW1-GigabitEthernet0/0/5]lacp priority 88
[LSW1-GigabitEthernet0/0/5]quit
[LSW1]interface g0/0/6
[LSW1-GigabitEthernet0/0/6]lacp priority 88
[LSW1-GigabitEthernet0/0/6]quit
```

（7）查看结果。

```
[LSW1]display Eth-Trunk 1
Eth-Trunk1's state information is:
Local:
LAG ID: 1                   WorkingMode: STATIC
Preempt Delay: Disabled     Hash arithmetic: According to SIP-XOR-DIP
System Priority: 99         System ID: 4c1f-cc8e-641d
Least Active-linknumber: 1  Max Active-linknumber: 2
Operate status: UP          Number Of Up Port In Trunk: 2
------------------------------------------------------------------------
ActorPortName          Status   PortType PortPri PortNo PortKey PortState Weight
GigabitEthernet0/0/3   Selected 1GE      32768   4      305     10111100  1
GigabitEthernet0/0/4   Selected 1GE      32768   5      305     10111100  1
GigabitEthernet0/0/5   Unselect 1GE      88      6      305     10100000  1
GigabitEthernet0/0/6   Unselect 1GE      88      7      305     10100000  1

Partner:
------------------------------------------------------------------------
ActorPortName          SysPri   SystemID        PortPri PortNo PortKey PortState
GigabitEthernet0/0/3   32768    4c1f-cc3a-3420  32768   4      305     10111100
GigabitEthernet0/0/4   32768    4c1f-cc3a-3420  32768   5      305     10111100
GigabitEthernet0/0/5   32768    4c1f-cc3a-3420  32768   6      305     10100000
GigabitEthernet0/0/6   32768    4c1f-cc3a-3420  32768   7      305     10100000
```

通过以上输出可以看到，端口优先级虽然变成了 88，但是 G0/0/5 和 G0/0/6 接口仍然没有成为活动接口，那是因为没有开启 LACP 抢占功能。

（8）开启 LACP 抢占功能。

```
[LSW1]interface Eth-Trunk 1
[LSW1-Eth-Trunk1]lacp preempt enable
[LSW1-Eth-Trunk1]quit
```

（9）再次查看结果。

```
[LSW1]display Eth-Trunk 1
Eth-Trunk1's state information is:
Local:
LAG ID: 1                   WorkingMode: STATIC
Preempt Delay Time: 10      Hash arithmetic: According to SIP-XOR-DIP
```

```
System Priority: 99           System ID: 4c1f-cc8e-641d
Least Active-linknumber: 1  Max Active-linknumber: 2
Operate status: UP            Number Of Up Port In Trunk: 2
------------------------------------------------------------------------
ActorPortName          Status    PortType PortPri PortNo PortKey PortState Weight
GigabitEthernet0/0/3   Unselect 1GE       32768    4       305     10100000  1
GigabitEthernet0/0/4   Unselect 1GE       32768    5       305     10100000  1
GigabitEthernet0/0/5   Selected 1GE       88       6       305     10111100  1
GigabitEthernet0/0/6   Selected 1GE       88       7       305     10111100  1

Partner:
------------------------------------------------------------------------
ActorPortName          SysPri    SystemID        PortPri PortNo PortKey PortState
GigabitEthernet0/0/3   32768     4c1f-cc3a-3420  32768   4       305     10100000
GigabitEthernet0/0/4   32768     4c1f-cc3a-3420  32768   5       305     10100000
GigabitEthernet0/0/5   32768     4c1f-cc3a-3420  32768   6       305     10111100
GigabitEthernet0/0/6   32768     4c1f-cc3a-3420  32768   7       305     10111100
```

通过以上输出可以看到，G0/0/5 和 G0/0/6 接口已经成为活动接口。

【技术要点】

LACP 为交换数据的设备提供了一种标准的协商方式，以供设备根据自身配置自动形成聚合链路并启动聚合链路收发数据。聚合链路形成以后，LACP 负责维护链路状态，在聚合条件发生变化时，自动调整或解散聚合链路。

在 LACP 模式中需要选择主动端和被动端，由主动端来决定是否为活动接口以及活动接口的数量。系统优先级值低的为主动端设备，如果优先级值一样，则比较 MAC 地址的大小，越小越优先。活动接口则比较接口优先级，优先级值低的优先为活动接口，如果优先级值一样，则比较接口编号的大小，越小越优先。

11.3.3 三层链路聚合

1. 实验目的

掌握三层链路聚合的配置方法。

2. 实验拓扑

配置三层链路聚合的实验拓扑如图 11.17 所示。

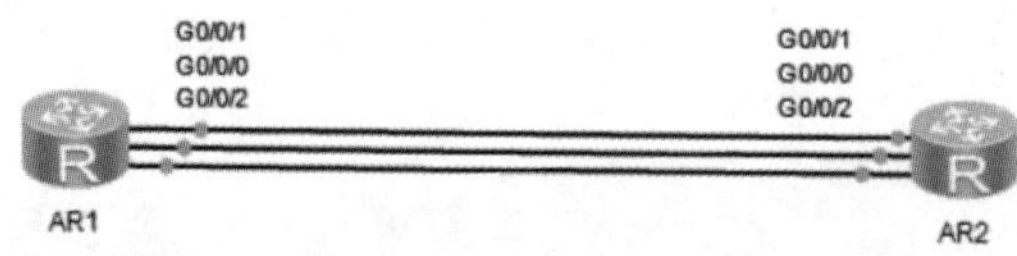

图 11.17 配置三层链路聚合的实验拓扑

3. 实验步骤

（1）创建链路聚合组。

AR1 的配置：

```
<Huawei>system-view
Enter system view, return user view with Ctrl+Z.
[Huawei]undo info-center enable
Info: Information center is disabled.
[Huawei]sysname AR1
[AR1]interface Eth-Trunk 1                        //创建 Eth-Trunk 编号为 1
[AR1-Eth-Trunk1]undo portswitch                   //开启三层链路聚合
[AR1-Eth-Trunk1]ip address 12.1.1.1 24            //配置 IP 地址
[AR1-Eth-Trunk1]quit
```

AR2 的配置：

```
<Huawei>system-view
Enter system view, return user view with Ctrl+Z.
[Huawei]undo info-center enable
Info: Information center is disabled.
[Huawei]sysname AR2
[AR2]interface Eth-Trunk 1
[AR2-Eth-Trunk1]undo portswitch
[AR2-Eth-Trunk1]ip address 12.1.1.2 24
[AR2-Eth-Trunk1]quit
```

（2）配置链路聚合模式为静态 LACP 模式。

AR1 的配置：

```
[AR1]interface Eth-Trunk 1
[AR1-Eth-Trunk1]mode lacp-static
[AR1-Eth-Trunk1]quit
```

AR2 的配置：

```
[AR2]interface Eth-Trunk 1
[AR2-Eth-Trunk1]mode lacp-static
[AR2-Eth-Trunk1]quit
```

（3）将端口加入链路聚合组。

AR1 的配置：

```
[AR1]interface Eth-Trunk 1
[AR1-Eth-Trunk1]trunkport GigabitEthernet 0/0/0 to 0/0/2
[AR1-Eth-Trunk1]quit
```

AR2 的配置：

```
[AR2]interface Eth-Trunk 1
[AR2-Eth-Trunk1]trunkport GigabitEthernet 0/0/0 to 0/0/2
[AR2-Eth-Trunk1]quit
```

4. 实验调试

（1）查看 Eth-Trunk 1 的状态。

```
[AR1]display Eth-Trunk 1
Eth-Trunk1's state information is:
Local:
LAG ID: 1                     WorkingMode: STATIC
Preempt Delay: Disabled       Hash arithmetic: According to SIP-XOR-DIP
System Priority: 32768        System ID: 00e0-fcd9-60c7
Least Active-linknumber: 1    Max Active-linknumber: 8
Operate status: UP            Number Of Up Port In Trunk: 3
--------------------------------------------------------------------------------
ActorPortName          Status    PortType PortPri  PortNo PortKey PortState Weight
GigabitEthernet0/0/0 Selected 1GE        32768  1       305      10111100  1
GigabitEthernet0/0/1 Selected 1GE        32768  2       305      10111100  1
GigabitEthernet0/0/2 Selected 1GE        32768  3       305      10111100  1

Partner:
--------------------------------------------------------------------------------
ActorPortName          SysPri    SystemID         PortPri  PortNo  PortKey  PortState
GigabitEthernet0/0/0 32768     00e0-fc59-0459  32768    1        305      10111100
GigabitEthernet0/0/1 32768     00e0-fc59-0459  32768    2        305      10111100
GigabitEthernet0/0/2 32768     00e0-fc59-0459  32768    3        305      10111100
```

通过以上输出可以看出，Eth-Trunk 1 处于工作状态，G0/0/0、G0/0/1、G0/0/2 接口都处于活动状态。

（2）测试连通性。

```
[AR1]ping 12.1.1.2
  PING 12.1.1.2: 56  data bytes, press CTRL_C to break
    Reply from 12.1.1.2: bytes=56 Sequence=1 ttl=255 time=90 ms
    Reply from 12.1.1.2: bytes=56 Sequence=2 ttl=255 time=20 ms
    Reply from 12.1.1.2: bytes=56 Sequence=3 ttl=255 time=30 ms
    Reply from 12.1.1.2: bytes=56 Sequence=4 ttl=255 time=30 ms
    Reply from 12.1.1.2: bytes=56 Sequence=5 ttl=255 time=30 ms

  --- 12.1.1.2 ping statistics ---
    5 packet(s) transmitted
    5 packet(s) received
    0.00% packet loss
    round-trip min/avg/max = 20/40/90 ms
```

通过以上输出可以看到，AR1 和 AR2 是可以互相通信的。

11.4 练 习 题

1. 当采用 LACP 模式进行链路聚合时，华为交换机的默认系统优先级是（　　）。

A．36864　　B．4096　　C．24576　　D．32768

2. 链路聚合的 LACP 模式采用 LACPDU 选举主动端，以下哪些信息会在 LACPDU 中携带？

（　　）

A．MAC 地址　　B．接口描述　　C．接口优先级　D．设备优先级

3. 以下关于链路聚合 LACP 模式选举 Active 端口的说法，正确的是（　　）。

A．先比较接口优先级，无法判断出较优者，则继续比较接口编号，越小越优

B．只比较接口优先级

C．只比较设备优先级

D．只比较接口编号

4. 链路聚合接口只能作为二层接口。（　　）

A．对　　B．错

5. 以下关于链路聚合 LACP 模式选举主动端的说法，正确的是（　　）。

A．比较接口编号

B．优先级值小的优先，如果相同，则比较设备 MAC 地址，越小越优

C．系统优先级值小的设备作为主动端

D．MAC 地址小的设备作为主动端

第 12 章

ACL

随着网络的飞速发展，网络安全和网络服务质量（Quality of Service，QoS）问题日益突出，访问控制列表（Access Control List，ACL）是与其紧密相关的一个技术。ACL 可以通过对网络中报文流的精确识别，与其他技术结合，达到控制网络访问行为、防止网络攻击和提高网络带宽利用率的目的，从而切实保障网络环境的安全性和网络服务质量的可靠性。

学完本章内容以后，我们应该能够：

- 理解 ACL 技术的概念
- 理解 ACL 的基本原理
- 掌握 ACL 的基本配置

12.1 ACL 技术概念

访问控制列表（ACL）是由一条或多条规则组成的集合。所谓规则，是指描述报文匹配条件的判断语句，这些条件可以是报文的源地址、目的地址、端口号等。

ACL 本质上是一种报文过滤器，规则是过滤器的滤芯。设备基于这些规则进行报文匹配，可以过滤出特定的报文，并根据应用 ACL 的业务模块的处理策略来允许或阻止该报文通过。

如图 12.1 所示，某企业为保证财务数据安全，禁止研发部门访问财务服务器，但总裁办公室则不受限制。我们可以在 Interface 1 的入方向上部署 ACL，禁止研发部门访问财务服务器的报文通过，Interface 2 上无须部署 ACL，总裁办公室访问财务服务器的报文默认允许通过。在 Interface 3 的入方向上部署 ACL，防止病毒通过该接口入侵。

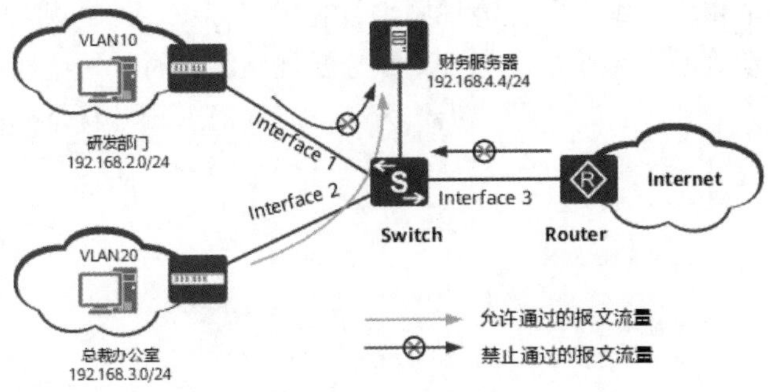

图 12.1　某企业网络拓扑结构

12.2 ACL 的基本原理

12.2.1 ACL 的结构组成

一条 ACL 的结构组成如图 12.2 所示。

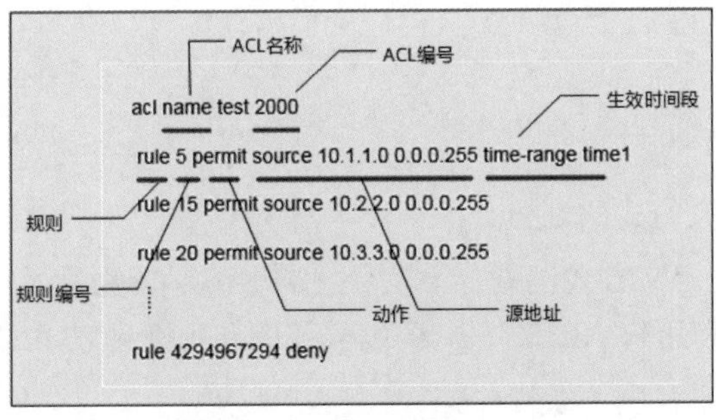

图 12.2　ACL 的结构组成

- ACL 名称：通过名称来标识 ACL，就像用域名代替 IP 地址一样，更加方便记忆。这种 ACL 称为命名型 ACL。
- ACL 编号：用于标识 ACL，也可以单独使用 ACL 编号，表明该 ACL 是数字型。
- 规则：描述报文匹配条件的判断语句。
- 规则编号：用于标识 ACL 规则。可以自行配置规则编号，也可以由系统自动分配。
- 动作：报文处理动作，包括 permit 和 deny 两种，表示允许或拒绝。
- 匹配项：ACL 定义了极其丰富的匹配项。除图 12.2 中的源地址和生效时间段外，ACL 还支持其他一些规则匹配项。

12.2.2 ACL 的专业术语

1. 规则编号

每条规则都有一个相应的编号，称为规则编号，用于标识 ACL 规则。可以自定义规则编号，也可以由系统自动分配。系统自动为 ACL 分配规则编号时，每个相邻规则编号之间会有一个差值，这个差值称为“步长”。默认步长为 5，所以规则编号就是 5、10、15、…以此类推，如图 12.3 所示。

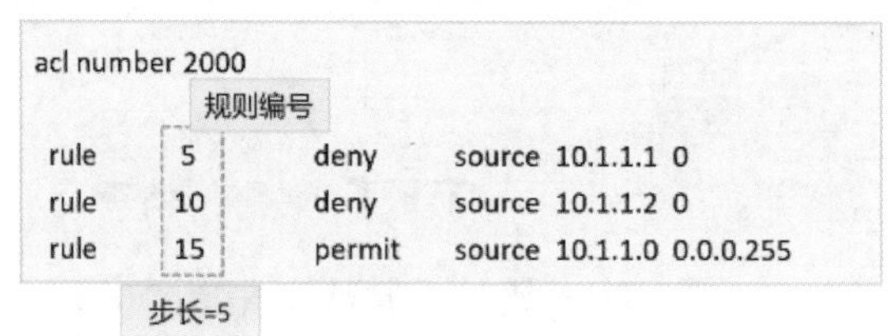

图 12.3 规则编号

2. 通配符

通配符是一个 32 位的数值，用于指示 IP 地址中哪些比特位需要严格匹配，哪些比特位无须匹配，换算成二进制后，0 表示“匹配”，1 表示“不关心”。如图 12.3 所示，rule 15 permit source 10.1.1.0 0.0.0.255 中的 0.0.0.255 为通配符，前面 24 位为 0，代表严格匹配，后面 8 位为 1，代表任意匹配，所以是允许 10.1.1.0/24 位。

12.2.3 ACL 的分类

1. 基于 ACL 规则定义方式的划分

采用基于 ACL 规则定义方式的划分方法，可将 ACL 分为基本 ACL、高级 ACL、二层 ACL、用户自定义 ACL 和用户 ACL。它们的编号范围和规则见表 12.1。

表 12.1 基于 ACL 规则定义方式的划分

分 类	编号范围	规则定义描述
基本 ACL	2000 ~ 2999	仅使用报文的源 IP 地址、分片信息和生效时间段信息来定义规则
高级 ACL	3000 ~ 3999	可使用 IPv4 报文的源 IP 地址、目的 IP 地址、IP 协议类型、ICMP 类型、TCP 源/目的端口号、生成时间段等来定义规则
二层 ACL	4000 ~ 4999	使用报文的以太网帧头信息来定义规则，如根据源 MAC 地址、二层协议类型等来定义规则
用户自定义 ACL	5000 ~ 5999	使用报文头、偏移位置、字符串掩码和用户自定义字符串来定义规则
用户 ACL	6000 ~ 6999	既可使用 IPv4 报文的源 IP 地址或源 UCL（User Control List）组，也可使用目的 IP 地址或目的 UCL 组、IP 协议类型、ICMP 类型、TCP 源/目的端口号、UCP 源/目的端口号等来定义规则

2. 基于 ACL 标识方法的划分

采用基于 ACL 标识方法的划分方法，可将 ACL 分为数字型 ACL 和命名型 ACL，见表 12.2。

表 12.2 基于 ACL 标识方法的划分

分 类	规则定义描述
数字型 ACL	传统的 ACL 标识方法，创建 ACL 时，指定一个唯一的数字标识该 ACL
命名型 ACL	通过名称代替编号来标识 ACL

12.3 ACL 的配置

12.3.1 基本 ACL

1. 实验目的

（1）掌握基本 ACL 的配置方法。

（2）掌握基本 ACL 在接口下的应用方法。

（3）掌握基本 ACL 流量过滤的方式。

2. 实验拓扑

配置基本 ACL 的实验拓扑如图 12.4 所示。

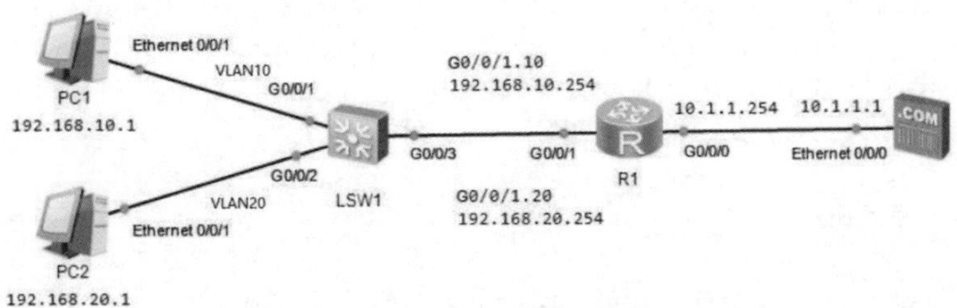

图 12.4 配置基本 ACL 的实验拓扑

3. 实验步骤

（1）配置 IP 地址。

PC1 的配置如图 12.5 所示。在 IPv4 下选择静态配置，输入对应的 IP 地址、子网掩码和网关，然后单击“应用”按钮。PC2、Server 的配置同 PC1。

PC2 的配置如图 12.6 所示。

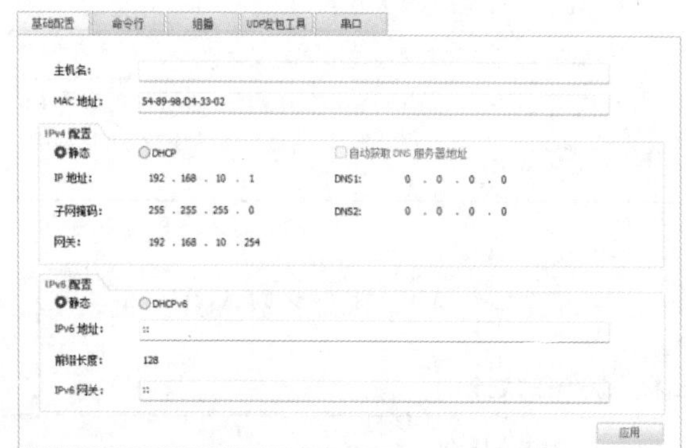

图 12.5　在 PC1 上手工添加 IP 地址

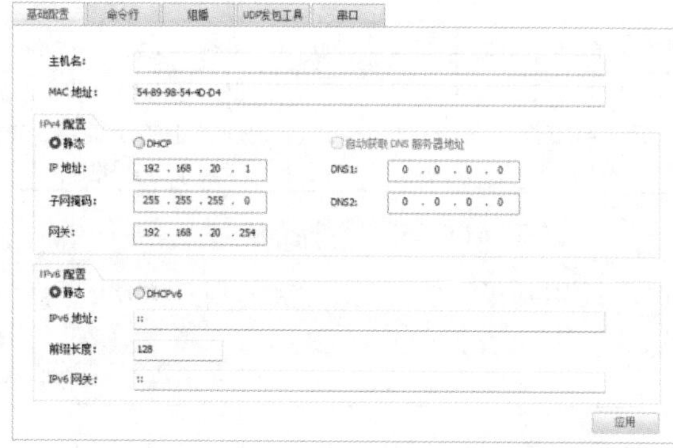

图 12.6　在 PC2 上手工添加 IP 地址

（2）在交换机 LSW1 上创建 VLAN10 和 VLAN20，把 G0/0/1 划分到 VLAN10，把 G0/0/2 划分到 VLAN20，把 G0/0/3 设置成 Trunk。

```
<Huawei>system-view
[Huawei]sysname LSW1
[LSW1]undo info-center enable
[LSW1]vlan batch 10 20
[LSW1]interface g0/0/1
[LSW1-GigabitEthernet0/0/1]port link-type access
[LSW1-GigabitEthernet0/0/1]port default vlan 10
[LSW1-GigabitEthernet0/0/1]quit
[LSW1]interface g0/0/2
[LSW1-GigabitEthernet0/0/2]port link-type access
[LSW1-GigabitEthernet0/0/2]port default vlan 20
[LSW1-GigabitEthernet0/0/2]quit
[LSW1]interface g0/0/3
[LSW1-GigabitEthernet0/0/3]port link-type trunk
[LSW1-GigabitEthernet0/0/3]port trunk allow-pass vlan 10 20
[LSW1-GigabitEthernet0/0/3]quit
```

（3）在路由器上配置 IP 地址，并配置单臂路由，使 PC1 和 PC2 可以相互访问。

```
<Huawei>system-view
[Huawei]undo info-center enable
[Huawei]sysname R1
[R1]interface g0/0/1
[R1-GigabitEthernet0/0/1]undo shutdown
[R1-GigabitEthernet0/0/1]quit
```

```
[R1]interface g0/0/1.10
[R1-GigabitEthernet0/0/1.10]dot1q termination vid 10
[R1-GigabitEthernet0/0/1.10]ip address 192.168.10.254 24
[R1-GigabitEthernet0/0/1.10]arp broadcast enable
[R1-GigabitEthernet0/0/1.10]quit
[R1]interface g0/0/1.20
[R1-GigabitEthernet0/0/1.20]dot1q termination vid 20
[R1-GigabitEthernet0/0/1.20]ip address 192.168.20.254 24
[R1-GigabitEthernet0/0/1.20]arp broadcast enable
[R1-GigabitEthernet0/0/1.20]quit
[R1]interface g0/0/0
[R1-GigabitEthernet0/0/0]ip address 10.1.1.254 24
[R1-GigabitEthernet0/0/0]undo shutdown
[R1-GigabitEthernet0/0/0]quit
```

（4）Server 的配置如图 12.7 所示。

（5）测试 PC1 是否可以访问 Server，结果如图 12.8 所示。

图 12.7　在 Server 上手工添加 IP 地址

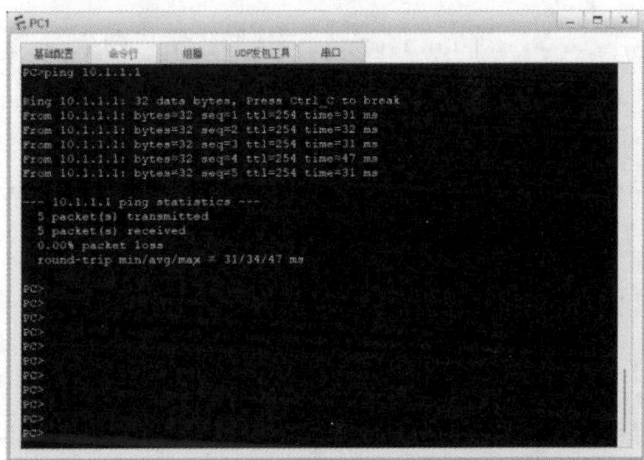

图 12.8　PC1 上显示的 ping 程序测试信息

通过图 12.8 所示的输出可以看到，PC1 能访问 Server。

（6）测试 PC2 是否可以访问 Server，结果如图 12.9 所示。

图 12.9　PC2 上显示的 ping 程序测试信息

通过图 12.9 所示的输出可以看到，PC2 也可以访问 Server。

（7）在 R1 上配置基本 ACL。

```
[R1]acl 2000     // 创建ACL编号为2000
//拒绝192.168.20.0网段
[R1-acl-basic-2000]rule 10 deny source 192.168.20.0 0.0.0.255
[R1-acl-basic-2000]quit
[R1]interface g0/0/1
//在G0/0/1接口的入方向配置流量过滤，若匹配到acl 2000流量，则执行相应的过滤动作
[R1-GigabitEthernet0/0/1]traffic-filter inbound acl 2000
[R1-GigabitEthernet0/0/1]quit
```

【技术要点】

基本 ACL 配置过程及参数详解。

创建基本 ACL：

```
[Huawei] acl [ number ] acl-number [ match-order config ]
```

- acl-number：指定访问控制列表的编号。
- match-order config：指定 ACL 规则的匹配顺序，config 表示配置顺序。

配置基本 ACL 规则：

```
[Huawei-acl-basic-2000] rule [ rule-id ] { deny | permit } [ source
{ source-address source-wildcard | any } | time-range time-name ]
```

- rule-id：指定 ACL 的规则 ID。
- deny：指定拒绝符合条件的报文。
- permit：指定允许符合条件的报文。
- source { source-address source-wildcard | any }：指定 ACL 规则匹配报文的源地址信息。如果不配置，表示报文的任何源地址都匹配。其中，source-address 指定报文的源地址，source-wildcard 指定源地址通配符。
- any：表示报文的任意源地址。相当于 source-address 为 0.0.0.0 或者 source-wildcard 为 255.255.255.255。
- time-range time-name：指定 ACL 规则生效的时间段。其中，time-name 表示 ACL 规则生效时间段名称。如果不指定时间段，则表示任何时间都生效。

traffic-filter 命令用于在接口上配置基于 ACL 对报文进行过滤。Inbound 为针对接口入方向进行流量过滤，outbound 为针对接口出方向流量进行过滤。在接口下执行本命令，设备将会过滤匹配 ACL 规则的报文。

- 若报文匹配的规则的动作为 deny，则直接丢掉该报文。
- 若报文匹配的规则的动作为 permit，则允许该报文通过。
- 若报文没有匹配任何一条规则，则允许该报文通过。

4. 实验调试

（1）测试 PC1 是否可以访问 Server，结果如图 12.10 所示。可以看到 PC1 可以访问 Server。

（2）测试 PC2 是否可以访问 Server，结果如图 12.11 所示。可以看到 PC2 不可以访问 Server。

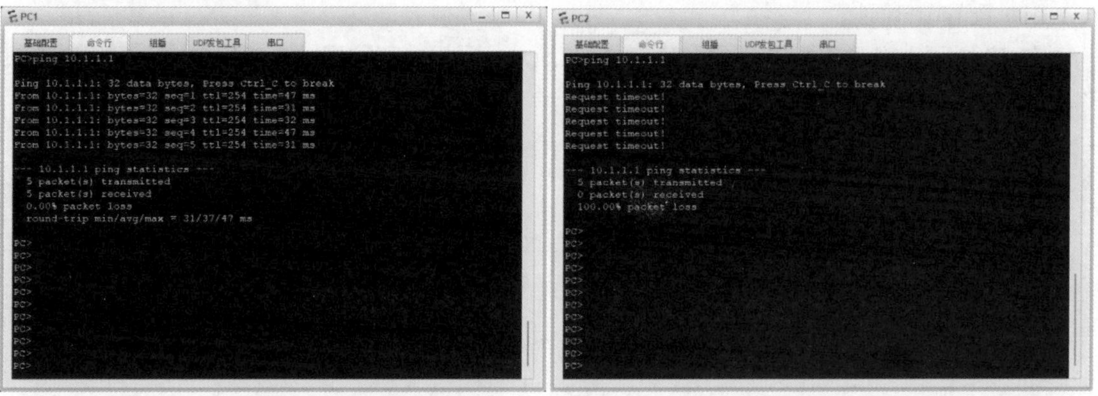

图 12.10　PC1 上显示的 ping 程序测试信息　　　图 12.11　PC2 上显示的 ping 程序测试信息

【技术要点】

ACL 总结：如果 ACL 配置在接口上，则默认规则为允许；如果 ACL 配置在其他地方，则默认规则为拒绝。

【思考】

如果只拒绝 PC2 访问 Server，基本的 ACL 应该怎样配置？

12.3.2　高级 ACL

1. 实验目的

（1）掌握高级 ACL 的配置方法。

（2）掌握高级 ACL 在接口下的应用方法。

（3）掌握高级 ACL 流量过滤的方式。

2. 实验拓扑

配置高级 ACL 的实验拓扑如图 12.12 所示。

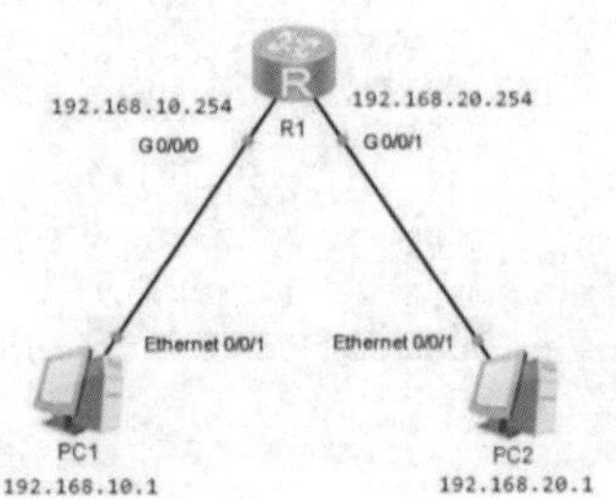

图 12.12　配置高级 ACL 的实验拓扑

3. 实验步骤

（1）配置 IP 地址。

在 IPv4 下选择静态配置，输入对应的 IP 地址、子网掩码和网关，然后单击“应用”按钮。PC1 的配置如图 12.13 所示。

PC2 的配置同 PC1，如图 12.14 所示。

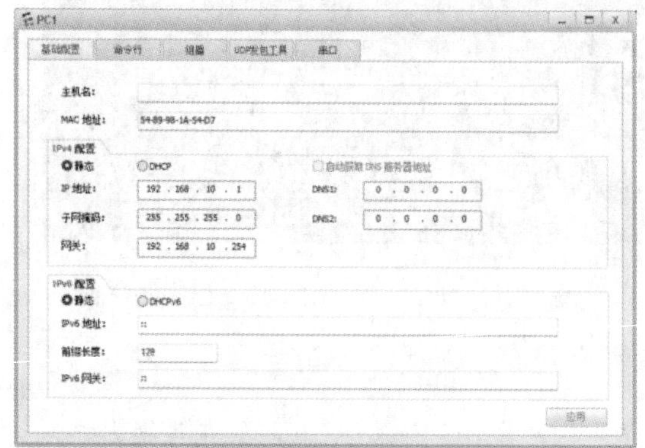

图 12.13　在 PC1 上手工添加 IP 地址

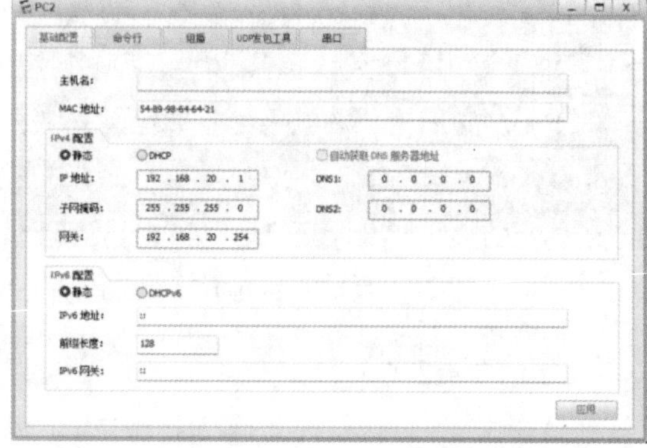

图 12.14　在 PC2 上手工添加 IP 地址

（2）配置路由器 R1 的 IP 地址。

```
<Huawei>system-view
[R1]undo info-center enable
[R1]interface g0/0/0
[R1-GigabitEthernet0/0/0]ip address 192.168.10.254 24
[R1-GigabitEthernet0/0/0]undo shutdown
[R1-GigabitEthernet0/0/0]quit
[R1]interface g0/0/1
[R1-GigabitEthernet0/0/1]ip address 192.168.20.254 24
[R1-GigabitEthernet0/0/1]undo shutdown
[R1-GigabitEthernet0/0/1]quit
```

（3）测试 PC1 访问 PC2，结果如图 12.15 所示。

```
PC>ping 192.168.20.1

Ping 192.168.20.1: 32 data bytes, Press Ctrl_C to break
From 192.168.20.1: bytes=32 seq=1 ttl=127 time=16 ms
From 192.168.20.1: bytes=32 seq=2 ttl=127 time<1 ms
From 192.168.20.1: bytes=32 seq=3 ttl=127 time<1 ms
From 192.168.20.1: bytes=32 seq=4 ttl=127 time=16 ms
From 192.168.20.1: bytes=32 seq=5 ttl=127 time=15 ms

--- 192.168.20.1 ping statistics ---
  5 packet(s) transmitted
  5 packet(s) received
  0.00% packet loss
  round-trip min/avg/max = 0/9/16 ms

PC>
PC>
PC>
PC>
PC>
PC>
PC>
PC>
PC>
PC>
```

图 12.15　PC1 上显示的 ping 程序测试信息

通过以上输出可以看到，PC1 可以访问 PC2。

（4）配置高级 ACL。

```
[R1]acl 3000                    //创建 ACL 编号为 3000
[R1-acl-adv-3000]rule 10 deny ip source 192.168.10.0 0.0.0.255 destination
192.168.20.0 0.0.0.255          //拒绝 192.168.10.0 网段去访问 192.168.20.0 网段
[R1-acl-adv-3000]quit
[R1]interface g0/0/0
[R1-GigabitEthernet0/0/0]traffic-filter inbound acl 3000
[R1-GigabitEthernet0/0/0]quit
```

【思考】

高级 ACL 配置过程及参数详解。

创建高级 ACL：

```
[Huawei] acl [ number ] acl-number [ match-order config ]
```

- acl-number：指定访问控制列表的编号。
- match-order config：指定 ACL 规则的匹配顺序，config 表示配置顺序。

配置高级 ACL 规则，当参数 protocol 为 ip 时：

```
rule [ rule-id ] { deny | permit } ip [ destination { destination-
address destination-wildcard | any } | source { source-address source-
wildcard | any } | time-range time-name | [ dscp dscp | [ tos tos |
precedence precedence ] ] ]
```

- ip：指定 ACL 规则匹配报文的协议类型为 IP。
- destination { destination-address destination-wildcard | any }：指定 ACL 规则匹配报文的目的地址信息。如果不配置，则表示报文的任何目的地址都匹配。
- dscp dscp：指定 ACL 规则匹配报文时，区分服务代码点（Differentiated Services Code Point），取值范围为 0~63。
- tos tos：指定 ACL 规则匹配报文时，依据服务类型字段进行过滤，取值范围为 0~15。
- precedence precedence：指定 ACL 规则匹配报文时，依据优先级字段进行过滤。precedence 表示优先级字段值，取值范围为 0~7。

当参数 protocol 为 tcp 时：

```
rule [ rule-id ] { deny | permit } { protocol-number | tcp } [ destination
{ destination-address destination-wildcard | any } | destination-port
{ eq port | gt port | lt port | range port-start port-end } | source
{ source-address source-wildcard | any } | source-port { eq port | gt
port | lt port | range port-start port-end } | tcp-flag { ack | fin |
syn } * | time-range time-name ] *
```

- protocol-number | tcp：指定 ACL 规则匹配报文的协议类型为 TCP。可以使用数字 6 表示指定 TCP 协议。
- destination-port { eq port | gt port | lt port | range port-start port-end}：指定 ACL 规则匹配报文的 UDP/TCP 报文的目的端口，仅在报文协议是 TCP/UDP 时有效。如果不

指定，则表示 TCP/UDP 报文的任何目的端口都匹配。其中，eq port 指定等于目的端口，gt port 指定大于目的端口，lt port 指定小于目的端口。

- range port-start port-end：指定源端口的范围。
- tcp-flag：指定 ACL 规则匹配报文的 TCP 报文头中的 SYN Flag。

4. 实验调试

（1）测试 PC1 是否可以访问 PC2，结果如图 12.16 所示。

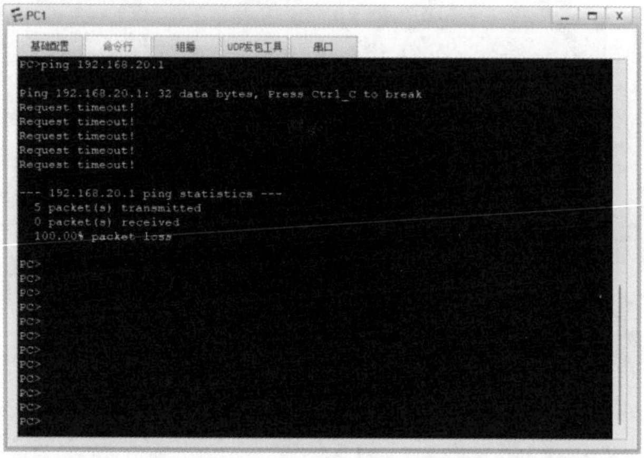

```
PC>ping 192.168.20.1

Ping 192.168.20.1: 32 data bytes, Press Ctrl_C to break
Request timeout!
Request timeout!
Request timeout!
Request timeout!
Request timeout!

--- 192.168.20.1 ping statistics ---
  5 packet(s) transmitted
  0 packet(s) received
  100.00% packet loss

PC>
PC>
PC>
PC>
PC>
PC>
PC>
PC>
PC>
PC>
PC>
PC>
```

图 12.16 PC1 上显示的 ping 程序测试信息

通过以上输出可以看到，PC1 不能访问 PC2。

（2）为了减少带宽浪费，在 R1 上做如下配置。

```
[R1]acl 3001
[R1-acl-adv-3001]rule 10 deny ip source 192.168.20.0 0.0.0.255 destination
    192.168.10.0 0.0.0.255
[R1-acl-adv-3001]quit
[R1]interface g0/0/1
[R1-GigabitEthernet0/0/1]traffic-filter inbound acl 3001
[R1-GigabitEthernet0/0/1]quit
```

PC2 访问 PC1 的流量到达 PC1，PC1 的回应包到达 R1 的 G0/0/0 接口后被丢弃，这样会浪费带宽，所以要加上 ACL 3001，这样 PC2 访问 PC1 的流量在 R1 的 G0/0/1 接口就丢弃了。

12.3.3 基于时间的 ACL

1. 实验目的

（1）掌握基于时间的 ACL 的配置方法。

（2）掌握基于时间的 ACL 在接口下的应用方法。

（3）掌握流量过滤的基本方式。

2. 实验拓扑

配置基于时间的 ACL 的实验拓扑如图 12.17 所示。

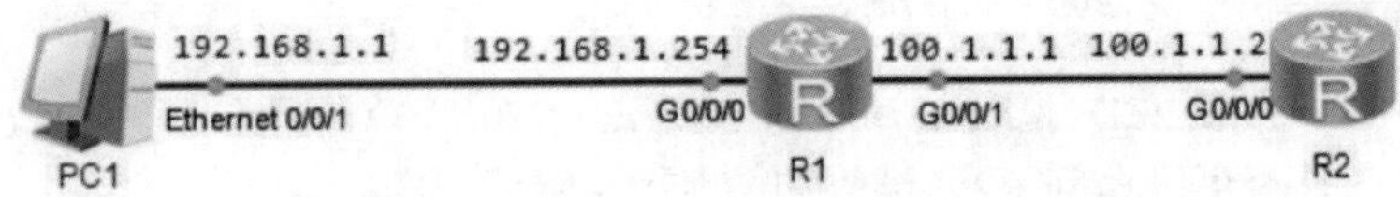

图 12.17　配置基于时间的 ACL 的实验拓扑

3. 实验步骤

（1）配置 PC 机的 IP 地址。

PC1 的配置如图 12.18 所示。在 IPv4 下选择静态配置，输入对应的 IP 地址以及子网掩码，然后单击“应用”按钮。

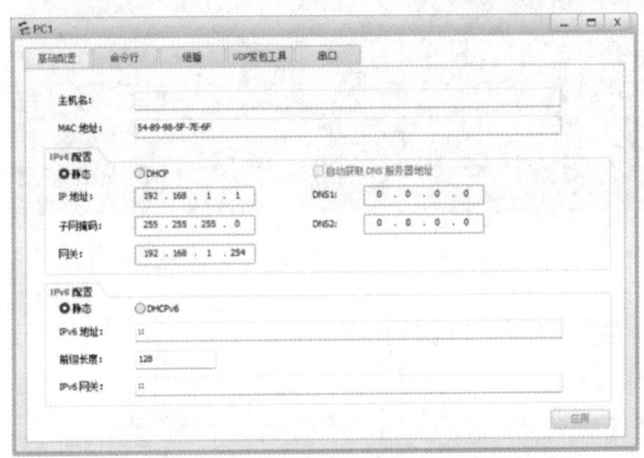

图 12.18　在 PC1 上手工添加 IP 地址

（2）配置路由器的 IP 地址。

R1 的配置：

```
<Huawei>system-view
[Huawei]undo info-center enable
[Huawei]sysname R1
[R1]interface g0/0/0
[R1-GigabitEthernet0/0/0]ip address 192.168.1.254 24
[R1-GigabitEthernet0/0/0]undo shutdown
[R1-GigabitEthernet0/0/0]quit
[R1]interface g0/0/1
[R1-GigabitEthernet0/0/1]ip address 100.1.1.1 24
[R1-GigabitEthernet0/0/1]undo shutdown
[R1-GigabitEthernet0/0/1]quit
```

R2 的配置：

```
<Huawei>system-view
[Huawei]undo info-center enable
```

```
[Huawei]sysname R2
[R2]interface g0/0/0
[R2-GigabitEthernet0/0/0]ip address 100.1.1.2 24
[R2-GigabitEthernet0/0/0]undo shutdown
[R2-GigabitEthernet0/0/0]quit
[R2]ip route-static 192.168.1.0 24 100.1.1.1   //配置去往 PC1 所在网段的静态路由
```

（3）测试 PC1 是否可以访问 R2，结果如图 12.19 所示。

图 12.19　PC1 上显示的 ping 程序测试信息

通过以上输出可以看到，PC1 可以访问 R2。

（4）配置基于时间的 ACL。

```
//配置时间段名称为 hw，设定时间为工作日的早上八点到下午五点
[R1]time-range hw 8:00 to 17:00  working-day
[R1]acl 3000
//在 acl 3000 中调用名称为 hw 的时间段，该规则表示的意义为匹配源 IP 地址为 192.168.1.0/24、
//目的 IP 地址为 100.1.1.0/24 在每个工作日早上八点到下午五点的流量，执行动作为允许
[R1-acl-adv-3000]rule 10 permit ip source 192.168.1.0 0.0.0.255
   destination 100.1.1.0 0.0.0.255 time-range hw
[R1-acl-adv-3000]rule 20 deny ip   //华为的 ACL 默认为允许所有，所以要设置这一条
[R1]interface g0/0/0
[R1-GigabitEthernet0/0/0]traffic-filter inbound acl 3000   //在接口下调用
[R1-GigabitEthernet0/0/0]quit
```

4. 实验调试

（1）查看路由器时间。

```
[R1]display clock
2022-04-09 12:38:29
Saturday
Time Zone(China-Standard-Time) : UTC-08:00
```

通过以上输出可以看到，设备显示为 Saturday（星期六）。

（2）测试 PC1 是否可以访问 R2，结果如图 12.20 所示。可以看到 PC1 不能访问 R2，因为

星期六不在 time-range hw 范围内。

（3）修改 R1 的时间。

```
<R1>clock datetime 12:00:00 2022-04-08
```

（4）测试 PC1 是否可以访问 R2，结果如图 12.21 所示。可以看到 PC1 可以访问 PC2，因为 2022 年 4 月 8 日 12:00 在 time-range 范围内。

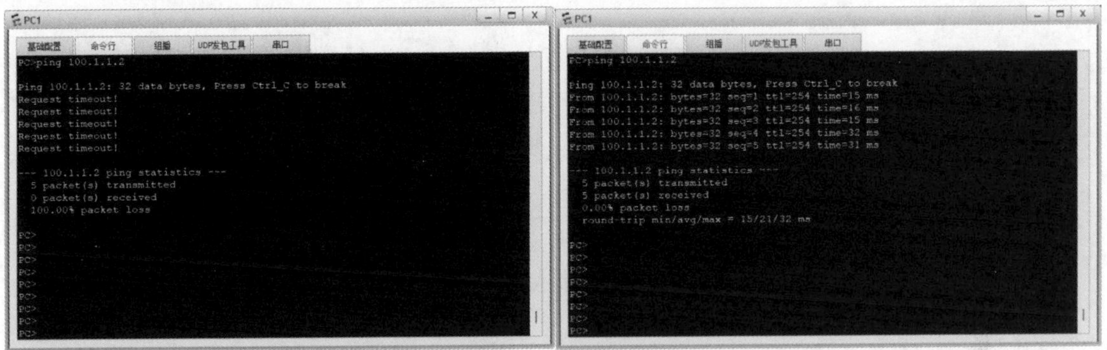

图 12.20　PC1 上显示的 ping 程序测试信息 1　　图 12.21　PC1 上显示的 ping 程序测试信息 2

12.3.4　自反 ACL

1. 实验目的

（1）掌握自反 ACL 的配置方法。

（2）掌握自反 ACL 在接口下的应用方法。

（3）掌握流量过滤的基本方式。

2. 实验拓扑

配置自反 ACL 的实验拓扑如图 12.22 所示。

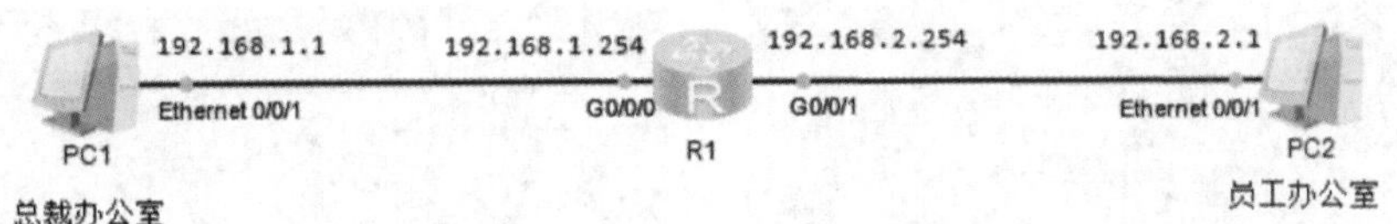

图 12.22　配置自反 ACL 的实验拓扑

3. 实验步骤

（1）配置 PC 机的 IP 地址。

PC1 的配置如图 12.23 所示。在 IPv4 下选择静态配置，输入对应的 IP 地址、子网掩码和网关，然后单击“应用”按钮。PC2 的配置同 PC1，如图 12.24 所示。

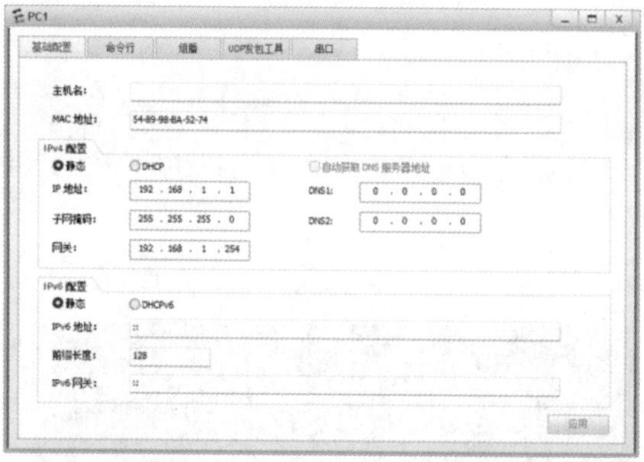

图 12.23　在 PC1 上手工添加 IP 地址

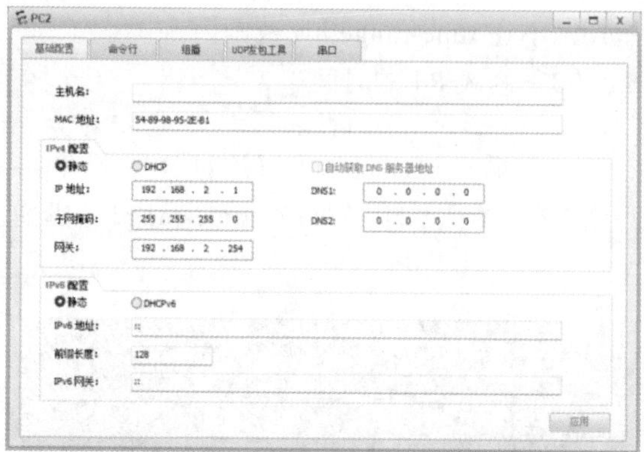

图 12.24　在 PC2 上手工添加 IP 地址

（2）配置路由器 R1 的 IP 地址。

```
<Huawei>system-view
[Huawei]undo info-center enable
[Huawei]sysname R1
[R1]interface g0/0/0
[R1-GigabitEthernet0/0/0]ip address 192.168.1.254 24
[R1-GigabitEthernet0/0/0]undo shutdown
[R1-GigabitEthernet0/0/0]quit
[R1]interface g0/0/1
[R1-GigabitEthernet0/0/1]ip address 192.168.2.254 24
[R1-GigabitEthernet0/0/1]undo shutdown
[R1-GigabitEthernet0/0/1]quit
```

（3）测试 PC1 和 PC2 的连通性。

PC1 访问 PC2，结果如图 12.25 所示，可以看到 PC1 可以访问 PC2。PC2 访问 PC1，结果如图 12.26 所示，可以看到 PC2 可以访问 PC1。

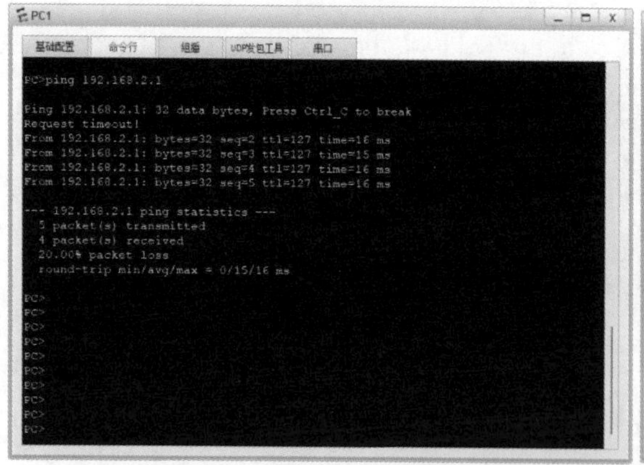

图 12.25　PC1 上显示的 ping 程序测试信息

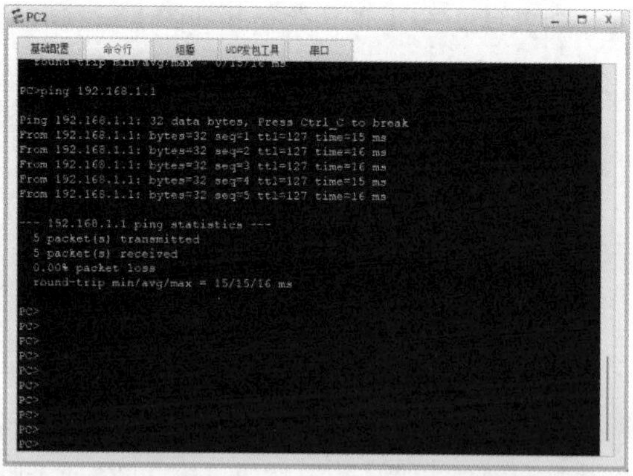

图 12.26　PC2 上显示的 ping 程序测试信息

（4）使用自反 ACL 实现单向访问控制。

```
 [R1]acl 3000
//允许员工办公室到总裁办公室的 syn+ack 报文通过，即允许对总裁办公室发起的 TCP 连接进行回应
[R1-acl-adv-3000]rule 10 permit tcp source 192.168.2.0 0.0.0.255
destination 192.168.1.0 0.0.0.255 tcp-flag syn ack
//拒绝员工办公室到总裁办公室的 syn 请求报文通过，防止员工办公室主动发起 TCP 连接
[R1-acl-adv-3000]rule 20 deny tcp source 192.168.2.0 0.0.0.255
destination 192.168.1.0 0.0.0.255 tcp-flag syn
//拒绝员工办公室到总裁办公室的 echo 请求报文通过，防止员工办公室主动发起 ping 连通性测试
[R1-acl-adv-3000]rule 30 deny icmp source 192.168.2.0 0.0.0.255
destination 192.168.1.0 0.0.0.255 icmp-type echo
[R1]interface g0/0/1
[R1-GigabitEthernet0/0/1]traffic-filter inbound acl 3000
[R1-GigabitEthernet0/0/1]quit
```

4. 实验调试

（1）测试 PC1 是否可以访问 PC2，结果如图 12.27 所示，可以看到 PC1 可以访问 PC2。

（2）测试 PC2 是否可以访问 PC1，结果如图 12.28 所示，可以看到 PC2 不能主动访问 PC1，达到实验目的，实验结束。

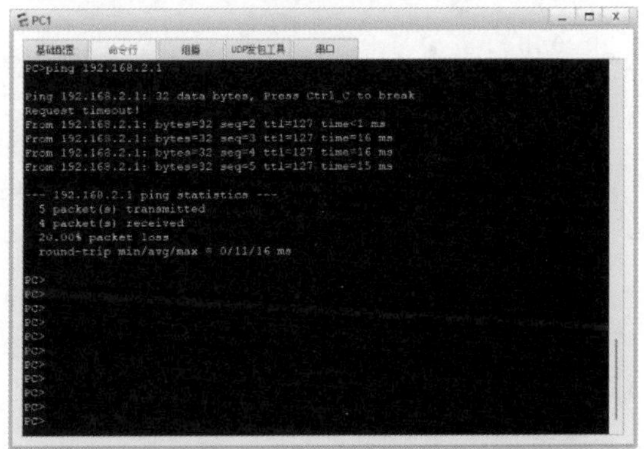

图 12.27　PC1 上显示的 ping 程序测试信息

图 12.28　PC2 上显示的 ping 程序测试信息

12.4　练 习 题

1. 如果 ACL 规则中最大的编号为 12，默认情况下，用户配置新规则时未指定编号，则系统为新规则分配的编号为（　　）。

A．13　　B．15　　C．14　　D．16

2. 二层 ACL 的编号范围是（　　）。

A．2000 ~ 2999　　B．3000 ~ 3999　　C．4000 ~ 4999　　D．6000 ~ 6031

3. 基本 ACL 的编号范围是（　　）。

A．6000 ~ 60315　　B．2000 ~ 2999　　C．4000 ~ 4999　　D．3000 ~ 3999

4. 在华为设备上部署 ACL 时，以下描述正确的是（　　）。

A. ACL 定义规则时，只能按照 10、20、30 这样的顺序递进

B. 在接口中调用 ACL 时只能应用于出方向

C. ACL 可以匹配报文的 TCP/UDP 的端口号且可以指定端口号的范围

D. ACL 不能过滤 OSPF 流量，因为 OSPF 流量不使用 UDP 协议封装

E. 同一个 ACL 可以调用在多个接口中

5. 在路由器 RTA 上进行如下所示的 ACL 匹配路由条目，则以下哪些条目会被匹配上？(　　)

```
[RTA] acl 2002
[RTA-acl-basic-2002]rule deny source 172.16.1.1 0.0.0.0
[RTA-acl-basic-2002]rule deny source 172.16.0.0 0.255.0.0
```

A. 172.16.1.1/32　B. 192.17.0.0/24　C. 172.16.1.0/24　D. 172.18.0.0/26

第 13 章 AAA

AAA 是 Authentication（认证）、Authorization（授权）和 Accounting（计费）的简称，是网络安全的一种管理机制，提供了认证、授权、计费三种安全功能。用户可以使用 AAA 提供的一种或多种安全服务。例如，公司只想让员工在访问某些特定资源时进行身份认证，那么网络管理员只要配置认证服务器即可；若希望对员工使用网络的情况进行记录，那么还需要配置计费服务器。

学完本章内容以后，我们应该能够：

- 掌握 AAA 认证的基本原理
- 掌握 AAA 认证的基本配置
- 熟悉 AAA 认证的工作过程

13.1　AAA 简介

访问控制用于控制哪些用户可以访问网络以及可以访问的网络资源。AAA 提供了在网络接入服务器 NAS（Network Access Server）设备上配置访问控制的管理框架。

1. AAA 的定义

AAA 作为网络安全的一种管理机制，以模块化的方式提供以下服务。

- 认证：确认访问网络用户的身份，判断访问者是否为合法的网络用户。
- 授权：为不同用户赋予不同的权限，限制用户可以使用的服务。
- 计费：记录用户使用网络服务过程中的所有操作，包括使用的服务类型、起始时间、数据流量等，用于收集和记录用户对网络资源的使用情况，并可以实现针对时间、流量的计费需求，也对网络起到监视作用。

2. AAA 的基本架构

AAA 采用客户端/服务器架构，AAA 客户端运行在接入设备上，通常被称为 NAS 设备，负责验证用户身份与管理用户接入；AAA 服务器是认证服务器、授权服务器和计费服务器的统称，负责集中管理用户信息。AAA 的基本架构如图 13.1 所示。

图 13.1 所示的 AAA 服务器，用户可以根据实际组网需求来决定认证、授权、计费功能分别由使用哪种协议类型的服务器来承担。

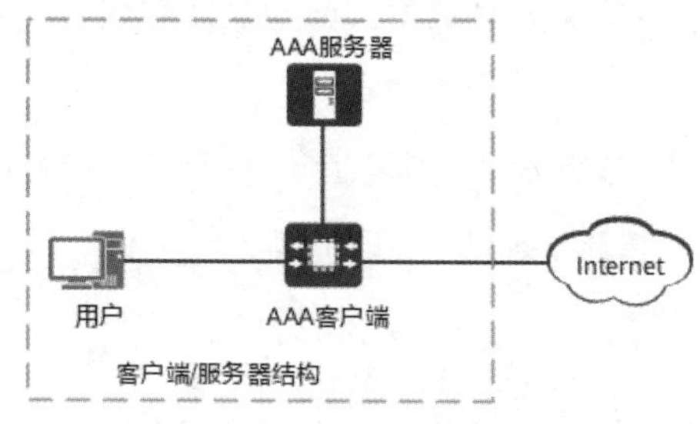

图 13.1　AAA 的基本架构

13.2　AAA 的原理

在 AAA 的具体实现过程中，通过 AAA 方案来定义一套 AAA 配置策略。AAA 方案是在设备上制定的一套认证、授权、计费方法，可根据用户的接入特征以及不同的安全需求组合使用。

13.2.1　认证方案

认证方案用于定义用户认证时使用的认证方法以及每种认证方法生效的顺序。

1. 设备支持的认证方法

设备支持的认证方法有以下几种。

- RADIUS 认证：将用户信息配置在 RADIUS 服务器上，通过 RADIUS 服务器对用户进行认证。

- HWTACACS 认证：将用户信息配置在 HWTACACS 服务器上，通过 HWTACACS 服务器对用户进行认证。
- 本地认证：设备作为认证服务器，将用户信息配置在设备上。本地认证的优点是速度快，可以为运营降低成本，其缺点是存储信息量受设备硬件条件的限制。
- 不认证：对用户非常信任，不对其进行合法性检查，一般情况下不建议采用这种方式。

如果使用不认证，当用户上线时，用户输入任意的用户名和密码后都会认证成功。因此，为保护设备或网络安全，建议开启认证，用户经过认证后才可以访问设备或网络。

2. 认证方法的生效顺序

认证方案中可以指定一种或者多种认证方法。指定多种认证方法时，后配置的认证方法作为备份认证方法。多种配置方法的生效顺序如下。

按照配置顺序，NAS 设备首先选择第一种认证方法，当前面的认证方法无响应时，后面的认证方法才会被启用；直到某种认证方法有响应或者所有的认证方法遍历完成后均无响应（均无响应时用户认证失败）时，用户身份认证过程将被停止。

13.2.2 授权方案

授权方案用于定义用户授权时使用的授权方法以及每种授权方法生效的顺序。

1. 设备支持的授权方法

设备支持的授权方法有以下几种。

- RADIUS 授权：由 RADIUS 服务器对用户进行授权。RADIUS 认证与授权相结合，不能分离，认证成功授权也成功。采用 RADIUS 认证时，无须配置授权方案。
- HWTACACS 授权：由 HWTACACS 服务器对用户进行授权。
- 本地授权：设备作为授权服务器，根据设备上配置的用户信息进行授权。
- 不授权：不对用户进行授权。
- if-authenticated 授权：用户认证通过，则授权通过，否则授权不通过。适用于用户必须认证且认证过程与授权过程可分离的场景。

2. 授权方法的生效顺序

授权方案中可以指定一种或者多种授权方法。指定多种授权方法时，配置顺序决定了每种授权方法生效的顺序，先配置的授权方法优先生效；后配置的授权方法作为备份授权方法，在先配置的授权方法无响应时启用。如果先配置的授权方法回应授权失败，表示 AAA 服务器拒绝为用户提供服务。此时，授权结束，后配置的授权方法也不会被启用。

13.2.3 计费方案

计费方案用于定义用户计费时使用的计费方法。设备支持的计费方法有以下几种。

- RADIUS 计费：由 RADIUS 服务器对用户进行计费。
- HWTACACS 计费：由 HWTACACS 服务器对用户进行计费。
- 不计费：不对用户计费。

计费方案中只能指定一种计费方法。

13.3 本地 AAA 的配置

1. 实验目的

（1）掌握本地 AAA 认证授权方案的配置方法。

（2）掌握创建域的方法。

（3）掌握本地用户的创建方法。

（4）理解基于域的用户管理的原理。

2. 实验拓扑

配置本地 AAA 的实验拓扑如图 13.2 所示。

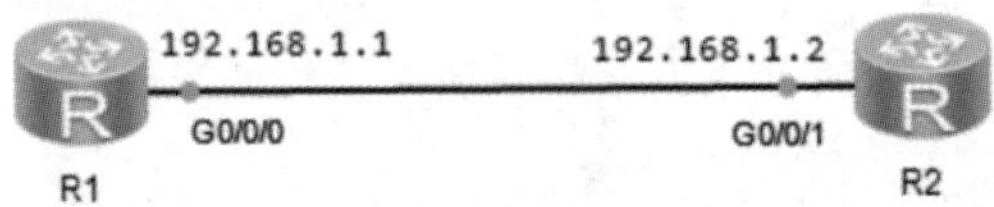

图 13.2　配置本地 AAA 的实验拓扑

3. 实验步骤

（1）配置 IP 地址。

R1 的配置：

```
<Huawei>system-view
[Huawei]undo info-center enable
[Huawei]sysname R1
[R1]interface g0/0/0
[R1-GigabitEthernet0/0/0]ip address 192.168.1.1 24
[R1-GigabitEthernet0/0/0]undo shutdown
[R1-GigabitEthernet0/0/0]quit
```

R2 的配置：

```
<Huawei>system-view
Enter system view, return user view with Ctrl+Z.
[Huawei]undo
[Huawei]undo info-center enable
[Huawei]sysname R2
[R2]interface g0/0/1
[R2-GigabitEthernet0/0/1]ip address 192.168.1.2 24
[R2-GigabitEthernet0/0/1]undo shutdown
```

```
[R2-GigabitEthernet0/0/1]quit
```

（2）配置认证授权方案。

```
[R2]aaa                                              //进入 AAA 视图
[R2-aaa]authentication-scheme hcia1                  //创建认证方案为 hcia1
[R2-aaa-authen-hcia1]authentication-mode local       //认证模式为本地认证
[R2-aaa-authen-hcia1]quit
[R2-aaa]authorization-scheme hcia2                   //创建授权方案为 hcia2
[R2-aaa-author-hcia2]authorization-mode local        //授权模式为本地
[R2-aaa-author-hcia2]quit
```

（3）创建域并在域中应用 AAA 方案。

```
[R2]aaa
[R2-aaa]domain hcia                    //创建域，名称为 hcia
//指定对该域内的用户采用名为 hcia1 的认证方案
[R2-aaa-domain-hcia]authentication-scheme hcia1
//指定对该域内的用户采用名为 hcia2 的授权方案
[R2-aaa-domain-hcia]authorization-scheme hcia2
```

（4）配置本地用户名和密码。

```
[R2]aaa
//创建一个用户，名为 ly，属于域 hcia，密码为 1234
[R2-aaa]local-user ly@hcia password cipher 1234
[R2-aaa]local-user ly@hcia service-type telnet  //用户的服务类型为 Telnet
[R2-aaa]local-user ly@hcia privilege level 3    //用户权限为 3
```

（5）开启 Telnet 功能。

```
[R2]user-interface vty 0 4
[R2-ui-vty0-4]authentication-mode aaa                //认证模式为 AAA
[R2-ui-vty0-4]quit
```

4. 实验调试

（1）测试在 R1 上是否可以 Telnet R2。

```
<R1>telnet 192.168.1.2
Trying 192.168.1.2 ...
Press CTRL+K to abort
Connected to 192.168.1.2 ...
Login authentication
Username:ly@hcia //输入用户名
Password:1234   //输入密码，在设备上面输入并不会显示密码，输入完成后只需按 Enter 键即可
Info: The max number of VTY users is 10, and the number
      of current VTY users on line is 1.
      The current login time is 2022-04-10 17:34:54.
<R2>system-view
Enter system view, return user view with Ctrl+Z.
```

通过以上输出可以看到，R1 可以 Telnet 到 R2 上，但要输入用户名和密码，因为开启了 AAA。

（2）在 R2 上查看登录的用户。

```
[R2]display users
```

```
   User-Intf  Delay    Type  Network Address  AuthenStatus AuthorcmdFlag
 + 0   CON 0  00:00:00                         no           Username:Unspecified
   34  VTY 0  00:01:43 TEL   192.168.1.1       pass  no     Username:ly@hcia
```

以上输出字段解析如下。

- +：表示当前用户所在的用户视图。
- User-Intf：第一列数字表示用户界面的绝对编号，第二列数字表示用户界面的相对编号。例如，以上输出中，用户 ly@hcia 就处于 VTY 接口的 0 号。
- Type：表示连接类型，分别有 Console、Telnet、SSH、Web 四种。
- Network Address：表示用户登录的 IP 地址。
- Username：显示使用该用户界面的用户名，即该登录用户的用户名，未指定用户名时此项显示为 Unspecified。
- AuthenStatus：表示标识是否验证通过。
- AuthorcmdFlag：为命令行授权标志。

13.4 练 习 题

1. AAA 不包含（　　）。

A．Audit（审计）　　B．Authentication（认证）

C．Authorization（授权）　　D．Accounting（计费）

2. RADIUS 是实现 AAA 的常见协议。（　　）

A．对　　B．错

3. 在华为设备上，如果使用 AAA 认证进行授权，当远程服务器无响应时，可以从网络设备端进行授权。

A．对　　B．错

4. 在华为 AR G3 系列路由器上，AAA 支持（　　）模式。

A．本地授权　　B．RADIUS 认证成功后授权

C．HWTACACS 授权　　D．不授权

5. 使用 Telnet 方式登录路由器时，可以选择（　　）方式。

A．密码认证　　B．AAA 本地认证

C．不认证　　D．MD5 密文认证

第 14 章

NAT

NAT（Network Address Translation，网络地址转换）是一种地址转换技术，可以将 IP 数据报文头中的 IP 地址转换为另一个 IP 地址，并通过转换端口号达到地址复用的目的。NAT 作为一种缓解 IPv4 公有地址枯竭的过渡性技术，由于其实现简单，得到了广泛应用。

学完本章内容以后，我们应该能够：

- 理解 NAT 的工作原理
- 掌握 NAT 的分类
- 熟悉 NAT 的配置

14.1　NAT 产生背景

随着网络应用的增多，IPv4 地址枯竭的问题越来越严重。尽管 IPv6 可以从根本上解决 IPv4 地址空间不足的问题，但目前众多网络设备和网络应用都是基于 IPv4 的，因此在 IPv6 广泛应用之前，使用一些过渡性技术（如 CIDR、私有 IP 地址等）是解决这个问题的主要方法，NAT 就是众多过渡性技术中的一种。

讲解 NAT 之前，首先要了解私有 IP 地址这个概念。私有 IP 地址指的是组织和个人可以任意使用，但无法在互联网上直接通信，只能在内网使用的 IP 地址，它也分为 A、B、C 类。私有 IP 地址的分类见表 14.1。

表 14.1　私有 IP 地址的分类

分　类	范　围
A 类	10.0.0.0 ~ 10.255.255.255
B 类	172.16.0.0 ~ 172.31.255.255
C 类	192.168.0.0 ~ 192.168.255.255

当私网用户访问公网的报文到达网关设备后，如果网关设备上部署了 NAT 功能，设备会将接收到的 IP 数据报文头中的 IP 地址转换为另一个 IP 地址，端口号转换为另一个端口号之后转发给公网。在这个过程中，设备可以用同一个公有地址来转换多个私网用户发过来的报文，并通过端口号来区分不同的私网用户，从而达到地址复用的目的。

14.2　NAT 的原理和分类

1. 静态 NAT

每个私有地址都有一个与之对应并且固定的公有地址，即私有地址和公有地址之间是一对一映射的关系。

如图 14.1 所示，192.168.1.1 访问公网使用公有 IP 地址 122.1.2.1，192.168.1.2 访问公网使用公有 IP 地址 122.1.2.2，192.168.1.3 访问公网使用公有 IP 地址 122.1.2.3，它们是一对一的对应关系。

私有地址访问公网经过出口设备 NAT 转换时，会被转换成对应的公有地址。同时，外部网络访问内部网络时，其报文中携带的公有地址（目的地址）也会被 NAT 设备转换成对应的私有地址。

2. 动态 NAT

静态 NAT 严格地按照一对一关系进行地址映射，导致即使内网主机长时间离线或者不发送数据时，与之对应的公有地址也处于使用状态。为了避免地址浪费，动态 NAT 提出了地址池的概念：所有可用的公有地址组成地址池。当内部主机访问外部网络时临时分配一个地址池中未使用的地址，并将该地址标记为 In Use；当该主机不再访问外部网络时回收分配的地址，重新标记为 Not Use。

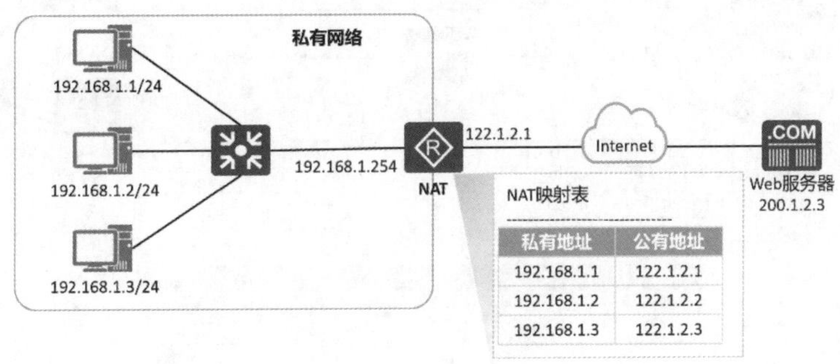

图 14.1　静态 NAT

如图 14.2 所示，在地址池中有三个公有 IP 地址，如果 192.168.1.1 访问公网使用的是地址池中的 122.1.2.1，那么它在地址池中显示的是 In Use；当 192.168.1.1 不再访问公网时，它会把地址释放到地址池中，给其他用户使用。

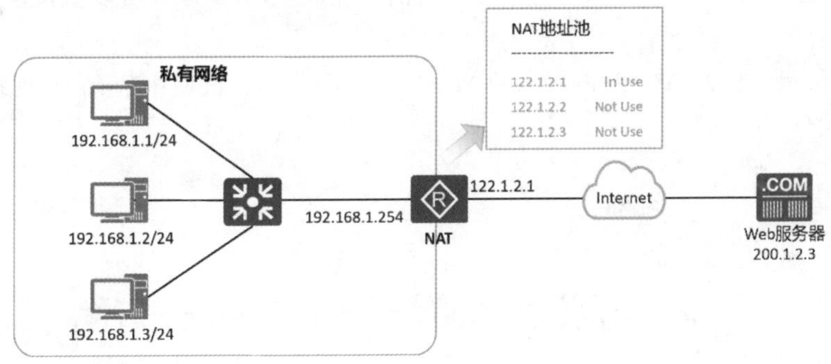

图 14.2　动态 NAT

3. NAPT

NAPT（Network Address and Port Translation，网络地址和端口转换）从地址池中选择地址进行地址转换时不仅转换 IP 地址，同时也会对端口号进行转换，从而实现公有地址与私有地址的 1：n 映射，有效地提高了公有地址的利用率。

如图 14.3 所示，当 Host 访问 Web Server 时，设备的处理过程如下。

（1）设备接收到 Host 发送的报文后查找 NAT 策略，发现需要对报文进行地址转换。

（2）设备根据源 IP Hash 算法从 NAT 地址池中选择一个公有 IP 地址，替换报文的源 IP 地址，同时使用新的端口号替换报文的源端口号，并建立会话表，然后将报文发送至 Internet。

（3）设备接收到 Web Server 响应 Host 的报文后，通过查找会话表匹配到步骤（2）中建立的表项，将报文的目的地址替换为 Host 的 IP 地址，并将报文的目的端口号替换为原始的端口号，然后将报文发送至 Intranet。

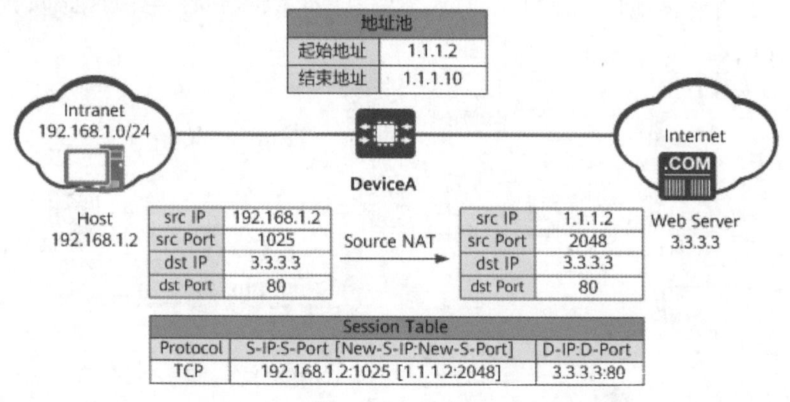

图 14.3 NAPT

4. Easy-IP

Easy-IP 的实现原理和 NAPT 相同，同时转换 IP 地址、传输层端口，其区别在于 Easy-IP 没有地址池的概念，使用接口地址作为 NAT 转换的公有地址。Easy-IP 适用于不具备固定公有 IP 地址的场景，如通过 DHCP、PPPoE 拨号获取地址的私有网络出口，可以直接使用获取到的动态地址进行转换。

如图 14.4 所示，192.168.1.0 网段所有的 PC 机访问公网，都使用公有 IP 地址 122.1.2.1，通过端口号来区分。

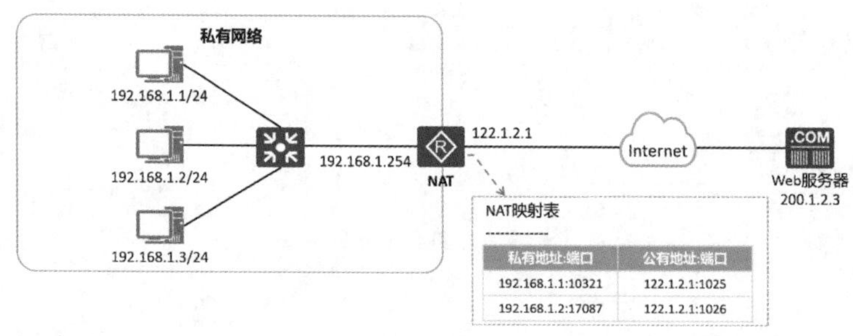

图 14.4 Easy-IP

5. NAT Server

使用 NAT Server 时，需要先在设备上配置公有地址和私有地址的固定映射关系。配置完成后，设备将会生成 Server-Map 表项，存放公有地址和私有地址的映射关系。该表项将会一直存在，除非 NAT Server 的配置被删除。

如图 14.5 所示，内部 Server 的私有 IPv4 地址为 192.168.1.2/24，对外的公有 IPv4 地址为 1.1.1.10，端口号都为 80，它们之间的映射关系在设备上已经提前配置好了。当 Host 访问

Server 时，设备的处理过程如下。

（1）设备接收到 Internet 上用户访问 1.1.1.10 的报文的首包后，查找并匹配到 Server-Map 表项，将报文的目的 IP 地址转换为 192.168.1.2。

（2）设备建立会话表，然后将报文发送至 Intranet。

（3）设备接收到 Server 响应 Host 的报文后，通过查找会话表匹配到步骤（2）中建立的表项，将报文的源地址替换为 1.1.1.10，然后将报文发送至 Internet。

（4）后续 Host 继续发送给 Server 的报文，设备都会直接根据会话表项的记录对其进行转换，而不会再去查找 Server-Map 表项。

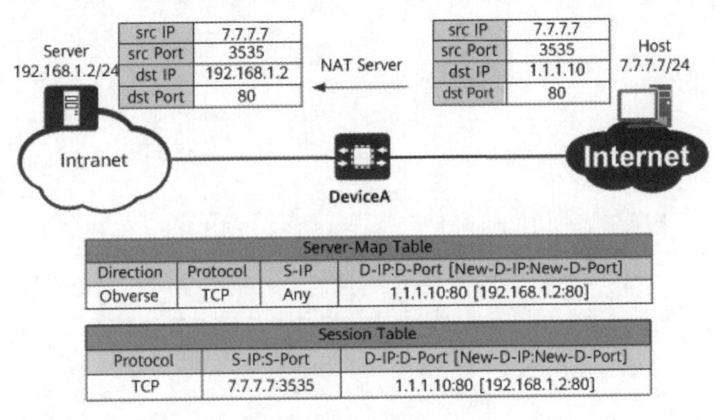

图 14.5　NAT Server

14.3　NAT 的配置

14.3.1　静态 NAT

1. 实验目的

（1）掌握静态 NAT 的特征。

（2）掌握静态 NAT 的基本配置和调试。

2. 实验拓扑

配置静态 NAT 的实验拓扑如图 14.6 所示。

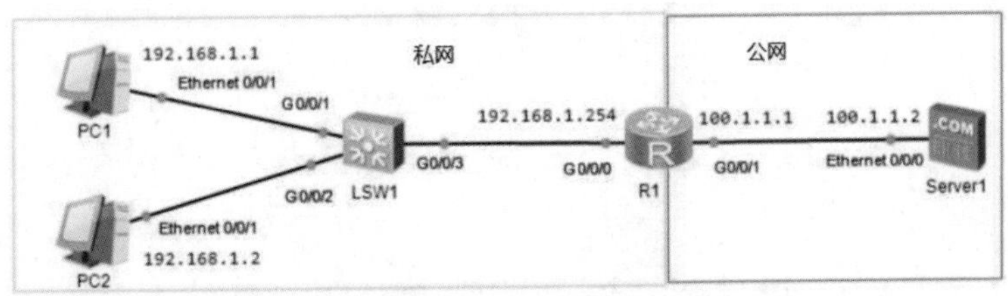

图 14.6　配置静态 NAT 的实验拓扑

3. 实验步骤

（1）配置 IP 地址。

PC1 的配置如图 14.7 所示，PC2 的配置如图 14.8 所示。

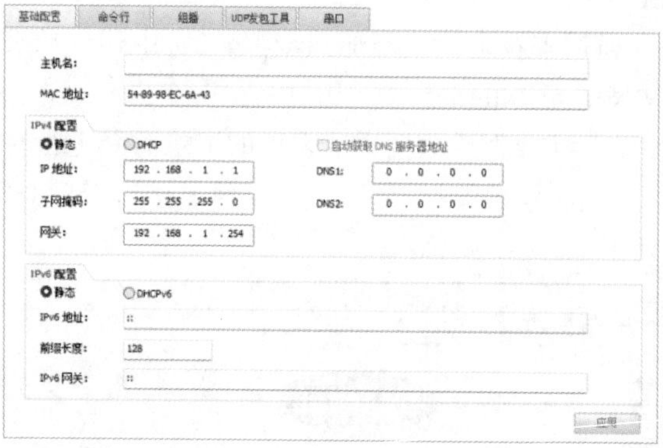

图 14.7　在 PC1 上手工添加 IP 地址

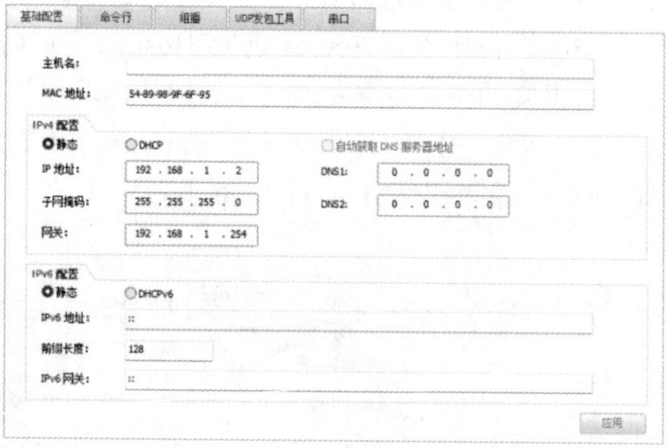

图 14.8　在 PC2 上手工添加 IP 地址

R1 的配置：

```
<Huawei>system-view
[Huawei]undo info-center enable
[Huawei]sysname R1
[R1]interface g0/0/0
[R1-GigabitEthernet0/0/0]ip address 192.168.1.254 24
[R1-GigabitEthernet0/0/0]undo shutdown
[R1-GigabitEthernet0/0/0]quit
[R1]interface g0/0/1
[R1-GigabitEthernet0/0/1]ip address 100.1.1.1 24
[R1-GigabitEthernet0/0/1]undo shutdown
[R1-GigabitEthernet0/0/1]quit
```

Server1 的配置如图 14.9 所示。

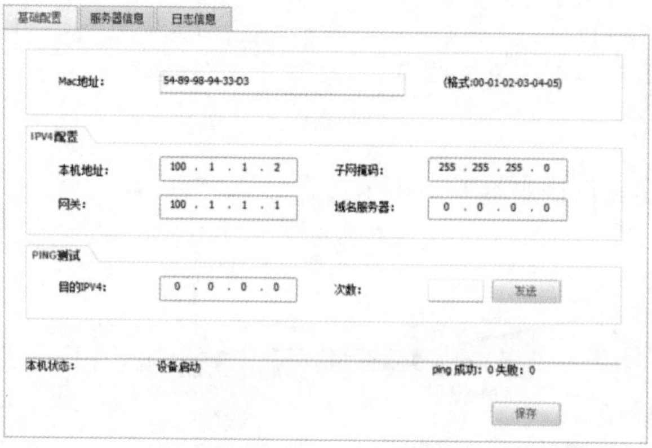

图 14.9　在 Server1 上手工添加 IP 地址

（2）配置静态 NAT。

```
[R1]interface g0/0/1
//将私有 IP 地址 192.168.1.1 转换成公有 IP 地址 100.1.1.3
[R1-GigabitEthernet0/0/1]nat static global 100.1.1.3 inside 192.168.1.1
//将私有 IP 地址 192.168.1.2 转换成公有 IP 地址 100.1.1.4
[R1-GigabitEthernet0/0/1]nat static global 100.1.1.4 inside 192.168.1.2
[R1-GigabitEthernet0/0/1]quit
```

【技术要点】

➘ 应用场景。

当私网设备允许公网设备通过固定 IP 地址访问时，如私网中的服务器对公网设备提供服务，公网设备可以通过某一固定公有 IP 地址访问到该私网服务器。此时可以配置静态 NAT，将该私网设备的私有 IP 地址和指定的公有 IP 地址进行转换。

当一个私网服务器需要对多个公网网段提供服务时，出于安全考虑，该私网服务器地址需要表现为多个公有地址。由于静态 NAT 一般是双向转换，私网服务器访问公网时，无法通过静态 NAT 转换为多个公有地址。此时可以配置单向的静态 NAT，公网访问私网服务器时，通过单向静态 NAT 将多个公有地址转换为该私网服务器的私有地址；私网服务器访问公网时，通过 NAT outbound 进行转换。

静态 NAT 还支持网段对网段的地址转换，即在指定私网范围内的 IP 地址和指定公网范围内的 IP 地址互相转换。

➘ 命令解释。

以第一条为例，nat static global 100.1.1.3 inside 192.168.1.1 表示将私有 IP 地址 192.168.1.1 映射到公有 IP 地址 100.1.1.3，可以实现私有 IP 地址 192.168.1.1 访问公网时使用 100.1.1.3 作为源 IP 地址。global 为全局地址，是公有 IP 地址；inside 为内部地址，是私有 IP 地址。

4. 实验调试

（1）PC1 访问 Server1，结果如图 14.10 所示。

（2）PC2 访问 Server1，结果如图 14.11 所示。

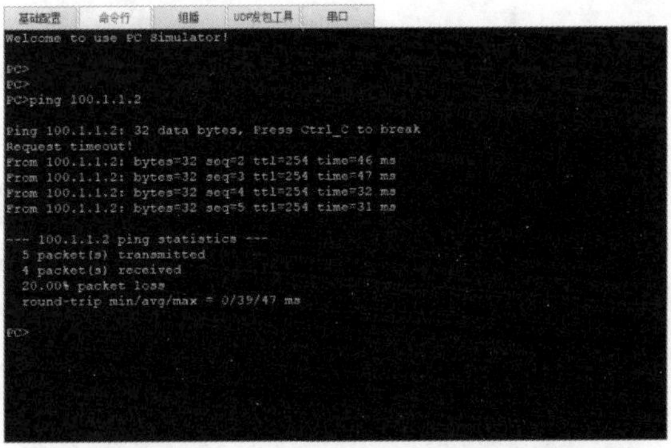

```
基础配置 命令行 组播 UDP发包工具 串口
Welcome to use PC Simulator!

PC>
PC>
PC>ping 100.1.1.2

Ping 100.1.1.2: 32 data bytes, Press Ctrl_C to break
Request timeout!
From 100.1.1.2: bytes=32 seq=2 ttl=254 time=46 ms
From 100.1.1.2: bytes=32 seq=3 ttl=254 time=47 ms
From 100.1.1.2: bytes=32 seq=4 ttl=254 time=32 ms
From 100.1.1.2: bytes=32 seq=5 ttl=254 time=31 ms

--- 100.1.1.2 ping statistics ---
  5 packet(s) transmitted
  4 packet(s) received
  20.00% packet loss
  round-trip min/avg/max = 0/39/47 ms

PC>
```

图 14.10　PC1 上显示的 ping 程序测试信息

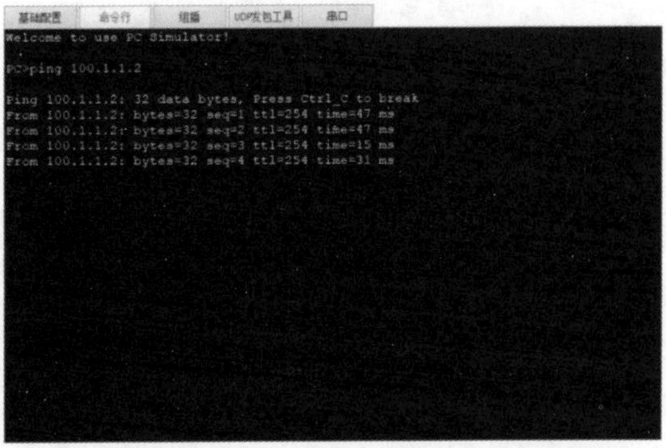

```
基础配置 命令行 组播 UDP发包工具 串口
Welcome to use PC Simulator!

PC>ping 100.1.1.2

Ping 100.1.1.2: 32 data bytes, Press Ctrl_C to break
From 100.1.1.2: bytes=32 seq=1 ttl=254 time=47 ms
From 100.1.1.2: bytes=32 seq=2 ttl=254 time=47 ms
From 100.1.1.2: bytes=32 seq=3 ttl=254 time=15 ms
From 100.1.1.2: bytes=32 seq=4 ttl=254 time=31 ms
```

图 14.11　PC2 上显示的 ping 程序测试信息

（3）查看 NAT。

```
[R1]display nat static
Static Nat Information:
Interface  : GigabitEthernet0/0/1
Global IP/Port       : 100.1.1.3/----
Inside IP/Port       : 192.168.1.1/----
Protocol : ----
VPN instance-name    : ----
Acl number           : ----
Netmask  : 255.255.255.255
Description : ----

Global IP/Port       : 100.1.1.4/----
Inside IP/Port       : 192.168.1.2/----
Protocol : ----
VPN instance-name    : ----
Acl number           : ----
Netmask  : 255.255.255.255
Description : ----

  Total :     2
```

通过以上输出可以看到，G0/0/1 接口的地址映射关系为 192.168.1.1 映射公有 IP 地址 100.1.1.3，192.168.1.2 映射公有 IP 地址 100.1.1.4，说明静态 NAT 配置成功。

14.3.2　动态 NAT 之 NAPT

1. 实验目的

（1）掌握 NAPT 的特征。

（2）掌握 NAPT 的基本配置和调试。

2. 实验拓扑

配置 NAPT 的实验拓扑如图 14.12 所示。

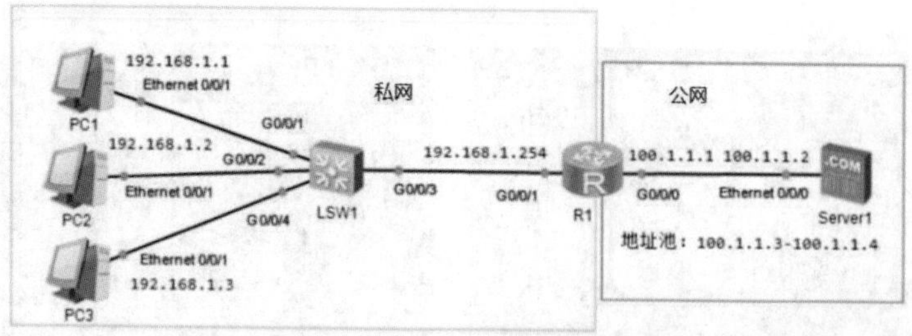

图 14.12　配置 NAPT 的实验拓扑

3. 实验步骤

（1）配置 IP 地址。

PC1 的配置如图 14.13 所示。在 IPv4 下选择静态配置，输入对应的 IP 地址以及子网掩码，然后单击“应用”按钮。PC2、PC3、Server1 的配置同 PC1。

PC2 的配置如图 14.14 所示，PC3 的配置如图 14.15 所示，Server1 的配置如图 14.16 所示。

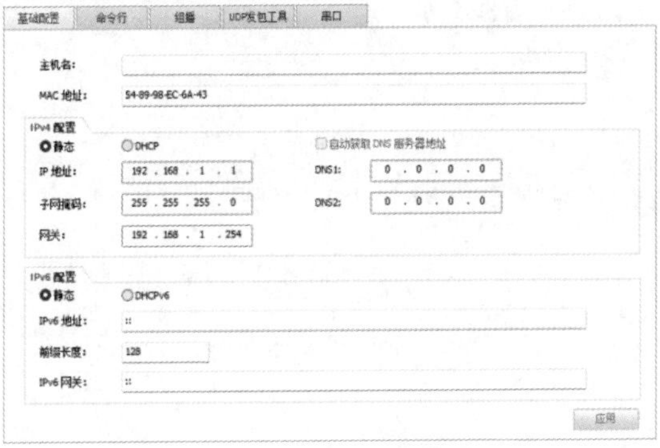

图 14.13　在 PC1 上手工添加 IP 地址

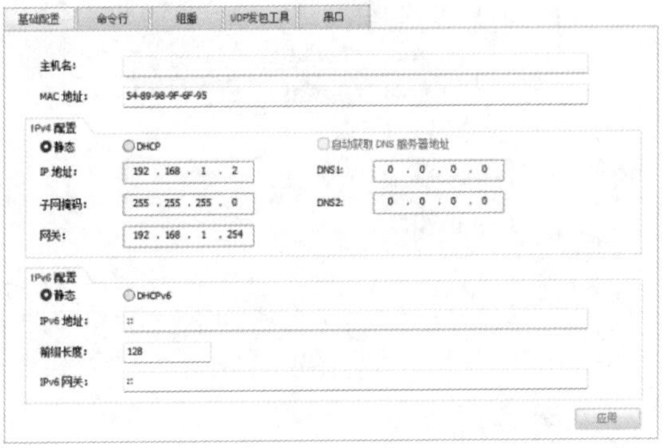

图 14.14　在 PC2 上手工添加 IP 地址

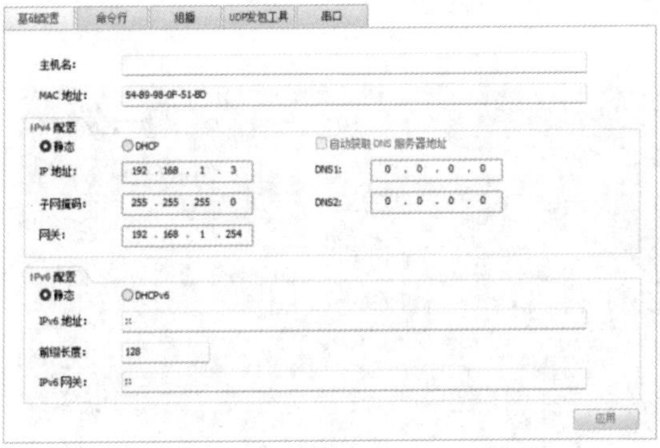

图 14.15　在 PC3 上手工添加 IP 地址

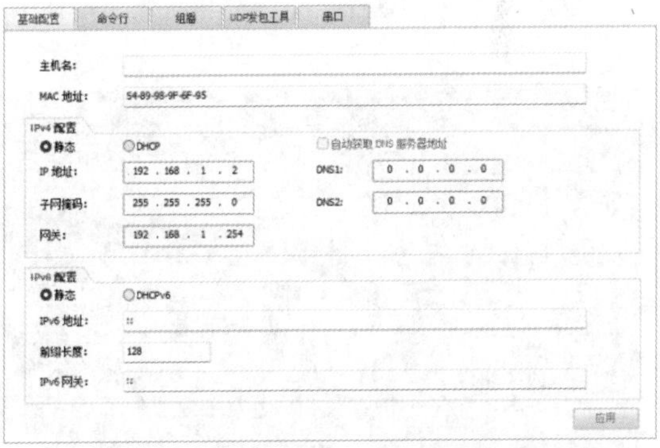

图 14.16　在 Server1 上手工添加 IP 地址

R1 的配置：

```
<Huawei>system-view
[Huawei]undo info-center enable
[Huawei]sysname R1
[R1]interface g0/0/0
[R1-GigabitEthernet0/0/0]ip address 192.168.1.254 24
[R1-GigabitEthernet0/0/0]undo shutdown
[R1-GigabitEthernet0/0/0]quit
[R1]interface g0/0/1
[R1-GigabitEthernet0/0/1]ip address 100.1.1.1 24
[R1-GigabitEthernet0/0/1]undo shutdown
[R1-GigabitEthernet0/0/1]quit
```

（2）配置 NAPT。

```
//创建 NAT 地址池，编号为 1，开始地址为 100.1.1.3，结束地址为 100.1.1.4
[R1]nat address-group 1 100.1.1.3 100.1.1.4
[R1]acl 2000  //创建 ACL 编号为 2000
```

```
//定义规则编号为 10，允许 192.168.1.0/24 访问
[R1-acl-basic-2000]rule 10 permit source 192.168.1.0 0.0.0.255
[R1-acl-basic-2000]quit
[R1]interface g0/0/1
//满足访问控制列表 2000 的流量通过 NAT，从地址池 1 中取地址
[R1-GigabitEthernet0/0/1]nat outbound 2000 address-group 1
[R1-GigabitEthernet0/0/1]quit
```

【技术要点】

接口调用时：

```
nat outbound 2000 address-group 1 no-pat //一个私有 IP 地址对应一个公有 IP 地址
//实现公有地址与私有地址的 1:n 映射，可以有效地提高公有地址的利用率
nat outbound 2000 address-group 1
```

4. 实验调试

（1）PC1 访问 Server1，结果如图 14.17 所示。

（2）PC2 访问 Server1，结果如图 14.18 所示。

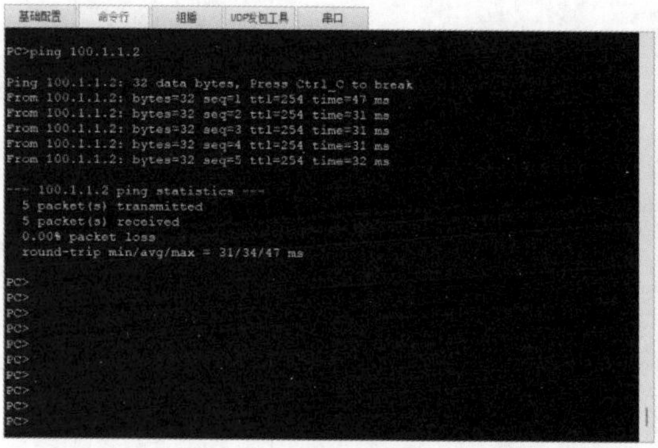

图 14.17　PC1 上显示的 ping 程序测试信息

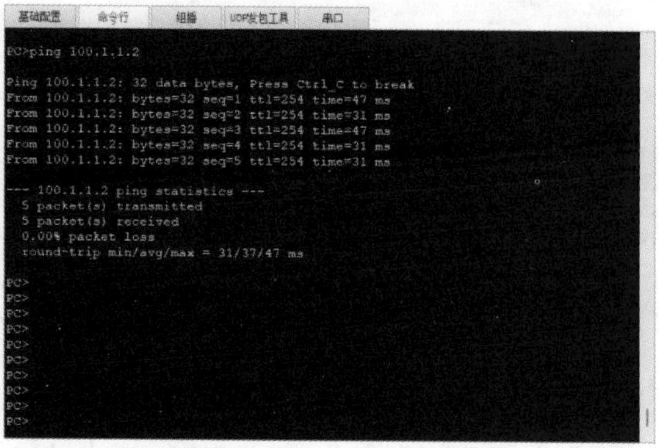

图 14.18　PC2 上显示的 ping 程序测试信息

（3）PC3 访问 Server1，结果如图 14.19 所示。

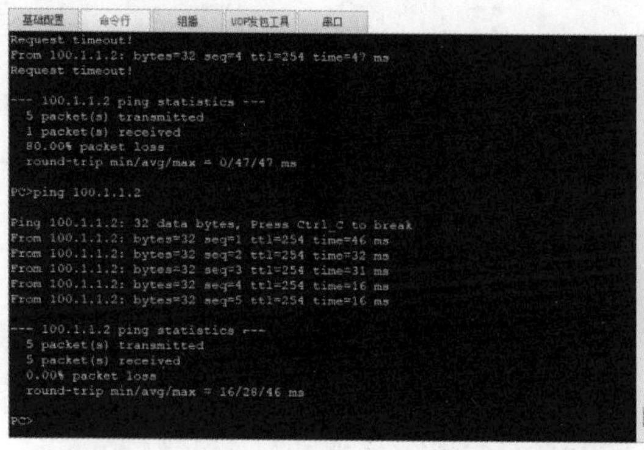

图 14.19　PC3 上显示的 ping 程序测试信息

通过以上输出可以看到，PC1、PC2、PC3 都可以访问 Server1。

14.3.3 Easy-IP

1. 实验目的

（1）掌握 Easy-IP 的特征。

（2）掌握 Easy-IP 的基本配置和调试。

2. 实验拓扑

配置 Easy-IP 的实验拓扑如图 14.12 所示。

3. 实验步骤

（1）配置 IP 地址。

与 14.3.2 中的配置一样，此处不再赘述。

（2）配置 Easy-IP。

```
[R1]acl 2000
[R1-acl-basic-2000]rule 10 permit source 192.168.1.0 0.0.0.255
[R1-acl-basic-2000]quit
[R1]interface g0/0/0
//此命令为配置 Easy-IP，能够实现 ACL 2000 的流量到达 G0/0/0 接口后全部映射到此接口的
//不同端口号，以进行公网的访问
[R1-GigabitEthernet0/0/0]nat outbound 2000
[R1-GigabitEthernet0/0/0]quit
```

4. 实验调试

（1）PC1 访问 Server1，结果如图 14.20 所示。

（2）PC2 访问 Server1，结果如图 14.21 所示。

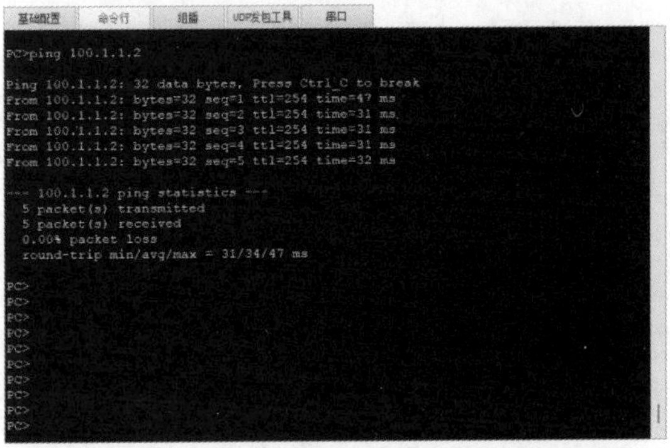

图 14.20　PC1 上显示的 ping 程序测试信息

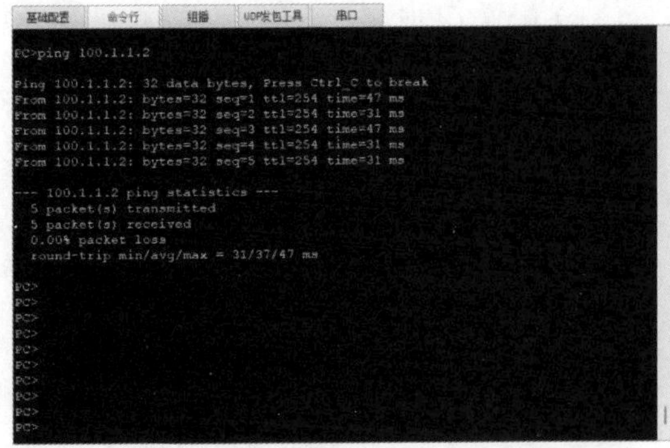

图 14.21　PC2 上显示的 ping 程序测试信息

（3）PC3 访问 Server1，结果如图 14.22 所示。

通过以上输出可以看到，PC1、PC2、PC3 都可以访问 Server1。

```
Request timeout!
From 100.1.1.2: bytes=32 seq=4 ttl=254 time=47 ms
Request timeout!

--- 100.1.1.2 ping statistics ---
  5 packet(s) transmitted
  1 packet(s) received
  80.00% packet loss
  round-trip min/avg/max = 0/47/47 ms

PC>ping 100.1.1.2

Ping 100.1.1.2: 32 data bytes, Press Ctrl_C to break
From 100.1.1.2: bytes=32 seq=1 ttl=254 time=46 ms
From 100.1.1.2: bytes=32 seq=2 ttl=254 time=32 ms
From 100.1.1.2: bytes=32 seq=3 ttl=254 time=31 ms
From 100.1.1.2: bytes=32 seq=4 ttl=254 time=16 ms
From 100.1.1.2: bytes=32 seq=5 ttl=254 time=16 ms

--- 100.1.1.2 ping statistics ---
  5 packet(s) transmitted
  5 packet(s) received
  0.00% packet loss
  round-trip min/avg/max = 16/28/46 ms

PC>
```

图 14.22　PC3 上显示的 ping 程序测试信息

14.3.4　NAT Server

1. 实验目的

掌握 NAT Server 的配置方法。

2. 实验拓扑

配置 NAT Server 的实验拓扑如图 14.23 所示。

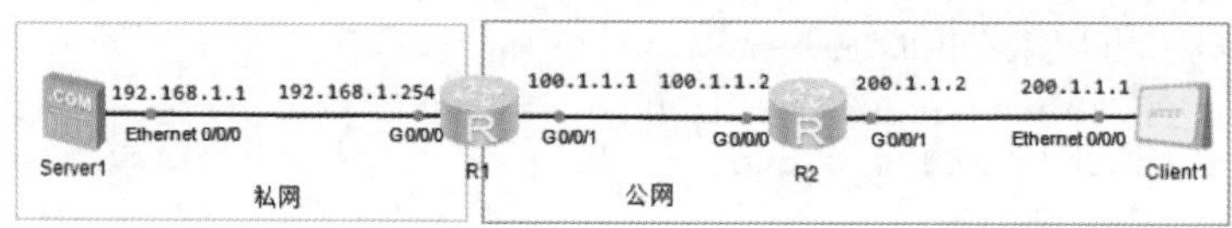

图 14.23　配置 NAT Server 的实验拓扑

3. 实验步骤

（1）配置 IP 地址。

Server1 的配置如图 14.24 所示。

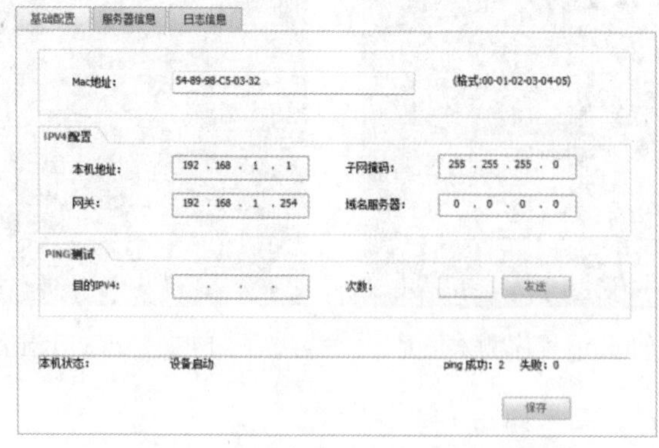

图 14.24　在 Server1 上手工添加 IP 地址

R1 的配置：

```
<Huawei>system-view
[Huawei]undo info-center enable
[Huawei]sysname R1
[R1]interface g0/0/0
[R1-GigabitEthernet0/0/0]ip address 192.168.1.254 24
[R1-GigabitEthernet0/0/0]undo shutdown
[R1-GigabitEthernet0/0/0]quit
[R1]interface g0/0/1
[R1-GigabitEthernet0/0/0]ip address 100.1.1.1 24
[R1-GigabitEthernet0/0/0]undo shutdown
[R1-GigabitEthernet0/0/0]quit
```

R2 的配置：

```
<Huawei>system-view
[Huawei]undo info-center enable
[Huawei]sysname R2
[R2]interface g0/0/0
[R2-GigabitEthernet0/0/0]ip address 100.1.1.2 24
[R2-GigabitEthernet0/0/0]undo shutdown
[R2-GigabitEthernet0/0/0]quit
[R2]interface g0/0/1
[R2-GigabitEthernet0/0/1]ip address 200.1.1.2 24
[R2-GigabitEthernet0/0/1]undo shutdown
[R2-GigabitEthernet0/0/1]quit
[R2]ip route-static 200.1.1.0 255.255.255.0 100.1.1.2
```

Client1 的配置如图 14.25 所示。

图 14.25　在 Client1 上手工添加 IP 地址

（2）配置路由。

```
[R1]ip route-static 200.1.1.0 255.255.255.0 100.1.1.2
```

> **【提示】**
> 公网上不能有私网的路由。

（3）配置 NAT Server。

```
[R2]interface g0/0/1
//公网访问 200.1.1.88 的 80 端口相当于在访问 192.168.1.1 的 80 端口
[R2-GigabitEthernet0/0/1]nat server protocol tcp global 200.1.1.88 www
inside 192.168.1.1 80
```

4. 实验调试

（1）在 Server1 开启 WWW 服务。

在“服务器信息”选项卡中选中 HttpServer 单选按钮，然后在系统中选择一个文件并将其设置为文件根目录，最后单击“启动”按钮，启动服务配置，如图 14.26 所示。

（2）在 Client1 上访问网络服务器。

在“客户端信息”选项卡中选择客户端信息，选中 HttpClient 单选按钮，在“地址”文本框中输入 http://100.1.1.88，然后单击“获取”按钮。结果如图 14.27 所示。

图 14.26　在 Server1 上开启 WWW 服务

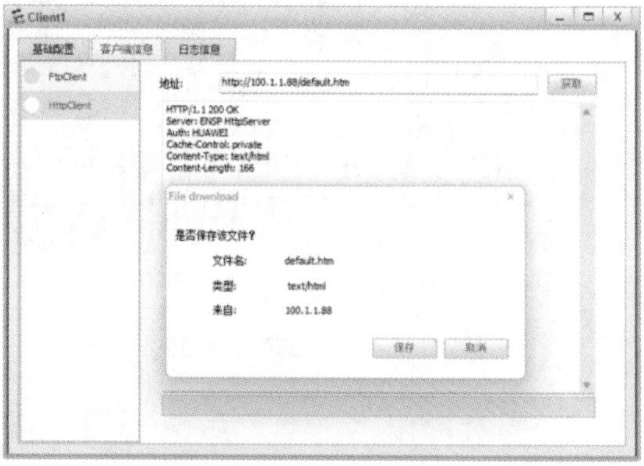

图 14.27　在 Client1 上访问网络服务器

通过以上输出，可以确认实验成功。

14.4　练 习 题

1. 以下选项中，能使一台 IP 地址为 10.0.0.1 的主机访问互联网的必要技术是（　　）。

A．静态路由　　B．动态路由　　C．NAT　　D．路由引入

2. RTA 使用 NAT 技术，且通过定义地址池来实现多对多的 NAPT 地址转换，使得私网主机能够访问公网。假设地址池中仅有两个公有 IP 地址，并且已经分配给主机 A 与 B 做了地址转换，而此时若主机 C 也希望访问公网，则下列描述正确的是（　　）。

A．主机 C 无法分配到公有地址，不能访问公网

B．所有主机轮流使用公有地址，都可以访问公网

C． RTA 将主机 C 的源端口进行转换，主机 C 可以访问公网

D．RTA 分配接口地址 200.10.10.3 给主机 C，主机 C 可以访问公网

3. 一个公司有 50 个私有 IP 地址，管理员使用 NAT 技术将公司网络接入公网，但是该公司仅有一个公有 IP 地址且不固定，则下列哪种 NAT 转换方式符合需求？（　　）

A．Easy-IP　　B．NAPT　　C．静态 NAT　　D．Basic NAT

4. 如图 14.28 所示，路由器 R1 上部署了静态 NAT，当 PC 访问互联网时，数据包中的目的地址不会发生任何变化。（　　）

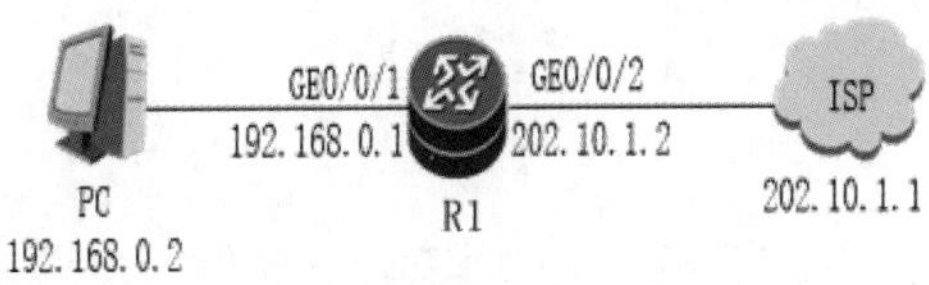

图 14.28　静态 NAT

```
  [R1]interface GigabitEthcrnet0/0/1
  [R1-GigabitEthernet0/0/1]ip address 192.168.0.1 255.255.255.0
  [R1]interface GigabitEthcrnet0/0/2
  [R1-GigabitEthernet0/0/2]ip address 202.10.1.2 255.255.255.0
  [R1 ]nat static global 202.10.1. 3 inside 192.168 0.2 netmask
255.255.255.255
  [R1 ]ip route-static 0.0.0.0 0.0.0.0 202.10.1.1
```

A．对　　B．错

5. ICMP 报文不包括端口号，所以无法使用 NAPT。（　　）

A．对　　B．错

第 15 章 网络服务与应用

网络已经成为当今人们生活中的一部分，可以传输文件、发送邮件、在线视频、浏览网页、联网游戏。因为网络分层模型的存在，使得普通用户无须关注通信实现原理等技术细节就可以直接使用由应用层提供的各种服务。

学完本章内容以后，我们应该能够：

- 掌握 FTP 的工作原理
- 掌握 TFTP 的工作原理
- 掌握 Telnet 的工作原理
- 掌握 DHCP 的工作原理
- 掌握 HTTP 和 DNS 实验配置

15.1 常见的网络服务与应用

15.1.1 FTP

1. FTP 的基本概念

FTP（文件传输协议）采用典型的 C/S 架构（即客户端/服务器模型），客户端与服务器端建立 TCP 连接后即可实现文件的上传和下载。

针对传输的文件类型不同，FTP 可以采用不同的传输模式。

- ASCII 模式：传输文本文件（TXT、LOG、CFG）时会对文本内容进行编码方式转换，以提高传输效率。在传输网络设备的配置文件、日志文件时推荐使用该模式。
- Binary（二进制）模式：传输非文本文件（cc、BIN、EXE、PNG），如图片、可执行程序等，以二进制直接传输原始文件内容。在传输网络设备的版本文件时推荐使用该模式。

2. FTP 的传输过程

FTP 有两种工作方式：主动模式（PORT）和被动模式（PASV）。

（1）主动模式。如图 15.1 所示，使用主动模式时，FTP 客户端使用一个随机端口（一般大于 1024）向 FTP 服务器端的端口 21 发送连接请求；FTP 服务器端接收请求，建立一条控制连接来传输控制消息。同时 FTP 客户端开始监听另一个随机端口 P（一般大于 1024），并使用 PORT 命令通知 FTP 服务器端。当需要传输数据时，FTP 服务器端从端口 20 向 FTP 客户端的端口 P 发送连接请求，建立一条传输连接来传输数据。

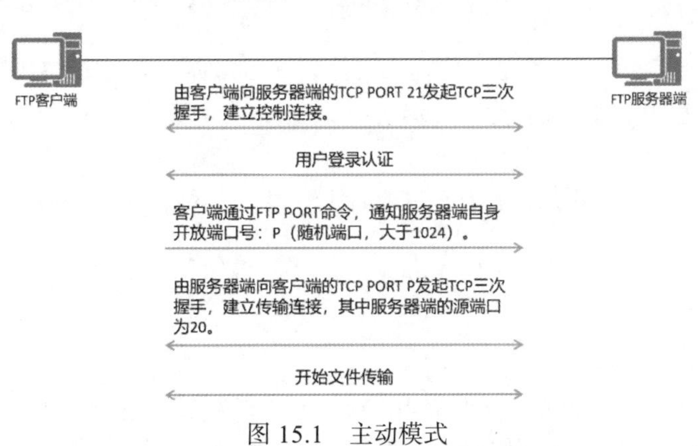

图 15.1 主动模式

（2）被动模式。如图 15.2 所示，当使用被动模式时，FTP 客户端使用一个随机端口（一般大于 1024）向 FTP 服务器端的端口 21 发送连接请求，FTP 服务器端接收请求，建立一条控制连接来传输控制消息。同时 FTP 客户端开始监听另一个随机端口 P（一般大于 1024），并使用 PASV 命令通知 FTP 服务器端，FTP 服务器端接收到 PASV 命令后，开启一个随机端口 N（一般大于

1024），并使用 Enter PASV 命令告知客户端自身开放端口号。当需要传输数据时，FTP 客户端从端口 P 向 FTP 服务器端端口 N 发送连接请求，建立一条传输连接来传输数据。

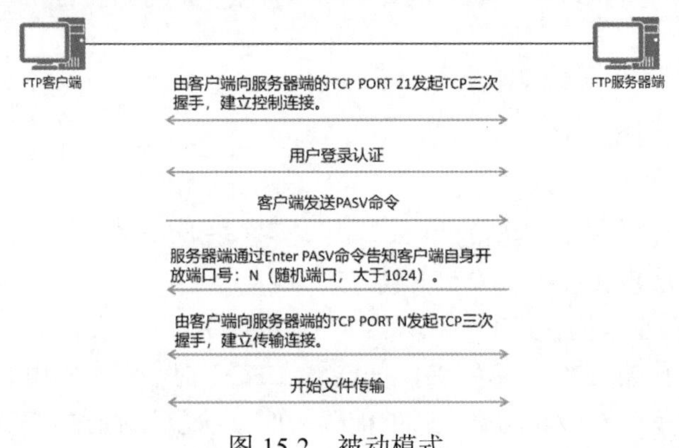

图 15.2　被动模式

主动模式和被动模式建立数据连接的方式完全不同，在实际使用中各有利弊。

- 使用主动模式传输数据时，如果 FTP 客户端在私网中并且 FTP 客户端和 FTP 服务器端之间存在 NAT 设备，那么 FTP 服务器端接收到的 PORT 报文中携带的端口号、IP 地址并不是 FTP 客户端经过 NAT 转换之后的端口号和地址，因此服务器端无法向 PORT 报文中携带的私有地址发起 TCP 连接（此时，客户端的私有地址在公网中路由不可达）。
- 使用被动模式传输数据时，FTP 客户端主动向服务器端的一个开放端口发起连接，如果 FTP 服务器端在防火墙内部区域中，并且没有发起客户端所在区域到服务器端所在区域的主动访问，那么这个连接将无法建立成功，从而导致 FTP 无法正常传输。

3. TFTP

相较于 FTP，TFTP 的设计就是以传输小文件为目标，协议实现比 FTP 简单很多。

- 使用 UDP 进行传输（端口号为 69）。
- 无须认证。
- 只能直接向服务器端请求某个文件或者上传某个文件，无法查看服务器端的文件目录。

15.1.2　Telnet

1. Telnet 的应用场景

为方便通过命令行管理设备，可以使用 Telnet 协议对设备进行管理。Telnet 协议与使用 Console 接口管理设备不同，无须使用专用线缆直连设备的 Console 接口，只要 IP 地址可达、能够和设备的 TCP 23 端口通信即可。如图 15.3 所示，支持通过 Telnet 协议进行管理的设备被称为 Telnet 服务器端，而对应的终端则被称为 Telnet 客户端。很多网络设备同时支持作为 Telnet 服务器端和 Telnet 客户端。

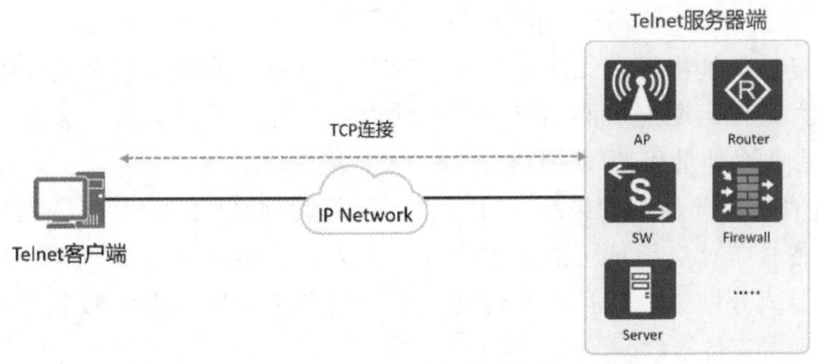

图 15.3 Telnet 应用

2. 虚拟用户界面

当用户使用 Console 接口、Telnet 等方式登录设备时，系统会分配一个用户界面（user-interface）来管理、监控设备与用户间的当前会话，每个用户界面视图可以配置一系列参数用于指定用户的认证方式、登录后的权限级别，用户登录设备后将会受到这些参数的限制。Telnet 所对应的用户界面类型为 VTY（Virtual Type Terminal，虚拟类型终端），它的工作流程如图 15.4 所示。

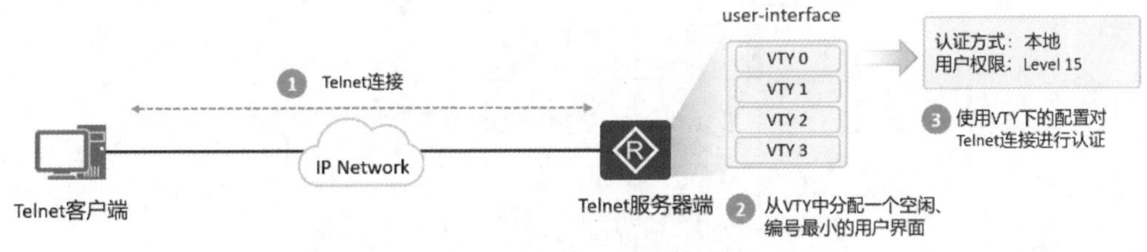

图 15.4 VTY 工作流程

15.1.3 DHCP

1. 为什么要使用 DHCP

在 IP 网络中，每个连接互联网的设备都需要分配唯一的 IP 地址。DHCP 使网络管理员能从中心节点监控和分配 IP 地址。当将某台计算机移到网络中的其他位置时，能自动接收到新的 IP 地址。DHCP 实现的自动化分配 IP 地址不仅降低了配置和部署设备的时间，同时也降低了发生配置错误的可能性。另外，DHCP 服务器可以管理多个网段的配置信息，当某个网段的配置发生变化时，管理员只需要更新 DHCP 服务器上的相关配置即可，实现了集中化管理。

总体来看，DHCP 带来了以下好处。

- 准确的 IP 配置：IP 地址配置参数必须准确，并且在处理 192.168.XXX.XXX 之类的输入时，很容易出错。另外，数据在传播过程中出现的错误通常很难解决，使用 DHCP 服务器可以最大限度地降低这种风险。

- 减少 IP 地址冲突：每个连接的设备都必须有一个 IP 地址。但是，每个地址只能使用一次，重复的地址将导致无法连接一个或两个设备的冲突。当手工分配地址时，尤其是在存在大量仅定期连接的端点（如移动设备）时，可能会发生这种情况。DHCP 的使用可确保每个地址仅使用一次。
- IP 地址管理自动化：如果没有 DHCP，网络管理员将需要手工分配和撤销地址。跟踪哪个设备具有什么地址可能是徒劳的，因为几乎无法理解设备何时需要访问网络以及何时需要离开网络。DHCP 允许将其自动化和集中化，因此网络专业人员可以从一个位置管理所有位置。
- 高效的变更管理：DHCP 的使用使更改地址、范围或端点变得非常简单。例如，组织可能希望将其 IP 寻址方案从一个范围更改为另一个范围。DHCP 服务器配置有新信息，该信息将传播到新端点。同样，如果升级并更换了网络设备，则不需要网络配置。

2. DHCP 的工作原理

图 15.5 所示是首次接入网络的 DHCP 客户端与 DHCP 服务器的报文交互过程，该过程称为 DHCP 报文四步交互。

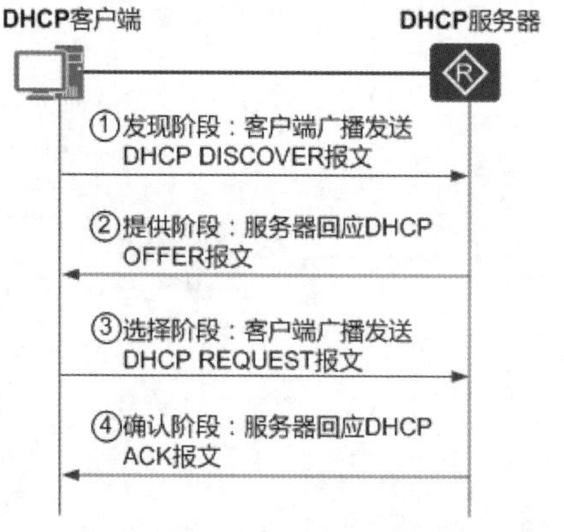

图 15.5　DHCP 报文四步交互

（1）发现阶段。

首次接入网络的 DHCP 客户端不知道 DHCP 服务器的 IP 地址，为了学习到 DHCP 服务器的 IP 地址，DHCP 客户端以广播方式发送 DHCP DISCOVER 报文（目的 IP 地址为 255.255.255.255）给同一网段内的所有设备。DHCP DISCOVER 报文中携带了客户端的 MAC 地址（chaddr 字段）、需要请求的参数列表选项（Option55）、广播标志位（flags 字段）等信息。

（2）提供阶段。

与 DHCP 客户端位于同一网段的 DHCP 服务器会接收到 DHCP DISCOVER 报文，DHCP 服务器选择与接收 DHCP DISCOVER 报文接口的 IP 地址处于同一网段的地址池，并且从中选择一个可用的 IP 地址，然后通过 DHCP OFFER 报文发送给 DHCP 客户端。通常，DHCP 服务器的地址池中会指定 IP 地址的租期，如果 DHCP 客户端发送的 DHCP DISCOVER 报文中携带了期望租期，服务器会将客户端请求的期望租期与其指定的租期进行比较，选择其中时间较短的租期分配给客户端。

（3）选择阶段。

如果有多个 DHCP 服务器向 DHCP 客户端回应 DHCP OFFER 报文，则 DHCP 客户端一般只接收第一个 DHCP OFFER 报文，然后以广播方式发送 DHCP REQUEST 报文，该报文中包含客户端想选择的 DHCP 服务器标识符（即 Option54）和客户端 IP 地址（即 Option50，填充了接收的 DHCP OFFER 报文中 yiaddr 字段的 IP 地址）。DHCP 客户端以广播方式发送 DHCP REQUEST 报文通知所有的 DHCP 服务器，它将选择某个 DHCP 服务器提供的 IP 地址，其他 DHCP 服务器可以重新将曾经分配给客户端的 IP 地址分配给其他客户端。

当 DHCP 服务器接收到 DHCP 客户端发送的 DHCP REQUEST 报文后，会回应 DHCP ACK 报文，表示将 DHCP REQUEST 报文中请求的 IP 地址（由 Option50 填充）分配给客户端使用。

（4）确认阶段。

DHCP 客户端收到 DHCP ACK 报文，会以广播方式发送免费 ARP 报文，探测本网段是否有其他终端使用服务器分配的 IP 地址，如果在指定时间内没有收到回应，表示客户端可以使用此地址。如果收到了回应，说明有其他终端使用了此地址，客户端会向服务器发送 DHCP DECLINE 报文，并重新向服务器请求 IP 地址，同时，服务器会将此地址列为冲突地址。当服务器没有空闲地址可分配时，再选择冲突地址进行分配，尽量减少分配出去的地址冲突。

当 DHCP 服务器收到 DHCP 客户端发送的 DHCP REQUEST 报文后，如果 DHCP 服务器由于某些原因（如协商出错或者由于发送 REQUEST 过慢导致服务器已经把此地址分配给其他客户端）无法分配 DHCP REQUEST 报文中 Option50 填充的 IP 地址，则发送 DHCP NAK 报文作为应答，通知 DHCP 客户端无法分配此 IP 地址。DHCP 客户端需要重新发送 DHCP DISCOVER 报文来申请新的 IP 地址。

15.2 网络服务与应用实验

15.2.1 FTP 实验

1. 实验目的

（1）了解建立 FTP 连接的过程。

（2）掌握 FTP 服务器参数的配置。

（3）掌握与 FTP 服务器传输文件的方法。

2. 实验拓扑

FTP 实验拓扑如图 15.6 所示。

【提示】

路由器设备型号为 AR2220。

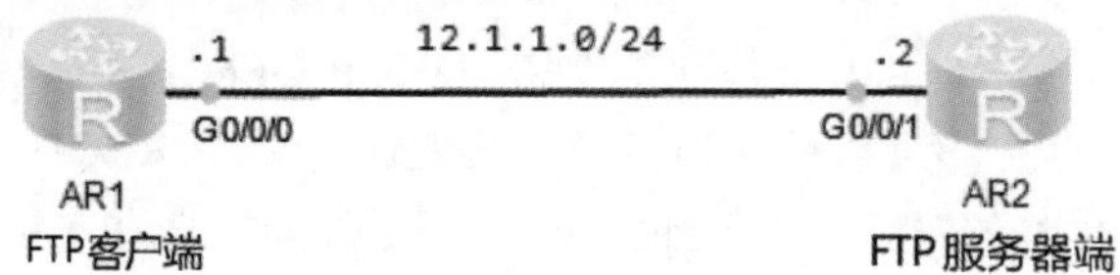

图 15.6 FTP 实验拓扑

3. 实验步骤

（1）配置 IP 地址。

AR1 的配置：

```
<Huawei>system-view
Enter system view, return user view with Ctrl+Z.
[Huawei]undo info-center enable
[Huawei]sysname AR1
[AR1]interface g0/0/0
[AR1-GigabitEthernet0/0/0]ip address 12.1.1.1 24
[AR1-GigabitEthernet0/0/0]undo shutdown
[AR1-GigabitEthernet0/0/0]quit
```

AR2 的配置：

```
<Huawei>system-view
[Huawei]undo info-center enable
[Huawei]sysname AR2
[AR2]interface g0/0/1
[AR2-GigabitEthernet0/0/1]ip address 12.1.1.2 24
[AR2-GigabitEthernet0/0/1]undo shutdown
[AR2-GigabitEthernet0/0/1]quit
```

（2）在 AR2 上配置 FTP Server 服务。

```
[AR2]ftp server enable
```

在 AR1 设备上开启 FTP 服务，当然还可以配置一些其他的参数，如 FTP 的端口号、超时时间等。

（3）配置 FTP 用户。

```
[AR2]aaa
//在 AAA 视图模式下创建对应的 FTP 用户
[AR2-aaa]local-user huawei password cipher huawei123
[AR2-aaa]local-user huawei service-type ftp      //指定用户的服务类型
[AR2-aaa]local-user huawei ftp-directory flash: //配置用户的授权目录
[AR2-aaa]local-user huawei privilege level 15
//指定用户的用户等级，必须为 3 级以上
```

4. 实验调试

（1）在 AR1 上通过 FTP 访问 AR2。

```
<AR1>ftp 12.1.1.2
Trying 12.1.1.2 ...
Press Ctrl+K to abort
Connected to 12.1.1.2.
220 FTP service ready.
User(12.1.1.2:(none)):Huawei    //输入用户名
331 Password required for huawei.
Enter password:  //输入密码
230 User logged in.

[AR1-ftp]    //登录成功
```

（2）查看当前 FTP 系统的文件系统。

```
[AR1-ftp]dir
200 Port command okay.
150 Opening ASCII mode data connection for *.
drwxrwxrwx   1 noone    nogroup          0 Jun 02 09:19 dhcp
-rwxrwxrwx   1 noone    nogroup     121802 May 26  2014 portalpage.zip
-rwxrwxrwx   1 noone    nogroup       2263 Jun 02 09:19 statemach.efs
-rwxrwxrwx   1 noone    nogroup     828482 May 26  2014 sslvpn.zip
drwxrwxrwx   1 noone    nogroup          0 Jun 02 09:19 .
226 Transfer complete.
FTP: 327 byte(s) received in 0.110 second(s) 2.97Kbyte(s)/sec.
```

（3）下载文件。

```
[AR1-ftp]get sslvpn.zip
Warning: The file sslvpn.zip already exists. Overwrite it? (y/n)[n]:y
200 Port command okay.
150 Opening ASCII mode data connection for sslvpn.zip.
226 Transfer complete.
FTP: 828482 byte(s) received in 2.950 second(s) 280.84Kbyte(s)/sec.
```

（4）上传文件。

```
[AR1-ftp]put sslvpn.zip
200 Port command okay.
150 Opening ASCII mode data connection for sslvpn.zip.
226 Transfer complete.
FTP: 828482 byte(s) sent in 3.070 second(s) 269.86Kbyte(s)/sec.
```

【思考】

使用 FTP 传输文件时需要建立多少个 TCP 连接？分别是哪些？为什么需要建立这些连接？

解析：使用 FTP 传输文件时，需要建立一个控制通道和一个数据通道。控制通道用于执行命令的传输，如 get 命令就是通过控制通道传输的，而数据通道用于文件等数据的传输，因此使用 FTP 传输文件时，首先需建立一个通道传输命令，然后再建立一个数据通道进行文件的传输。因此需要建立两个 TCP 连接。

15.2.2 Telnet 实验

1. 实验目的

（1）理解 Telent 的工作原理。

（2）掌握 Telnet 的配置方法。

2. 实验拓扑

Telnet 实验拓扑如图 15.7 所示。

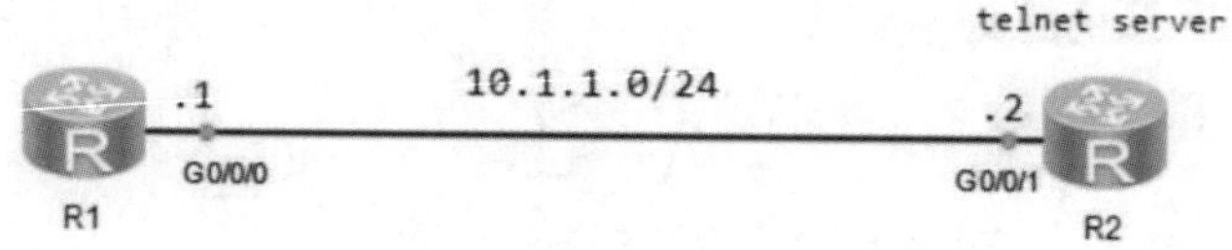

图 15.7　Telnet 实验拓扑

3. 实验步骤

（1）配置 IP 地址。

R1 的配置：

```
<Huawei>system-view
Enter system view, return user view with Ctrl+Z.
[Huawei]sysname R1
[R1]interface  g0/0/0
[R1-GigabitEthernet0/0/0]ip address 10.1.1.1 24
```

R2 的配置：

```
<Huawei>system-view
Enter system view, return user view with Ctrl+Z.
[Huawei]sysname R2
[R2]interface  g0/0/0
[R2-GigabitEthernet0/0/0]ip address 10.1.1.2 24
```

（2）配置 R2 的 Telnet 服务。

```
//进入路由器的 VTY 虚拟终端，vty 0 4 表示 vty 0 到 vty 4，共 5 个虚拟终端
[R2]user-interface vty 0 4
//配置 Telnet 模式为密码登录
[R2-ui-vty0-4]authentication-mode password
//输入 Telent 模式使用的密码
Please configure the login password (maximum length 16):Huawei@123
```

【技术要点】

当网络设备不在管理员面前时，可以通过 Telnet 远程登录设备，前提条件是网络设备上

开启了 Telnet 服务，并且管理员的电脑与网络设备 IP 互通。Telnet 登录受 VTY 用户界面的控制，配置 VTY 用户界面的属性可以调节 Telnet 登录后终端界面的显示方式。VTY 用户界面的属性包括 VTY 用户界面的个数、连接超时时间、终端屏幕的显示行数和列数，以及历史命令缓冲区大小。

4. 实验调试

在 R1 上远程登录 R2：

```
<R1>telnet 10.1.1.2
  Press CTRL_] to quit telnet mode
  Trying 10.1.1.2 ...
  Connected to 10.1.1.2 ...
Login authentication
Password:   //输入密码 Huawei@123
```

通过以上输出可以看到，实验成功。

15.2.3 DHCP 实验

1. 实验目的

（1）掌握 DHCP 接口地址池的配置方法。

（2）掌握 DHCP 全局地址池的配置方法。

2. 实验拓扑

DHCP 实验拓扑如图 15.8 所示。

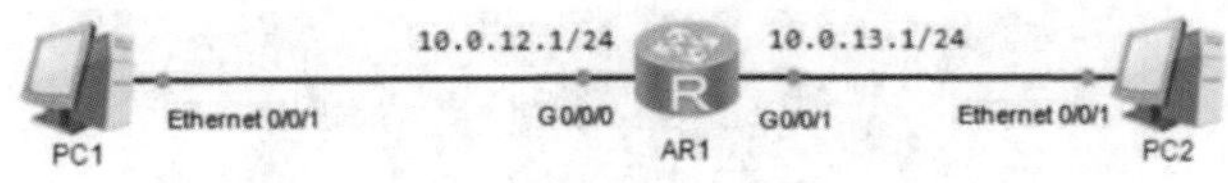

图 15.8 DHCP 实验拓扑

3. 实验步骤

（1）配置 AR1 的 IP 地址。

```
<huawei>system-view
[huawei]sysname AR1
[AR1]interface g0/0/0
[AR1-GigabitEthernet0/0/0]ip address 10.0.12.1 24
[AR1]interface g0/0/1
[AR1-GigabitEthernet0/0/0]ip address 10.0.13.1 24
```

（2）在 AR1 上配置基于接口的地址池为 PC1 分配 IP 地址。

开启 DHCP 服务：

```
[AR1]dhcp enable
Info: The operation may take a few seconds. Please wait for a moment.done.
```

在 G0/0/0 接口配置接口地址池及其他参数：

```
[AR1]interface  g0/0/0
[AR1-GigabitEthernet0/0/0]dhcp select interface      //配置接口地址池
//配置分配的 DNS 服务器地址
[AR1-GigabitEthernet0/0/0]dhcp server dns-list 114.114.114.114
[AR1-GigabitEthernet0/0/0]dhcp server lease day 2   //配置租期时间为 2 天
```

（3）在 AR1 上配置基于全局的地址池为 PC2 分配指定的 IP 地址 10.0.13.2。

创建地址池并配置相应参数：

```
[AR1]ip pool dhcp
[AR1-ip-pool-dhcp]network 10.0.13.0 mask 24 //配置地址池
[AR1-ip-pool-dhcp]gateway-list 10.0.13.1    //配置网关地址
[AR1-ip-pool-dhcp]dns-list 8.8.8.8          //配置分配的 DNS 服务器地址
```

在地址池中为 PC2 分配指定 IP 地址：

```
[AR1-ip-pool-dhcp]static-bind ip-address 10.0.13.2 mac-address 5489-98D6-3ABD
//当 DHCP 服务器收到 MAC 地址为 5489-98D6-3ABD 的 DISCOVER 报文后，则分配 IP 地址
//10.0.13.2
```

在 G0/0/1 调用全局地址池：

```
[AR1]interface  g0/0/1
[AR1-GigabitEthernet0/0/1]dhcp  select global
```

4．实验调试

（1）PC1 使用 DHCP 自动获取 IP 地址，如图 15.9 所示。

在 PC 的基础配置中选择 DHCP 获取 IP 地址，然后在命令行输入 ipconfig，查看是否能获取到 IP 地址。

图 15.9　查看 PC1 的 IP 地址

可以看到获取的 IP 地址为 G0/0/0 接口的接口地址池中的 IP 网段地址。

（2）PC2 使用 DHCP 自动获取 IP 地址，如图 15.10 所示。

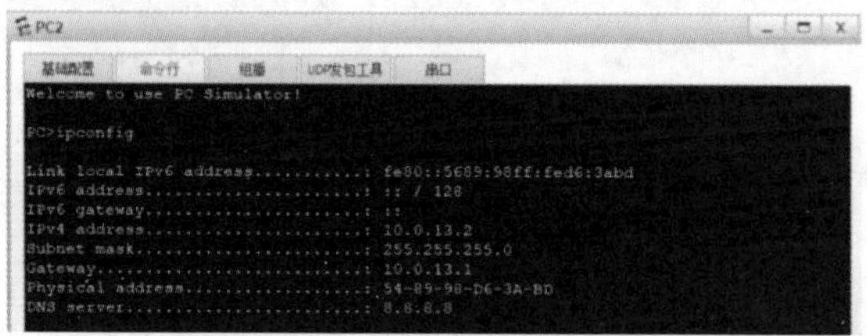

图 15.10　查看 PC2 的 IP 地址

可以看到 PC2 获取了全局地址池的 IP 地址，并且固定为 10.0.13.2，说明静态绑定 MAC 地址分配配置成功。

【技术要点】

DHCP 获取 IP 地址分为以下四个阶段。

➘ 发现阶段。

首次接入网络，DHCP 客户端不知道服务器的具体 IP 地址，客户端会以广播的形式发送 DHCP DISCOVER 报文给同一广播域下所有的设备。其中 DHCP DISCOVER 报文中包含自己的 MAC 地址（chaddr 字段），用于标识本设备的身份。

➘ 提供阶段。

当 DHCP 服务器接收到 DISCOVER 报文后，DHC 服务器会单播回复 OFFER 报文，目的 MAC 地址为 CHADDR 字段中主机的 MAC 地址，其中 OFFER 报文中包含了分配给主机的 IP 地址、网关、子网、DNS 等信息。

➘ 选择阶段。

网络中可能存在多个备份冗余的 DHCP 服务器，DHCP 客户端接收到多个 OFFER 报文后，会选择接收到的第一个 OFFER 报文并发送 DHCP REQUEST 报文对其进行回应。

➘ 确认阶段。

当 DHCP 服务器接收到 DHCP 客户端发送的 DHCP REQUEST 报文后，DHCP 服务器回应 DHCP ACK 报文，此时 DHCP 客户端可以正常使用服务器分配给它的 IP 地址及其他参数。

【思考】

如果本场景下全部使用全局地址池，DHCP SERVER 如何分配正确的 IP 网段地址给对应的客户端？

解析：当从某接口接收到客户端发送过来的 DHCP DISCOVER 报文时，接口会选择与自己 IP 地址相同网段的地址池为客户端分配 IP 地址。

15.2.4 HTTP 实验

1. 实验目的

（1）掌握 HTTP 服务器的搭建方法。

（2）掌握 HTTP 客户端的访问方法。

2. 实验拓扑

HTTP 实验拓扑如图 15.11 所示。

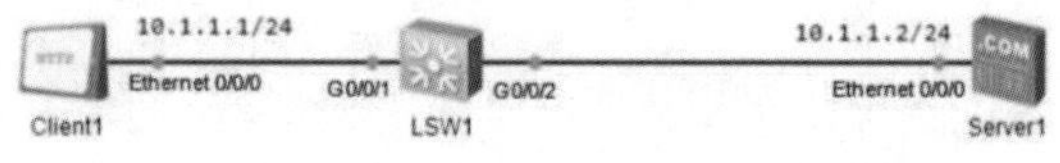

图 15.11 HTTP 实验拓扑

3. 实验步骤

（1）配置 IP 地址。

Client1 的 IP 地址配置如图 15.12 所示，Server1 的 IP 地址配置如图 15.13 所示。

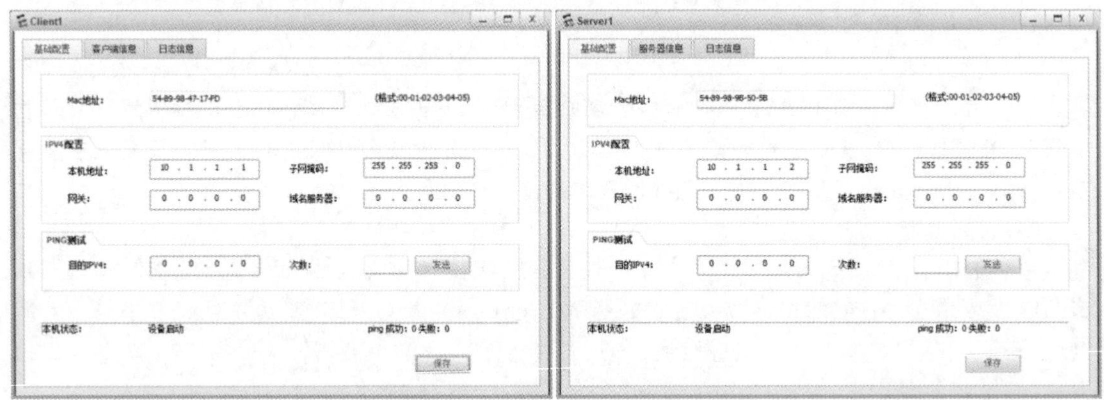

图 15.12　Client1 的 IP 地址配置　　　　图 15.13　Server1 的 IP 地址配置

（2）在 Server1 上开启 HTTP 服务，如图 15.14 所示。

（3）在 Client1 上访问 Server1 的 HTTP 服务，如图 15.15 所示。

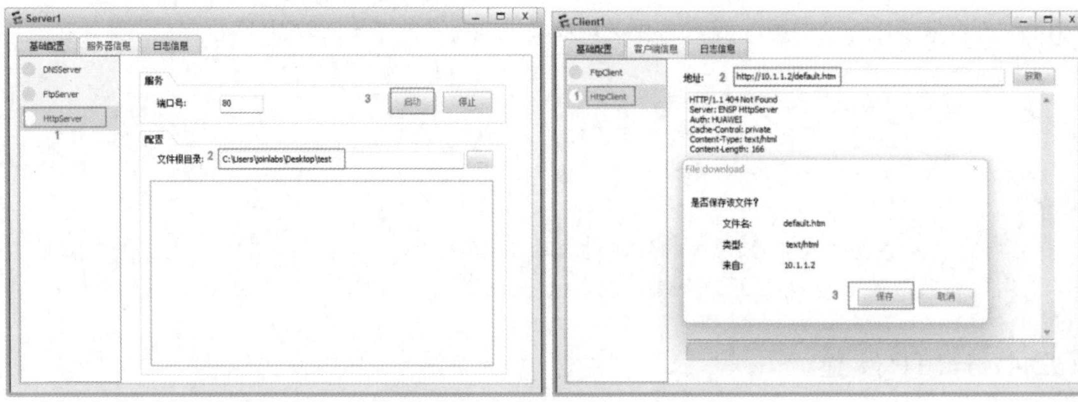

图 15.14　在 Server1 上开启 HTTP 服务　　　　图 15.15　在 Client1 上访问 Server1 的 HTTP 服务

15.2.5　DNS 实验

1. 实验目的

熟练掌握 DNS 的配置。

2. 实验拓扑

DNS 实验拓扑如图 15.16 所示。

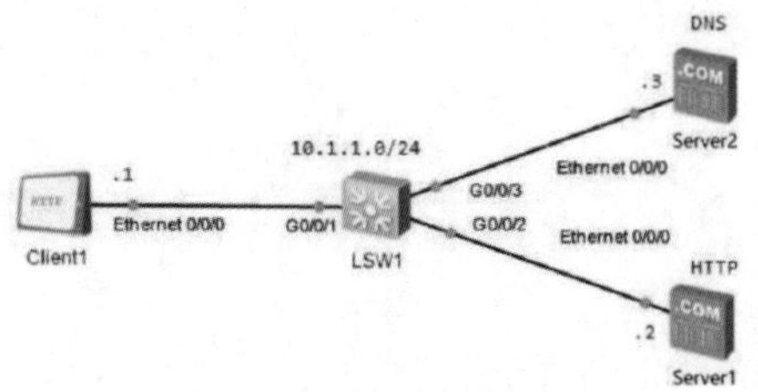

图 15.16　DNS 实验拓扑

3. 实验步骤

（1）配置 IP 地址。

Client1 的 IP 地址配置如图 15.17 所示，Server1 的 IP 地址配置如图 15.18 所示，Server2 的 IP 地址配置如图 15.19 所示。

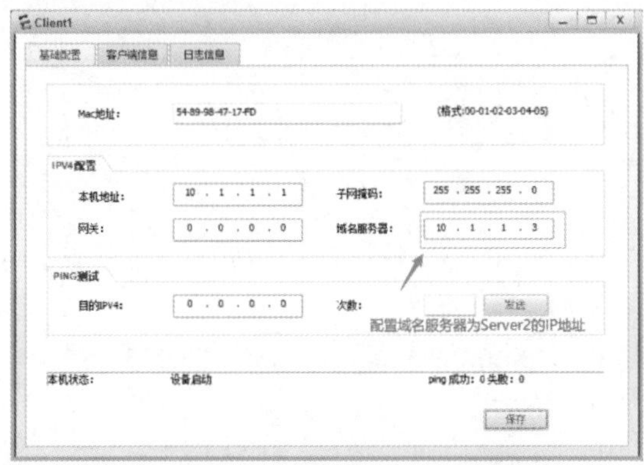

图 15.17　Client1 的 IP 地址配置

图 15.18　Server1 的 IP 地址配置

（2）在 Server1 上开启 HTTP 服务，操作如图 15.20 所示。

（3）在 Server2 上开启 DNS 服务，并且配置对应的映射关系，操作如图 15.21 所示。

（4）在 Client1 上使用域名访问 Server1 的 HTTP 服务，如图 15.22 所示。

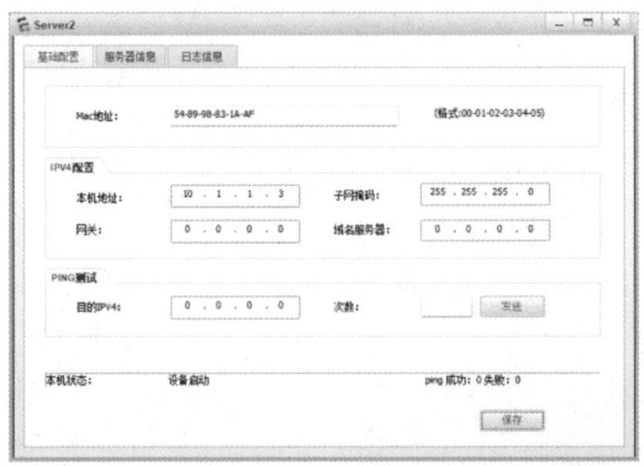

图 15.19　Server2 的 IP 地址配置

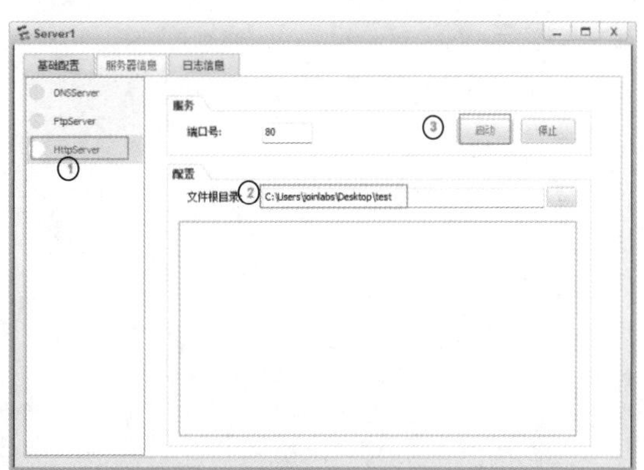

图 15.20　在 Server1 上开启 HTTP 服务

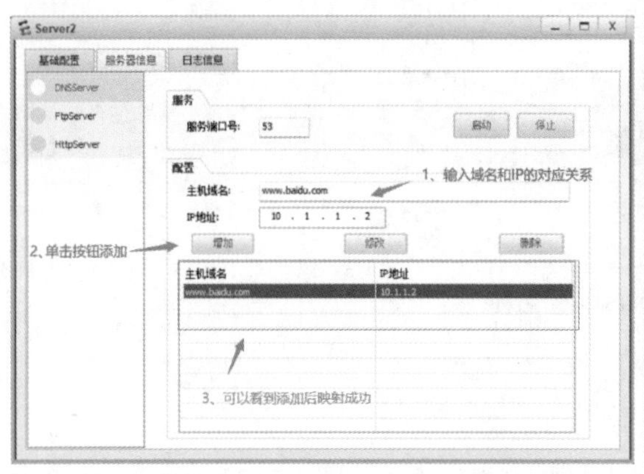

图 15.21　在 Server2 上开启 DNS 服务

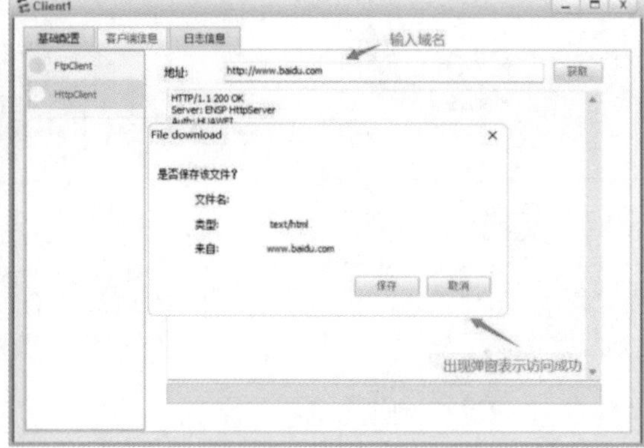

图 15.22　在 Client1 上使用域名访问 Server1 的 HTTP 服务

15.3　练 习 题

1. （　　）协议不属于文件传输协议。

   A．FTP　　B．SFTP　　C．HTTP　　D．TFTP

2. DHCP DISCOVER 报文的目的 IP 地址为（　　）。

   A．127.0.0.1　　B．224.0.0.1　　C．224.0.0.2　　D．255.255.255.255

3. 用 Telnet 方式登录路由器时，可以选择（　　）方式。

   A．密码认证　　B．AAA 本地认证　　C．不认证　　D．MD5 密文认证

4. 主机在访问服务器的 Web 服务器时，网络层 protocol 字段取值为 6。（　　）

   A．对　　B．错

5. DNS 协议的主要作用是（　　）。

   A．文件传输　　B．邮件传输　　C．域名解析　　D．远程接入

第 16 章

WLAN

以有线电缆或光纤作为传输介质的有线局域网应用非常广泛，但有线传输介质的铺设成本却很高，其位置固定，移动性差。随着人们对网络便携性和移动性要求的日益增强，传统的有线网络已经无法满足需求，WLAN（Wireless Local Area Network，无线局域网）技术应运而生。目前，WLAN 已经成为一种经济、高效的网络接入方式。

学完本章内容以后，我们应该能够：

- 理解 WLAN 的基本概念
- 熟悉 WLAN 的工作原理
- 掌握 WLAN 的配置
- 了解新一代 WLAN 的解决方案

16.1 WLAN 概述

16.1.1 什么是 WLAN

1. WLAN 的定义

WLAN（无线局域网）是指通过无线技术构建的无线局域网络。WLAN 广义上是指以无线电波、激光、红外线等无线信号来代替有线局域网中的部分或全部传输介质所构成的网络。通过 WLAN 技术，用户可以方便地接入无线网络，并在无线网络覆盖区域内自由移动，彻底摆脱有线网络的束缚。

2. WLAN 的分类

无线网络根据应用范围可分为 WPAN、WLAN、WMAN、WWAN 四类。

- WPAN：个人无线网络（Wireless Personal Area Network），常用技术有 Bluetooth、ZigBee、NFC、HomeRF、UWB 等。
- WLAN：无线局域网（Wireless Local Area Network），常用技术有 Wi-Fi。注意，WLAN 中也会使用 WPAN 的相关技术。
- WMAN：无线城域网（Wireless Metropolitan Area Network），常用技术有 WiMax。
- WWAN：无线广域网（Wireless Wide Area Network），常用技术有 GSM、CDMA、WCDMA、TD-SCDMA、LTE、5G。

3. WLAN 的优点

WLAN 技术最早出现在美国，主要应用于最后一段网线的无线延伸，主要在家庭中使用。由于美国的居住环境铺放线路比较困难（独立别墅、小院），加上经济发达，便携机、掌上电脑等设备的普及率也很高，人们对无线上网需求非常强烈，从而导致 WLAN 技术的普及加快了步伐。

和有线接入技术相比，WLAN 的优势如下。

- 网络使用自由：凡是自由空间均可连接网络，不受限于线缆和端口位置。在办公大楼、机场候机厅、度假村、商务酒店、体育场馆、咖啡店等场所尤为适用。
- 网络部署灵活：对于地铁、公路交通监控等难于布线的场所，采用 WLAN 进行无线网络覆盖，免去或减少了繁杂的网络布线，其实施简单、成本低、扩展性好。

16.1.2 WLAN 的无线标准

WLAN 共有两个无线标准，分别为 IEEE 802.11 和 Wi-Fi。

IEEE 802.11 的第一个版本发布于 1997 年。此后，更多的基于 IEEE 802.11 的补充标准被定义，最为熟知的是影响 Wi-Fi 代际演进的标准：802.11b、802.11a、802.11g、802.11n、

802.11ac 等。

Wi-Fi 联盟成立于 1999 年，当时的名称叫作无线以太网兼容联盟（Wireless Ethernet Compatibility Alliance，WECA），2002 年 10 月正式改名为 Wi-Fi Alliance。

如图 16.1 所示，在 IEEE 802.11ax 标准推出之际，Wi-Fi 联盟将新 Wi-Fi 规格的名称简化为 Wi-Fi 6，主流的 IEEE 802.11ac 改称为 Wi-Fi 5，IEEE 802.11n 改称为 Wi-Fi 4，其他世代以此类推。

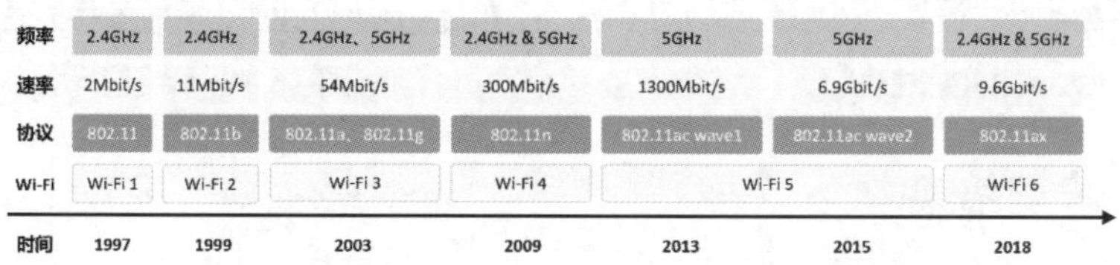

图 16.1　IEEE 802.11 标准与 Wi-Fi 的世代

16.2　WLAN 的基本概念

16.2.1　WLAN 设备简介

华为无线局域网产品形态丰富，覆盖室内、室外、家庭企业等各种应用场景，提供高速、安全和可靠的无线网络连接。下面主要介绍华为的无线接入点、PoE 交换机和无线接入控制器。

1. 无线接入点（Access Point，AP）

如图 16.2 所示，华为的无线接入点一般支持 FAT AP（胖 AP）、FIT AP（瘦 AP）和云管理 AP 三种工作模式，根据网络规划的需求，可以灵活地在各种模式下切换。

图 16.2　无线接入点

- FAT AP：适用于家庭，独立工作，需单独配置，其功能较为单一，成本低。能独立完成用户接入、认证、数据安全、业务转发和 QoS 等功能。
- FIT AP：适用于大中型企业，需要配合 AC 使用，由 AC 统一管理和配置，其功能丰富，对网络维护人员的技术要求较高。用户接入、AP 上线、认证、路由、AP 管理、安全协议、QoS 等功能需要同 AC 配合来完成。
- 云管理 AP：适用于中小型企业，需要配合云管理平台使用，由云管理平台统一管理和配置，其功能丰富，即插即用，对网络维护人员的技术要求较低。

2. PoE 交换机

如图 16.3 所示，PoE（Power over Ethernet，以太网供电）是指通过以太网网络进行供电，也被称为基于局域网的供电系统 PoL（Power over LAN）或有源以太网（Active Ethernet）。PoE 允许电功率通过传输数据的线路或空闲线路传输到终端设备。在 WLAN 网络中，可以通过

PoE 交换机对 AP 设备进行供电。

3. 无线接入控制器（Access Controller，AC）

如图 16.4 所示，无线接入控制器一般位于整个网络的汇聚层，提供高速、安全、可靠的 WLAN 业务。

图 16.3　PoE 交换机

图 16.4　无线接入控制器

16.2.2　WLAN 网络架构

如图 16.5 所示，WLAN 网络架构分为有线侧和无线侧两部分，有线侧是指 AP 上行到 Internet 的网络使用以太网协议，无线侧是指 STA 到 AP 之间的网络使用 IEEE 802.11 协议。无线侧接入的 WLAN 网络架构为集中式架构，从最初的 FAT AP 架构，演进为 AC+FIT AP 架构。

图 16.5 中常用的概念解析如下。

- 工作站 STA（Station）：支持 IEEE 802.11 标准的终端设备，如带无线网卡的电脑、支持 WLAN 的手机等。
- 射频信号（无线电磁波）：提供基于 IEEE 802.11 标准的 WLAN 技术的传输介质，是具有远距离传输能力的高频电磁波。这里指的射频信号是 2.4GHz 或 5GHz 频段的无线电磁波。
- 无线接入点控制与规范 CAPWAP（Control And Provisioning of Wireless Access Points）：由 RFC5415 协议定义的，实现 AP 和 AC 之间互通的一个通用封装和传输机制。

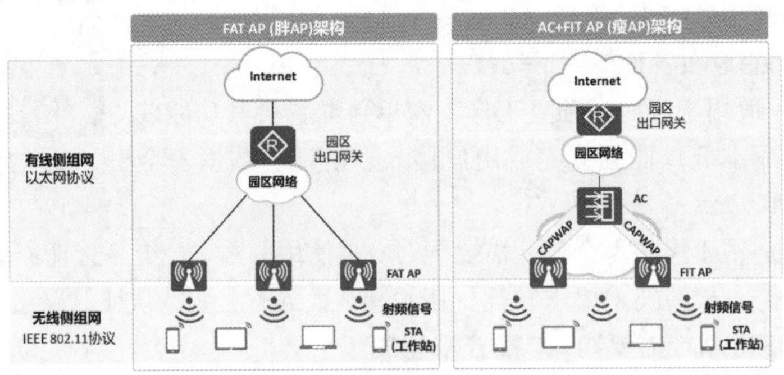

图 16.5　WLAN 组网架构

16.2.3　有线侧组网概念

1. CAPWAP 协议

如图 16.6 所示，为满足大规模组网的要求，需要对网络中的多个 AP 进行统一管理，IETF

成立了 CAPWAP 工作组，最终制定了 CAPWAP 协议。该协议定义了 AC 如何对 AP 进行管理以及业务配置，即 AC 与 AP 间首先会建立 CAPWAP 隧道，然后 AC 通过 CAPWAP 隧道来实现对 AP 的集中管理和控制。

CAPWAP 是基于 UDP 进行传输的应用层协议，CAPWAP 协议在传输层传输以下两种类型的消息。

- 业务数据流量，通过 CAPWAP 数据隧道封装转发无线数据帧。
- 管理流量，通过 CAPWAP 控制隧道管理 AP 和 AC 之间交换的管理消息。

CAPWAP 数据报文和控制报文基于不同的 UDP 端口发送。

- 业务数据流量端口为 UDP 端口 5247。
- 管理流量端口为 UDP 端口 5246。

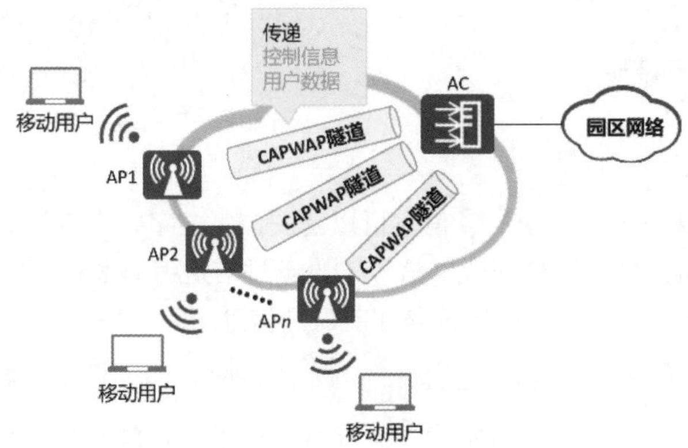

图 16.6 CAPWAP 协议

2. AP-AC 组网方式

二层是指 AP 和 AC 之间是二层组网，三层是指 AC 和 AP 之间是三层组网；二层组网 AP 可以通过二层广播，或者 DHCP 过程，即插即用上线；三层网络下，AP 无法直接发现 AC，需要通过 DHCP 或 DNS 方式动态发现，或者配置静态 IP 地址。

在实际组网中，一台 AC 可以连接几十甚至几百台 AP，组网一般比较复杂。例如，在企业网络中，AP 可以布放在办公室、会议室、会客间等场所，而 AC 可以安放在公司机房。这样，AP 和 AC 之间的网络就是比较复杂的三层网络。因此，在大型组网中一般采用三层组网。

3. AC 连接方式

AC 的连接方式分为直连式组网和旁挂式组网两种。

（1）直连式组网。如图 16.7 所示，直连模式下，AC 部署在用户的转发路径上。采用这种组网方式，对 AC 的吞吐量以及处理数据的能力要求比较高，否则 AC 会是整个无线网络带宽的瓶颈。但使用此种方式组网，其组网架构清晰，组网实施起来也比较简单。

（2）旁挂式组网。如图 16.8 所示，在旁挂式组网中，AC 只承载对 AP 的管理功能，管理流封装在 CAPWAP 隧道中传输。数据业务流可以通过 CAPWAP 数据隧道经 AC 转发，也可以不经过 AC 而直接转发，后者无线用户业务流经汇聚交换机再由汇聚交换机传输至上层网络。

图 16.7　直连式组网

图 16.8　旁挂式组网

16.2.4　无线侧组网概念

1. 无线通信系统

如图 16.9 所示，无线通信系统中，信息可以是图像、文字、声音等。信息需要先经过信源编码转换为方便于电路计算和处理的数字信号，再经过信道编码和调制，转换为无线电波发射出去。接收设备接收到后要解调，然后解码才能看到信息。

2. 无线电磁波

无线电磁波是频率介于 3Hz 和 300GHz 之间的电磁波，也叫作射频电波，或简称射频、射电。无线电技术将声音信号或其他信号经过转换，利用无线电磁波进行传播。

WLAN 技术就是通过无线电磁波在空间中传输信息。当前我们使用的频段有以下两种。

- 2.4GHz 频段（2.4GHz~2.4835GHz）。
- 5GHz 频段（5.15GHz~5.35GHz，5.725GHz~5.85GHz）。

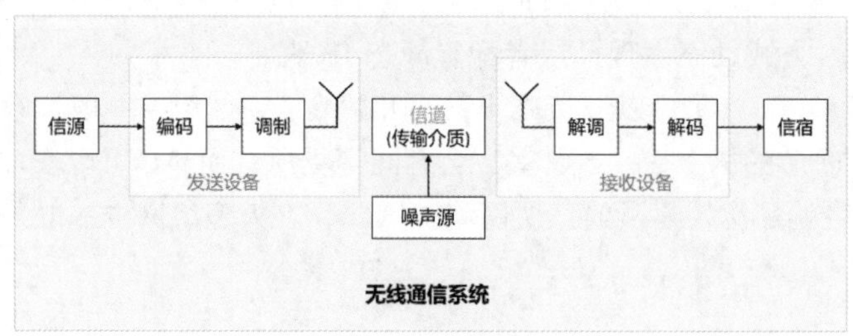

图 16.9　无线通信系统

3. 无线信道

信道是传输信息的通道，无线信道就是空间中的无线电磁波。无线电磁波无处不在，如果随意使用频谱资源，将会带来无穷无尽的干扰问题，所以无线通信协议除了要定义出允许使用的频段外，还要精确地划分出频率范围，每个频率范围就是信道。

如图 16.10 所示，2.4GHz 频段被划分为 14 个有重叠的、频率宽度是 20MHz 的信道。其中包含重叠信道和非重叠信道。

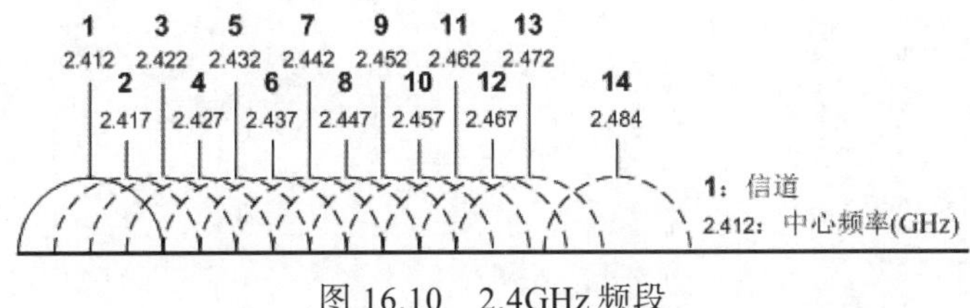

图 16.10 2.4GHz 频段

- 重叠信道：在一个空间内同时存在重叠信道，将会产生干扰问题。
- 非重叠信道：在一个空间内同时存在非重叠信道，不会产生干扰问题。

如图 16.11 所示，对于 5GHz 频段，支持更宽频谱，频率资源更为丰富。AP 不仅支持 20MHz 带宽的信道，还支持 40MHz、80MHz 及更大带宽的信道。

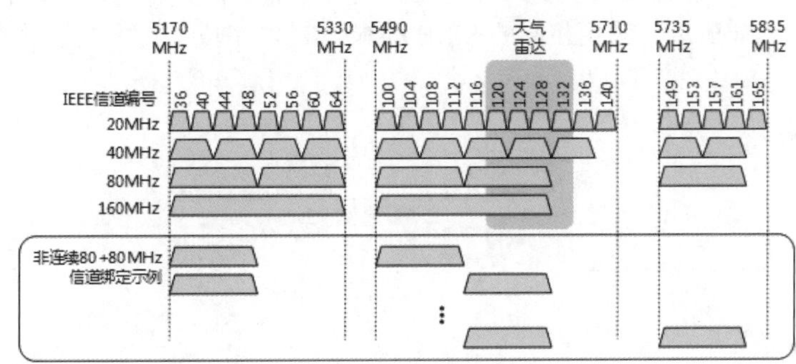

图 16.11 5GHz 频段

4. BSS、SSID 和 BSSID

如图 16.12 所示，我们要掌握三个重要的知识点，分别是基本服务集 BSS（Basic Service Set）、基本服务集标识符 BSSID（Basic Service Set Identifier）和服务集标识符 SSID（Service Set Identifier）。

（1）BSS：一个 AP 所覆盖的范围，在一个 BSS 的服务区域内，STA 可以相互通信。

（2）BSSID：是无线网络的一个身份标识，用 AP 的 MAC 地址表示。

（3）SSID：表示无线网络的标识，用于区分不同的无线网络。例如，当我们在笔记本电脑上搜索可接入的无线网络时，显示出来的网络名称就是 SSID。

5. VAP

早期的 AP 只支持一个 BSS，如果要在同一空间内部署多个 BSS，则需要安放多个 AP，这不但增加了成本，还占用了信道资源。为了改善这种状况，现在的 AP 通常支持创建出多个虚拟 AP（Virtual Access Point，VAP）。如图 16.13 所示，它相当于交换机中的 VLAN。

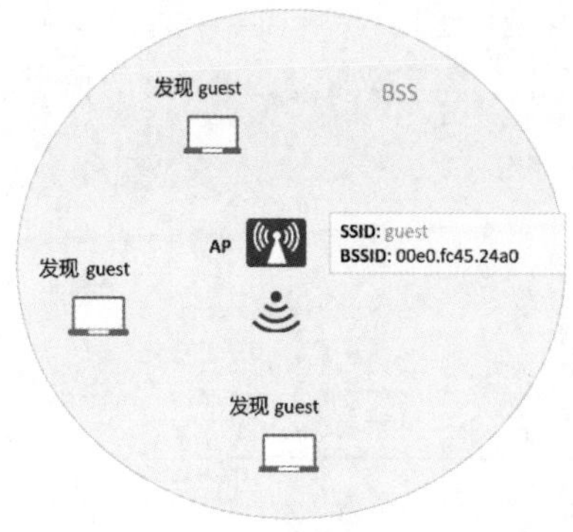

图 16.12　BSS、SSID 和 BSSID

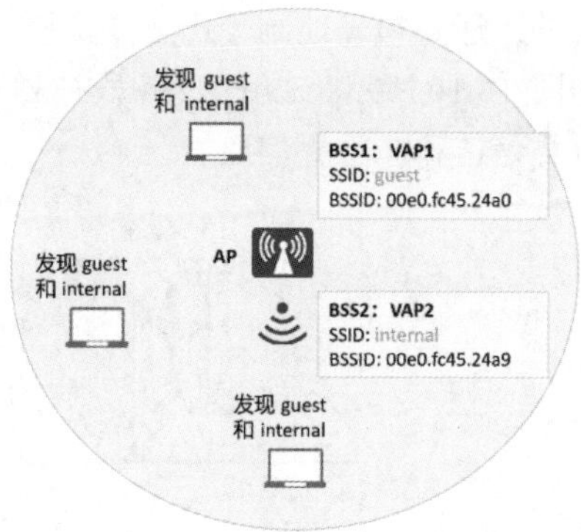

图 16.13　VAP

6. ESS

为了满足实际业务的需求，需要对 BSS 的覆盖范围进行扩展，同时当用户从一个 BSS 移动到另一个 BSS 时，不能感知到 SSID 的变化，则可以通过扩展服务集 ESS（Extend Service Set）来实现。图 16.14 所示为采用相同的 SSID 的多个 BSS 组成的更大规模的虚拟 BSS。

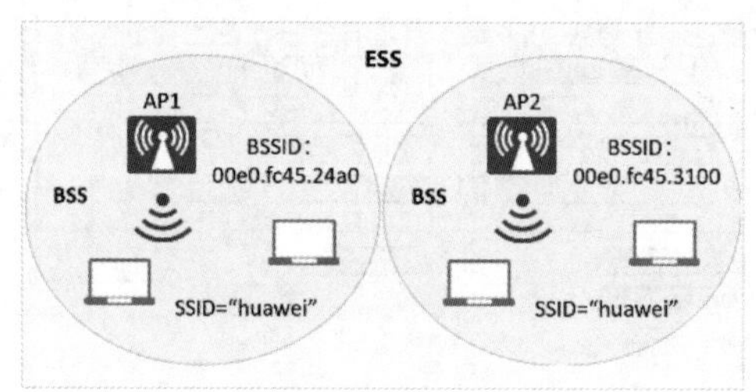

图 16.14　ESS

16.3　WLAN 的工作流程

16.3.1　AP 上线

FIT AP 需完成上线过程，AC 才能实现对 AP 的集中管理和控制，以及业务的下发。AP 的上线过程包括 AP 获取 IP 地址，AP 发现 AC 并与之建立 CAPWAP 隧道，AP 接入控制，AP 版本升级，CAPWAP 隧道维持。下面详细介绍 AP 上线的流程。

1. AP 获取 IP 地址

AP 必须获得 IP 地址才能够与 AC 通信，WLAN 网络才能够正常工作。AP 获取 IP 地址有以下两种方式。

（1）静态方式：登录到 AP 设备上，手工配置 IP 地址。

（2）DHCP 方式：通过配置 DHCP 服务器，使 AP 作为 DHCP 客户端向 DHCP 服务器请求 IP 地址。

2. AP 发现 AC 并与之建立 CAPWAP 隧道

AC 通过 CAPWAP 隧道来实现对 AP 的集中管理和控制，如图 16.15 所示，它主要分为两个阶段：Discovery 阶段（AP 发现 AC 阶段）和建立 CAPWAP 隧道阶段。

（1）Discovery 阶段。通过发送 Discovery Request 报文，找到可用的 AC。

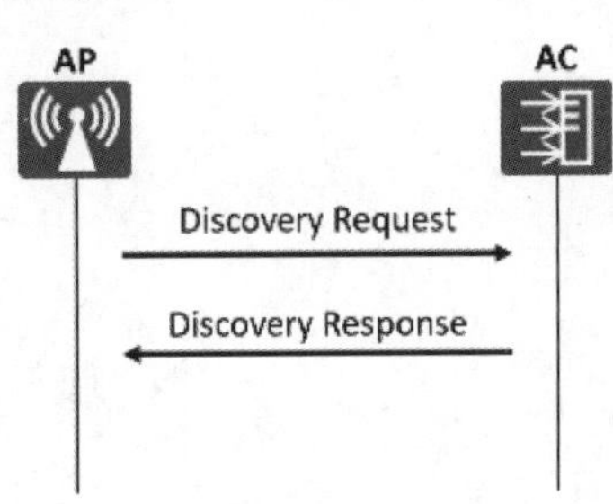

图 16.15 CAPWAP 隧道建立

AP 发现 AC 有静态和动态两种方式。

1）静态发现：AP 上预先配置了 AC 的静态 IP 地址列表。AP 上线时，AP 分别发送 Discovery Request 单播报文到所有预配置列表对应 IP 地址的 AC。AP 通过接收到 AC 返回的 Discovery Response 报文，选择一个 AC 开始建立 CAPWAP 隧道。

2）动态发现：动态发现 AC 又分为 DHCP 方式、DNS 方式和广播方式。下面主要介绍 DHCP 方式。

AP 通过 DHCP 服务器获取 AC 的 IP 地址（IPv4 报文在 DHCP 服务器上配置 DHCP 响应报文中携带 Option43，且 Option43 携带 AC 的 IP 地址列表；IPv6 报文在 DHCP 服务器上配置 DHCP 响应报文中携带 Option52，且 Option52 携带 AC 的 IP 地址列表），然后向 AC 发送 Discovery Request 单播报文。AC 接收到 Discovery Request 报文后，向 AP 回应 Discovery Response 报文。

（2）建立 CAPWAP 隧道阶段。完成 CAPWAP 隧道的建立，包括数据隧道和控制隧道。

1）数据隧道：AP 接收的业务数据报文经过 CAPWAP 数据隧道集中到 AC 上转发。同时还可以选择对数据隧道进行数据传输层安全 DTLS（Datagram Transport Layer Security）加密，使能 DTLS 加密功能后，CAPWAP 数据报文都会经过 DTLS 加解密。

2）控制隧道：通过 CAPWAP 控制隧道实现 AP 与 AC 之间的控制报文的交互。同时还可以选择对控制隧道进行数据传输层安全 DTLS 加密，使能 DTLS 加密功能后，CAPWAP 控制报文都会经过 DTLS 加解密。

3. AP 接入控制

如图 16.16 所示，AP 发现 AC 后，会发送 Join Request 报文。AC 接收到 Join Request 报文后会判断是否允许该 AP 接入，并响应 Join Response 报文。AC 支持三种对 AP 的认证方式：MAC 认证、序列号（SN）认证和不认证。

4. AP 版本升级

如图 16.17 所示，AP 根据接收到的 Join Response 报文中的参数判断当前的系统软件版本是否与 AC 上指定的一致。如果不一致，则 AP 通过发送 Image Data Request 报文请求软件版本，然后进行版本升级，升级方式包括 AC 模式、FTP 模式和 SFTP 模式三种。

5. CAPWAP 隧道维持

如图 16.18 所示，AP 与 AC 之间交互 Keepalive（UDP 端口号为 5247）报文来检测数据隧道的连通状态，AP 与 AC 交互 Echo（UDP 端口号为 5246）报文来检测控制隧道的连通状态。

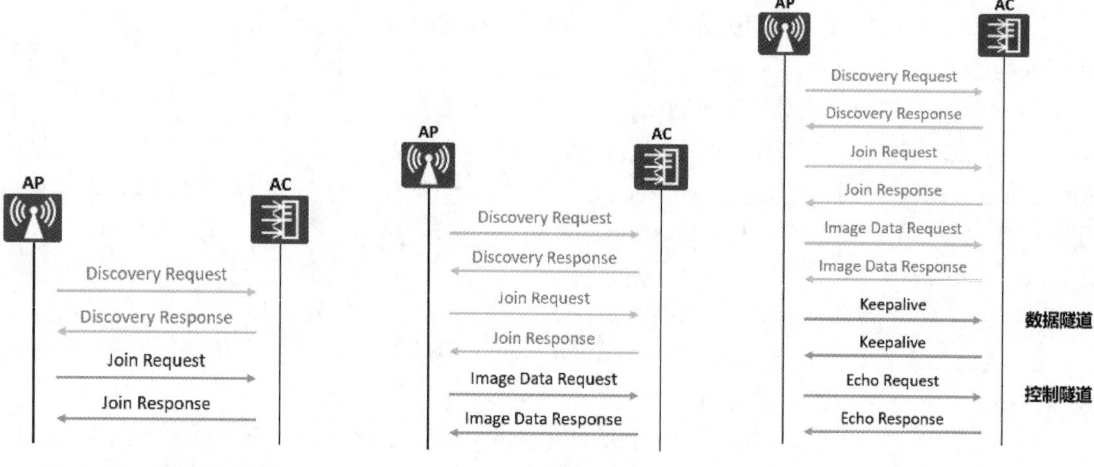

图 16.16　AP 接入控制　　图 16.17　AP 版本升级　　图 16.18　CAPWAP 隧道维持

16.3.2　WLAN 业务配置下发

如图 16.19 所示，AC 向 AP 发送 Configuration Update Request 请求消息，AP 回应 Configuration Update Response 消息，AC 再将 AP 的业务配置信息下发给 AP。

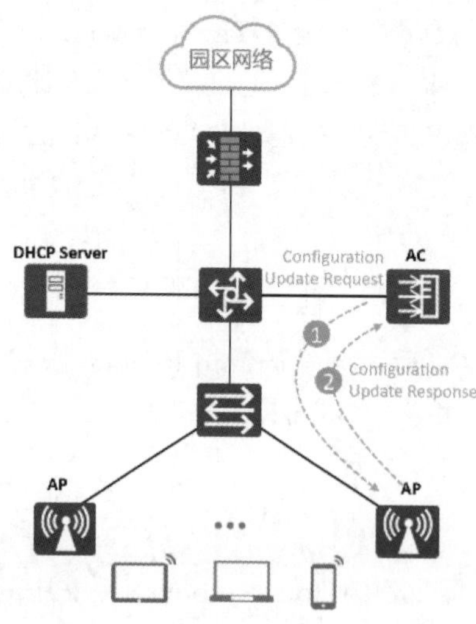

图 16.19　WLAN 业务配置下发

16.3.3 STA 接入

CAPWAP 隧道建立完成后，用户就可以接入无线网络。STA 接入过程分为六个阶段：扫描阶段、链路认证阶段、关联阶段、接入认证阶段、DHCP、用户认证。

1. 扫描阶段

STA 可以通过主动扫描定期搜索周围的无线网络，获取周围的无线网络信息。根据 Probe Request（探测请求）帧是否携带 SSID，可以将主动扫描分为以下两种。

（1）携带有指定 SSID 的主动扫描方式。如图 16.20 所示，客户端发送携带有指定 SSID 的 Probe Request：STA 依次在每个信道发出 Probe Request 帧，寻找与 STA 有相同 SSID 的 AP，只有能够提供指定 SSID 无线服务的 AP 接收到该探测请求后才回复探测响应。

（2）携带空 SSID 的主动扫描方式。如图 16.21 所示，客户端发送广播 Probe Request，它会定期地在其支持的信道列表中发送 Probe Request 帧扫描无线网络。当 AP 接收到 Probe Request 帧后，会回应 Probe Response 帧通告可以提供的无线网络信息。

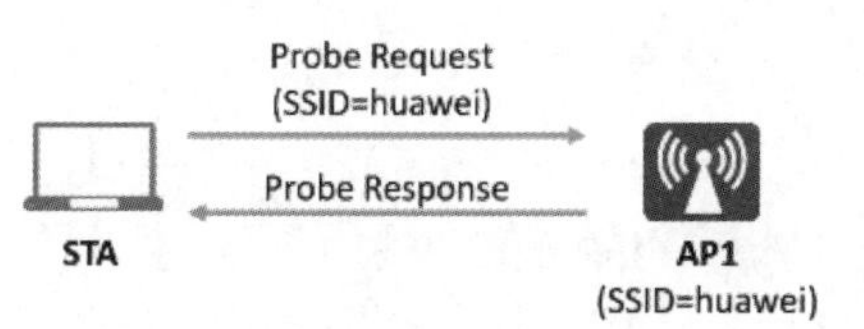

图 16.20　携带有指定 SSID 的主动扫描方式

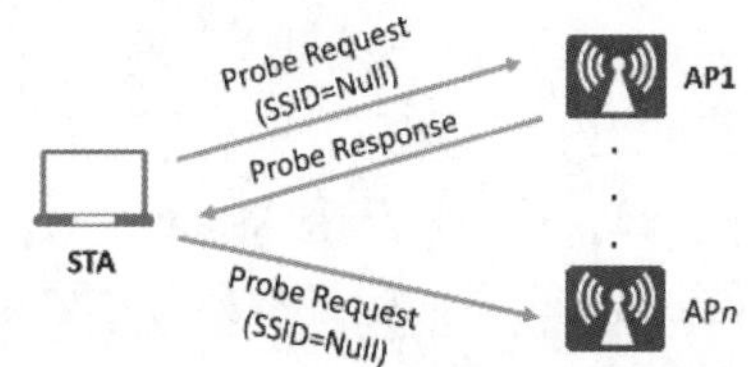

图 16.21　携带空 SSID 的主动扫描方式

2. 链路认证阶段

为了保证无线链路的安全，接入过程中 AP 需要完成对 STA 的认证。IEEE 802.11 链路定义了两种认证机制：开放系统认证和共享密钥认证。

（1）开放系统认证（Open System Authentication）。如图 16.22 所示，开放系统认证即不认证，任意 STA 都可以认证成功。

（2）共享密钥认证（Shared-key Authentication）。如图 16.23 所示，共享密钥认证的流程如下。

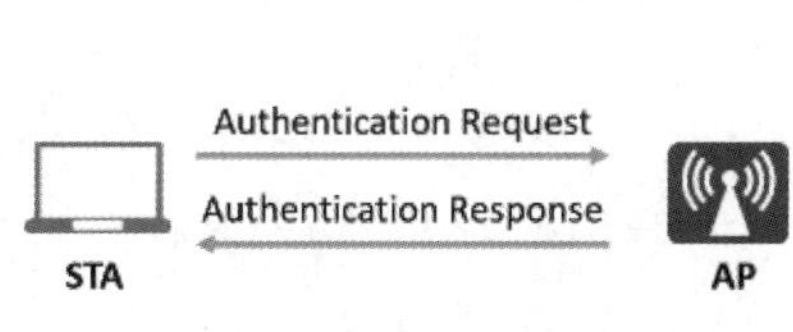

图 16.22　开放系统认证

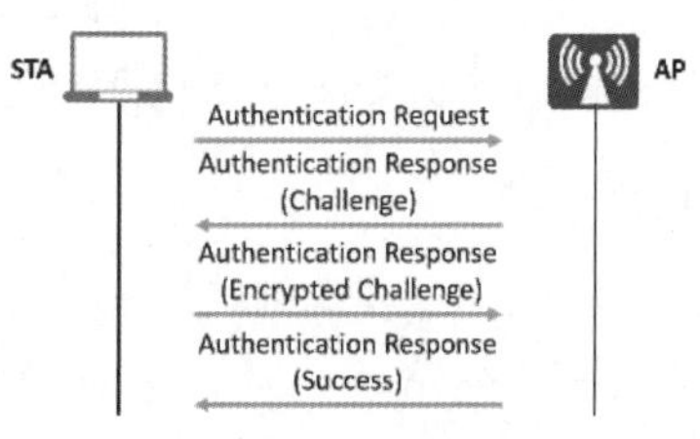

图 16.23　共享密钥认证

1）STA 向 AP 发送认证请求（Authentication Request）。

2）AP 随即生成一个“挑战短语”（Challenge）发送给 STA。

3）STA 使用预先设置好的密钥加密“挑战短语”（Encrypted Challenge）并发送给 AP。

4）AP 接收到经过加密的“挑战短语”，用预先设置好的密钥解密该消息，然后将解密后的“挑战短语”与之前发送给 STA 的进行比较。如果相同，则认证成功；否则，认证失败。

3. 关联阶段

终端关联阶段实质上就是链路服务协商的过程，协商内容包括支持的速率、信道等。如图 16.24 所示，FIT AP 架构中关联阶段的处理过程如下。

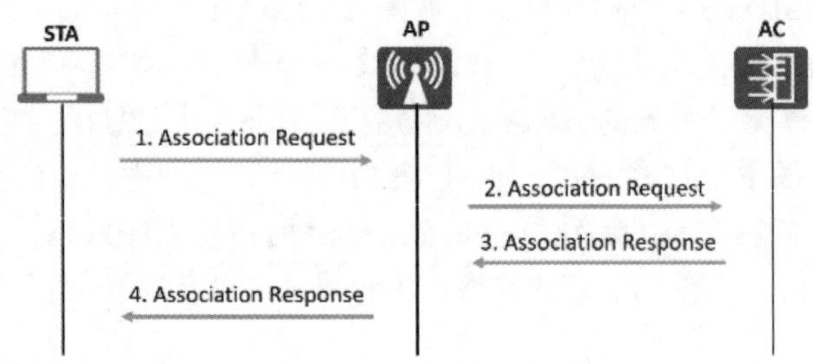

图 16.24 关联阶段的处理过程

（1）STA 向 AP 发送 Association Request 请求，请求帧中会携带 STA 自身的各种参数以及根据服务配置选择的各种参数（主要包括支持的速率、信道、QoS 的能力等）。

（2）AP 接收到 Association Request 请求帧后将其进行 CAPWAP 封装，并上报 AC。

（3）AC 接收到关联请求后判断是否需要进行用户的接入认证，并回应 Association Response。

（4）AP 接收到 Association Response 后将其进行 CAPWAP 解封装，并发送给 STA。

4. 接入认证阶段

接入认证即对用户进行区分，并在用户访问网络之前限制其访问权限。相对于链路认证，接入认证的安全性更高，主要包含 PSK 认证和 802.1X 认证。

5. DHCP

STA 获取到自身的 IP 地址，是 STA 正常上线的前提条件。如果 STA 是通过 DHCP 方式获取 IP 地址，可以用 AC 设备或汇聚交换机作为 DHCP 服务器为 STA 分配 IP 地址。一般情况下，使用汇聚交换机作为 DHCP 服务器。

6. 用户认证

用户认证是一种“端到端”的安全结构，包括 802.1X 认证、MAC 认证和 Portal 认证，其中 Portal 认证也称 Web 认证，一般将 Portal 认证网站称为门户网站。用户上网时，必须在门户网站进行认证，只有认证通过后才可以使用网络资源。

16.3.4　WLAN 业务数据转发

WLAN 网络中的数据包括控制报文（管理报文）和数据报文。控制报文是通过 CAPWAP 的控制隧道转发的，用户的数据报文分为隧道转发方式和直接转发方式两种。

1. 隧道转发方式

如图 16.25 所示，隧道转发方式是指用户的数据报文到达 AP 后，需要经过 CAPWAP 数据隧道封装后再发送给 AC，然后由 AC 再转发到上层网络。

隧道转发方式的优点是 AC 集中转发数据报文，安全性好，方便集中管理和控制。其缺点是业务数据必须经过 AC 转发，报文转发效率比直接转发方式低，AC 所受压力大。

2. 直接转发方式

如图 16.26 所示，直接转发方式是指用户的数据报文到达 AP 后，不经过 CAPWAP 数据隧道的封装而直接转发到上层网络。

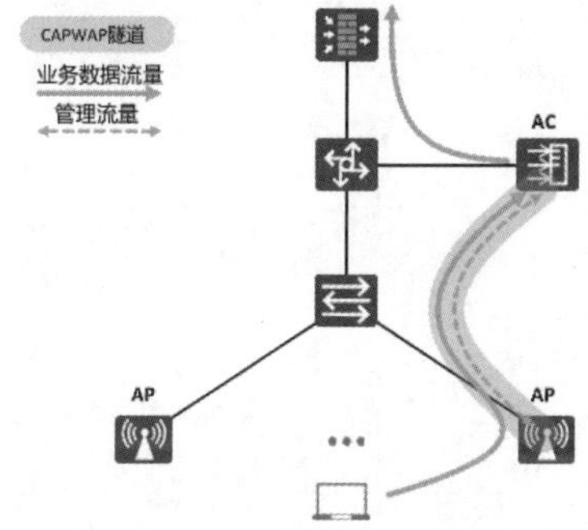

图 16.25　隧道转发方式

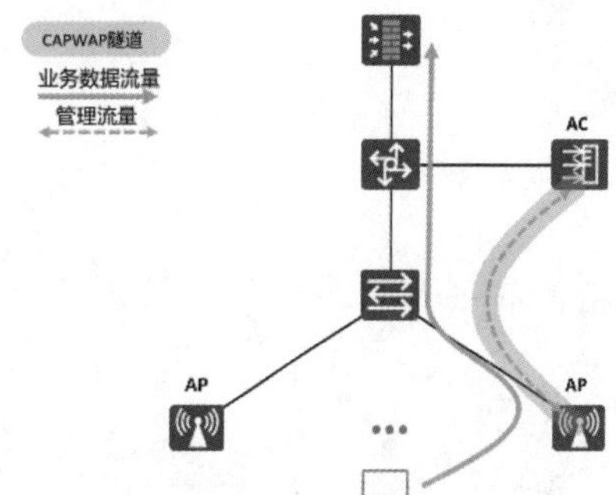

图 16.26　直接转发方式

直接转发方式的优点是数据报文不需要经过 AC 转发，报文转发效率高，AC 所受压力小。其缺点是业务数据不便于集中管理和控制。

16.4　WLAN 的配置实现

1. 实验目的

（1）掌握认证 AP 上线的配置方法。

（2）掌握各种无线配置模板的配置。

（3）掌握 WLAN 配置的基本流程。

2. 实验拓扑

WLAN 无线综合实验拓扑如图 16.27 所示。

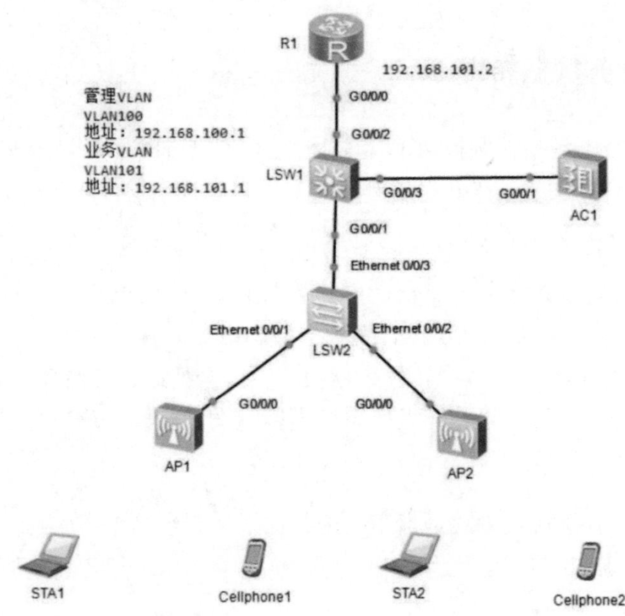

图 16.27　WLAN 无线综合实验拓扑

3. 实验步骤

（1）基本配置。

LSW2 的配置：

```
<Huawei>system-view
[Huawei]undo info-center enable
[Huawei]sysname LSW2
[LSW2]vlan 100
[LSW2-vlan100]quit

[LSW2]interface e0/0/1
[LSW2-Ethernet0/0/1]port link-type trunk
[LSW2-Ethernet0/0/1]port trunk allow-pass vlan 100
[LSW2-Ethernet0/0/1]port trunk pvid vlan 100
[LSW2-Ethernet0/0/1]quit

[LSW2]interface e0/0/2
[LSW2-Ethernet0/0/2]port link-type trunk
[LSW2-Ethernet0/0/2]port trunk allow-pass vlan 100
[LSW2-Ethernet0/0/2]port trunk pvid vlan 100
[LSW2-Ethernet0/0/2]quit

[LSW2]interface e0/0/3
[LSW2-Ethernet0/0/3]port link-type trunk
[LSW2-Ethernet0/0/3]port trunk allow-pass vlan 100
```

```
[LSW2-Ethernet0/0/3]quit
```

【思考 1】

为什么 LSW2 只创建 VLAN100，不用创建 VLAN101？

解析：因为我们用的是隧道转发，数据到达 AC1 后，才会添加 101 标记，然后发送给 LSW1。

【思考 2】

为什么连接 AP 的接口要使用 port trunk pvid vlan 100 命令？

解析：交换机接收到 AP 的数据帧后添加 100 的 Tag 再发送，把含有 100 Tag 的数据帧去掉后发送给 AP。

LSW1 的配置：

```
<Huawei>system-view
[Huawei]undo info-center enable
[Huawei]sysname LSW1
[LSW1]vlan batch 100 101

[LSW1]interface g0/0/1
[LSW1-GigabitEthernet0/0/1]port link-type trunk
[LSW1-GigabitEthernet0/0/1]port trunk allow-pass vlan 100
[LSW1-GigabitEthernet0/0/1]quit

[LSW1]interface g0/0/3
[LSW1-GigabitEthernet0/0/3]port link-type trunk
[LSW1-GigabitEthernet0/0/3]port trunk allow-pass vlan 100 101
[LSW1-GigabitEthernet0/0/3]quit

[LSW1]interface g0/0/2
[LSW1-GigabitEthernet0/0/2]port link-type access
[LSW1-GigabitEthernet0/0/2]port default vlan 101
[LSW1-GigabitEthernet0/0/2]quit

[LSW1]interface Vlanif 101
[LSW1-Vlanif101]ip address 192.168.101.1 24
[LSW1-Vlanif101]undo shutdown
[LSW1-Vlanif101]quit
```

AC1 的配置：

```
<AC6005>system-view
[AC6005]undo info-center enable
[AC6005]sysname AC1
[AC1]vlan batch 100 101

[AC1]interface g0/0/1
```

```
[AC1-GigabitEthernet0/0/1]port link-type trunk
[AC1-GigabitEthernet0/0/1]port trunk allow-pass vlan 100 101
[AC1-GigabitEthernet0/0/1]quit

[AC1]interface Vlanif 100
[AC1-Vlanif100]ip address 192.168.100.1 24
[AC1-Vlanif100]undo shutdown
[AC1-Vlanif100]quit
```

R1 的配置：

```
<Huawei>system-view
[Huawei]undo info-center enable
[Huawei]sysname R1
[R1]interface g0/0/0
[R1-GigabitEthernet0/0/0]ip address 192.168.101.2 24
[R1-GigabitEthernet0/0/0]undo shutdown
[R1-GigabitEthernet0/0/0]quit
```

（2）设置 DHCP，创建 VLAN 设置 Trunk。

业务 DHCP 让 STA 获得 IP 地址：

```
[LSW1]dhcp enable
[LSW1]interface Vlanif 101
[LSW1-Vlanif101]dhcp select interface
[LSW1-Vlanif101]quit
```

管理 DHCP 让 AP 获得 IP 地址：

```
<AC1>system-view
[AC1]dhcp enable
[AC1]interface Vlanif 100
[AC1-Vlanif100]dhcp  select interface
[AC1-Vlanif100]quit
```

（3）AC 的配置。

1）AP 上线。

创建 AP 组：

```
<AC1>system-view
[AC1]wlan
[AC1-wlan-view]ap-group name x  //创建 AP 组，名称为 x
[AC1-wlan-ap-group-x]quit
```

创建域管理模板并关联到 AP 组：

```
[AC1]wlan
[AC1-wlan-view]regulatory-domain-profile name x1  //创建域管理模板，名称为 x1
[AC1-wlan-regulate-domain-x1]country-code cn      //国家代码，选择中国
[AC1-wlan-regulate-domain-x1]quit
[AC1-wlan-view]ap-group name x
[AC1-wlan-ap-group-x]regulatory-domain-profile x1 //AP 组的域管理模板是 x1
Warning: Modifying the country code will clear channel, power and antenna
gain configurations of the radio and reset the AP. Continue?[Y/N]:y
```

```
[AC1-wlan-ap-group-x]quit
```

配置 AC 的接口源地址：

```
[AC1]capwap source interface Vlanif 100          //AC 的接口源地址为 VLAN100
```

离线导入 AP：

```
[AC1]wlan
[AC1-wlan-view]ap auth-mode mac-auth              //AP 的认证模式为 MAC 认证
[AC1-wlan-view]ap-id 1 ap-mac 00e0-fcd5-1c70      //AP 的编号和 MAC 地址
[AC1-wlan-ap-1]ap-name ds                         //AP 的名称为 ds
[AC1-wlan-ap-1]ap-group x                         //AP 属于 AP 组 x
[AC1-wlan-view]ap-id 2 ap-mac 00e0-fc1e-3670      //AP 的编号和 MAC 地址
[AC1-wlan-ap-2]ap-name xs                         //AP 的名称
[AC1-wlan-ap-2]ap-group x                         //AP 属于 AP 组 x
Warning: This operation may cause AP reset. If the country code changes,
    it will clear channel, power and antenna gain configurations of the
    radio, Whether to continue? [Y/N]:y
```

【思考 1】

AP 的 MAC 地址是怎么获取的？

解析：可以通过在 AP 上使用命令 display interface Vlanif 1 查看当前 AP 的 MAC 地址，然后再将 MAC 地址进行绑定。

查看命令：

```
[AC1]display ap all
Info: This operation may take a few seconds. Please wait for a moment.done.
Total AP information:
nor  : normal          [2]
---------------------------------------------------------------------------
ID   MAC            Name Group   IP              Type      State STA Uptime
---------------------------------------------------------------------------
1    00e0-fcd5-1c70 ds   x     192.168.100.137 AP2050DN    nor   0   11M:2S
2    00e0-fc1e-3670 xs   x     192.168.100.42  AP2050DN    nor   0   54S
---------------------------------------------------------------------------
```

可以看到两个 AP 都获取到了 MAC 地址。

【思考 2】

以上过程一共几个包？

解析：

- AP 获取 IP 地址共 4 个包：discovery、offer、request、ack。
- CAPWAP 的建立共 2 个包：discovery request（UDP 目的端口 5246 广播查找 AC）和 discovery response（单播回应 AP）。
- AP 接入控制共 2 个包：join request（UDP 5246 端口单播）和 join response。
- 隧道维持共 2 个包：数据隧道 keepalive（UDP 5247）和控制隧道 echo（UDP 5246）。

2）配置 VLAN 业务参数。

创建安全模板：

```
[AC1]wlan
[AC1-wlan-view]security-profile name y1 //安全模板名称为 y1
//密码是 huawei@123，用 AES 加密
[AC1-wlan-sec-prof-y1]security wpa-wpa2 psk pass-phrase huawei@123 aes
[AC1-wlan-sec-prof-y1]quit
```

创建 SSID 模板：

```
[AC1]wlan
[AC1-wlan-view]ssid-profile name y2      //SSID 模板名称为 y2
[AC1-wlan-ssid-prof-y2]ssid hcia         //SSID 名称为 hcia
[AC1-wlan-ssid-prof-y2]quit
[AC1-wlan-view]quit
```

创建 VAP 模板：

```
[AC1]wlan
[AC1-wlan-view]vap-profile name y                    //VAP 模板名称为 y
[AC1-wlan-vap-prof-y]forward-mode tunnel             //转发模式为隧道
[AC1-wlan-vap-prof-y]service-vlan vlan-id 101        //服务的 VLAN 为 101
[AC1-wlan-vap-prof-y]security-profile y1             //调用安全模板 y1
[AC1-wlan-vap-prof-y]ssid-profile y2                 //调用 SSID 模板 y2
[AC1-wlan-vap-prof-y]quit
```

在 AP 组中调用 VAP 模板：

```
[AC1-wlan-view]ap-group name x
[AC1-wlan-ap-group-x]vap-profile y wlan 1 radio 0   //调用 VAP 模板 y
[AC1-wlan-ap-group-x]vap-profile y wlan 1 radio 1
```

【思考 1】

radio 0、radio 1、radio 2 是什么意思？

【思考 2】

这个过程要几个包？

解析：WLAN 业务配置下发 2 个包：Configuration Update Request 和 Configuration Update Response。

3）STA 接入。

可以看到有两个 SSID 为 hcia 的无线网络，在之前的配置中配置了 radio 0、radio 1，就是为了释放两个不同的射频信号，选择其中一个，输入之前创建的密码 huawei@123，如图 16.28 所示。

登录完成后，可以在命令行中输入 ipconfig，查看是否获取到 IP 地址，并使用 ping 命令测试是否能访问 R1 设备。在下面的测试结果中可以看到，已经获取到业务 VLAN 的 IP 地址，并且能够访问 R1，表示实验完成，如图 16.29 所示。

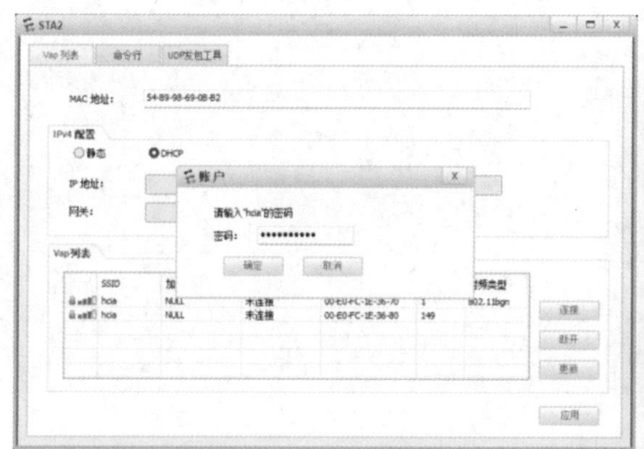

图 16.28　STA 接入

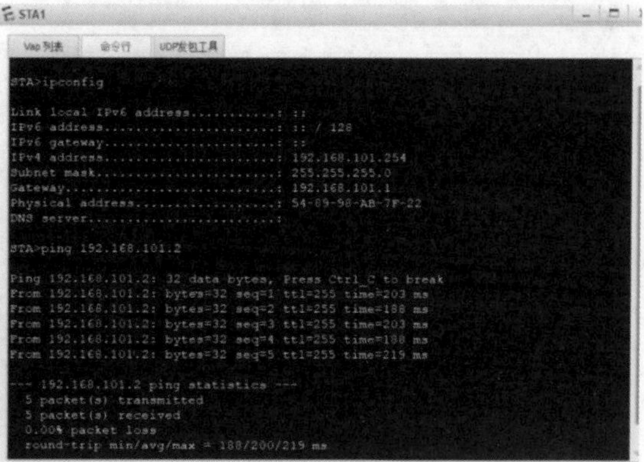

图 16.29　测试结果

【思考】

如果改成直接转发需更改哪些配置？

解析：

- LSW2 上要创建 VLAN101，所有接口要允许 VLAN100、VLAN101 通过。
- 将 LSW1 和 LSW2 连接的接口允许 VLAN101 通过。
- 将 VAP 模板的转发类型修改为直连转发。

16.5　练　习　题

1. 在 WLAN 中用于接收无线网络，区分不同无线网络的是（　　）。

   A．AP Name　　B．BSSID　　C．SSID　　D．VAP

2. 企业场景下的 WLAN 部署方案中一般会涉及（　　）设备。

   A．AC（Access Controller）　　B．CPE

   C．AP　　D．PoE 交换机

3. WLAN 架构中 FIT AP 无法独立进行工作，需要由 AC 进行统一管理，FIT AP 与 AC 之间通过（　　）协议进行通信。

   A．IPSec　　B．WEP　　C．CAPWAP　　D．WAP

4. 在 AC 上配置直接转发方式的命令为（　　）。

   A．forward-mode tunnel　　B．forward-capwap

   C．forward-direct　　D．direct-forward

5. Wi-Fi 6 相比于 Wi-Fi 5 的优势不包括（　　）。

   A．更高的带宽　　B．更低的传输时延

   C．更高的功耗　　D．更高的 AP 接入终端数

第 17 章

广域网

随着经济全球化与数字化变革的加速，企业规模不断扩大，越来越多的分支机构出现在不同的地域。每个分支的网络被认为是一个 LAN（局域网），总部和各分支机构之间通信需要跨越地理位置。因此，企业需要通过 WAN（Wide Area Network，广域网）将这些分散在不同地理位置的分支机构连接起来，以便更好地开展业务。

学完本章内容以后，我们应该能够：

- 理解广域网的基本概念
- 理解 PPP 的基本概念和工作原理
- 掌握 PAP 和 CHAP 的原理和配置
- 理解 PPPoE 协议的基本概念和报文格式
- 掌握 PPPoE 的基本配置

17.1　广域网概述

1. 什么是广域网

如图 17.1 所示，广域网是连接不同地区局域网的网络，通常所覆盖的范围从几十千米到几千千米。它能连接多个地区、城市和国家，或横跨几个洲提供远距离通信，形成国际性的远程网络。

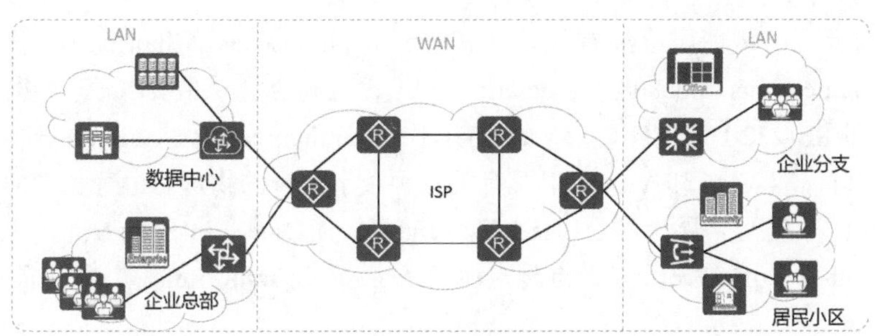

图 17.1　广域网

2. 广域网与局域网的区别

如图 17.2 所示，局域网是一种覆盖地理区域比较小的计算机网络。局域网带宽较高，但是传输距离较短，设备通常都是交换机，属于某一个单位或者组织。

如图 17.3 所示，广域网是一种通过租用 ISP 网络或者自建专用网络来构建的覆盖地理区域比较广的计算机网络，广域网服务大多由 ISP 提供，设备大多都是路由器，可以提供长距离传输。

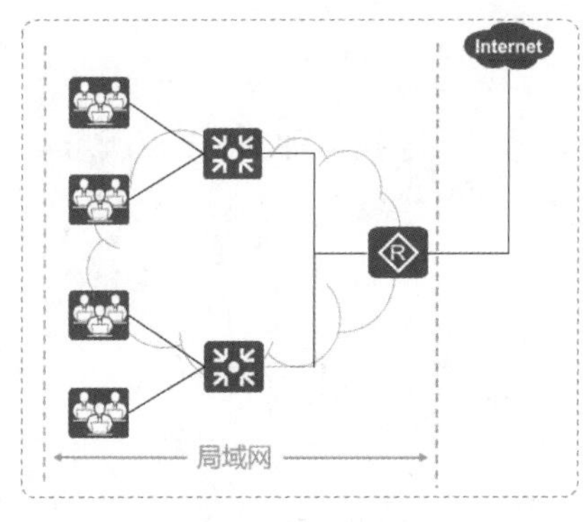

图 17.2　局域网

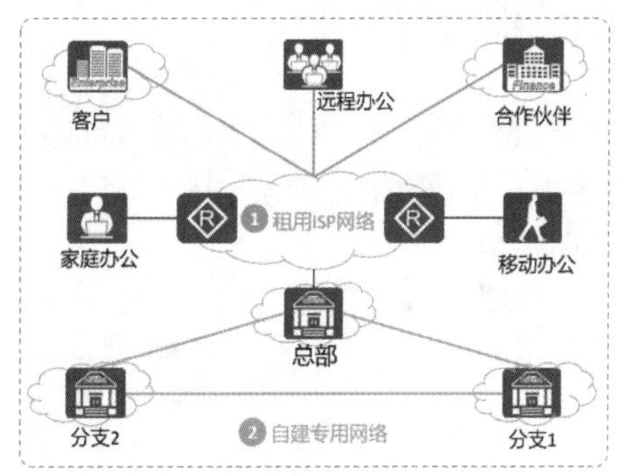

图 17.3　广域网

早期广域网与局域网的区别在于数据链路层和物理层的差异性，如图 17.4 所示，在 TCP/IP 参考模型中，其他各层无差异。

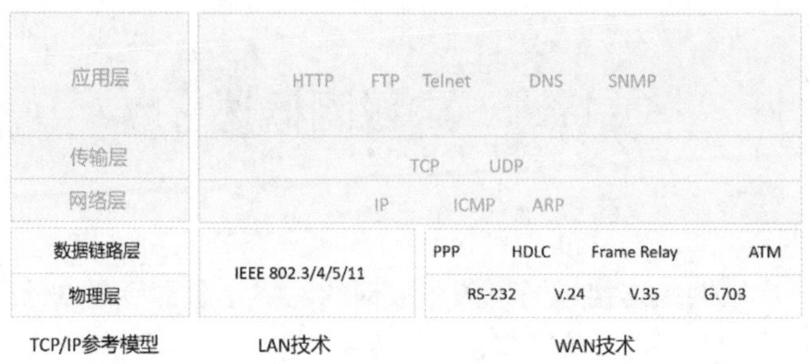

图 17.4 局域网与广域网的对比

初期广域网常用的物理层标准有 EIA（Electronic Industries Alliance，电子工业协会）和 TIA（Telecommunications Industry Association，电信工业协会）制定的公共物理层接口标准 EIA/TIA-232（即 RS-232）、ITU（International Telecommunications Union，国际电信联盟）制定的串行线路接口标准 V.24 和 V.35，以及有关各种数字接口的物理和电气特性的 G.703 标准等。

广域网常见的数据链路层标准有 HDLC（High-level Data Link Control，高级数据链路控制）、PPP（Point-to-Point Protocol，点到点协议）、FR（Frame Relay，帧中继）、ATM 异步传输模式等。

17.2 PPP

PPP 是一种常见的广域网数据链路层协议，主要用于在全双工的链路上进行点到点的数据传输封装。PPP 链路的建立有三个阶段的协商过程，即链路层协商、认证协商（可选）和网络层协商。

17.2.1 链路层协商

链路层协商通过 LCP 报文进行链路参数协商，建立链路层连接。如图 17.5 所示，R1 和 R2 使用串行链路相连，运行 PPP 协议。当物理层链路变为可用状态之后，R1 和 R2 使用 LCP 协商链路参数。

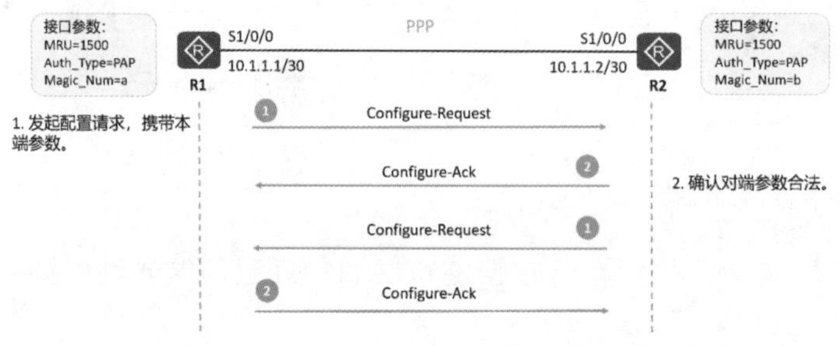

图 17.5 LCP 正常协商过程

图 17.5 中，R1 首先发送一个 Configure-Request 报文，此报文中包含 R1 上配置的链路参数。当 R2 接收到此 Configure-Request 报文之后，如果 R2 能识别并接收此报文中的所有参数，则向 R1 回应一个 Configure-Ack 报文。同样地，R2 也需要向 R1 发送 Configure-Request 报文，使 R1 检测 R2 上的参数是不是可接收的。R1 在没有收到 Configure-Ack 报文的情况下，会每隔 3s 重传一次 Configure-Request 报文，如果连续 10 次发送 Configure-Request 报文仍然没有收到 Configure-Ack 报文，则认为对端不可用，将停止发送 Configure-Request 报文。

在 LCP 报文交互中，当出现 LCP 参数不匹配时，接收方将回复 Configure-Nak 响应告知对端修改参数，然后重新协商，如图 17.6 所示。

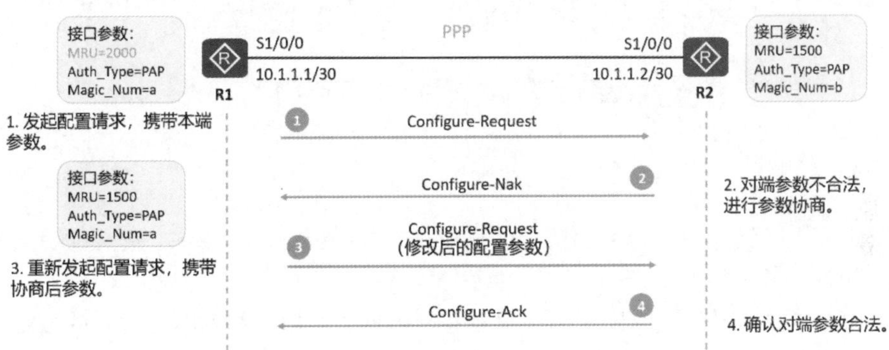

图 17.6　LCP 参数不匹配时的协商过程

在 LCP 报文交互中，当出现 LCP 参数不能识别时，接收方回复 Configure-Reject 响应告知对端删除不识别的参数，然后重新协商，如图 17.7 所示。

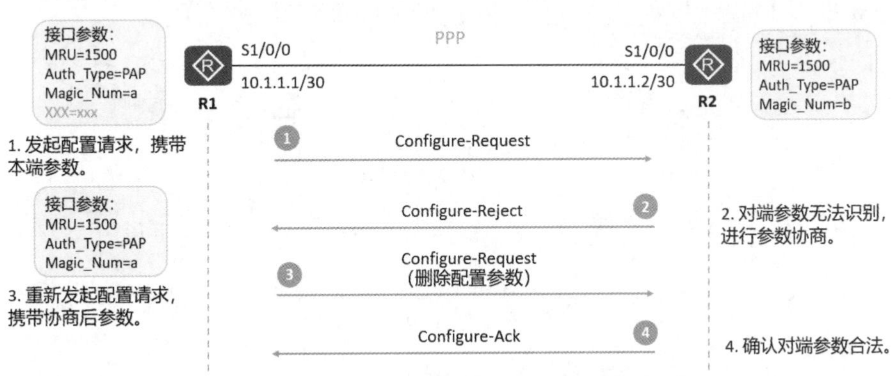

图 17.7　LCP 参数不识别时的协商过程

17.2.2　认证协商

链路层协商成功后，进行认证协商（此过程可选）。认证协商有两种模式：PAP 和 CHAP。

1. PAP

PAP 认证协商为两次握手认证协商，密码以明文方式在链路上发送，如图 17.8 所示。

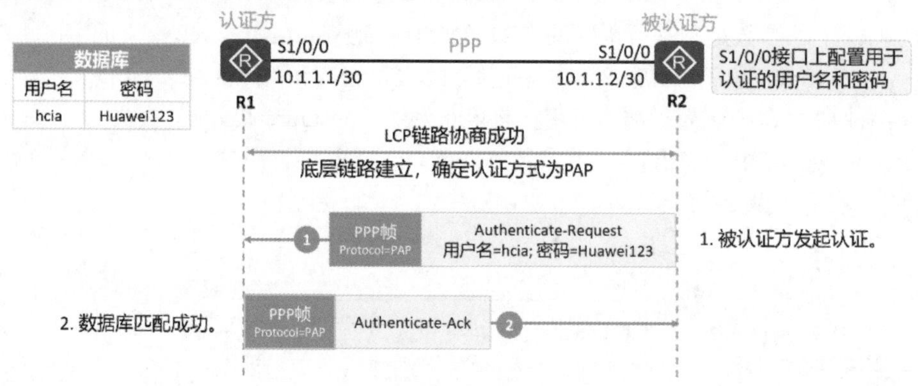

图 17.8　PAP

（1）被认证方将配置的用户名和密码信息使用 Authenticate-Request 报文以明文方式发送给认证方。

（2）认证方接收到被认证方发送的用户名和密码信息之后，根据本地配置的数据库用户名和密码检查用户名和密码信息是否匹配，如果匹配，则返回 Authenticate-Ack 报文，表示认证成功；否则，返回 Authenticate-Nak 报文，表示认证失败。

2. CHAP

CHAP 认证双方有三次握手。协商报文被加密后再在链路上传输。

CHAP 认证协商过程需要三次报文的交互，如图 17.9 所示。

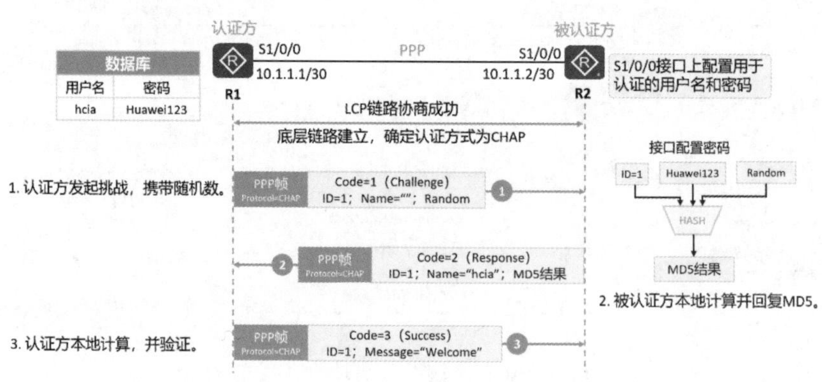

图 17.9　CHAP

（1）认证方主动发起认证请求，认证方向被认证方发送 Challenge 报文，报文内包含随机数（Random）和 ID。

（2）被认证方接收到 Challenge 报文之后，进行一次加密运算，运算公式为 MD5{ ID＋随机数＋密码}，表示将 ID、随机数和密码三部分连成一个字符串，然后对此字符串做 MD5 运算，得到一个 16 字节长的摘要信息，然后将此摘要信息和端口上配置的 CHAP 用户名一起封装在 Response 报文中发回认证方。

（3）认证方接收到被认证方发送的 Response 报文之后，按照其中的用户名在本地查找相应的密码信息，得到密码信息之后，进行一次加密运算，运算方式和被认证方的加密运算方式相同；然后将加密运算得到的摘要信息和 Response 报文中封装的摘要信息进行比较，相同则认证成功，不相同则认证失败。

17.2.3　网络层协商

PPP 认证协商完成后，双方进入 NCP 协商阶段，协商在数据链路上所传输的数据包的格式与类型。以常见的 IPCP 协议为例，其分为静态 IP 地址协商和动态 IP 地址协商。

1. 静态 IP 地址协商

静态 IP 地址协商需要手动在链路两端配置 IP 地址，如图 17.10 所示。

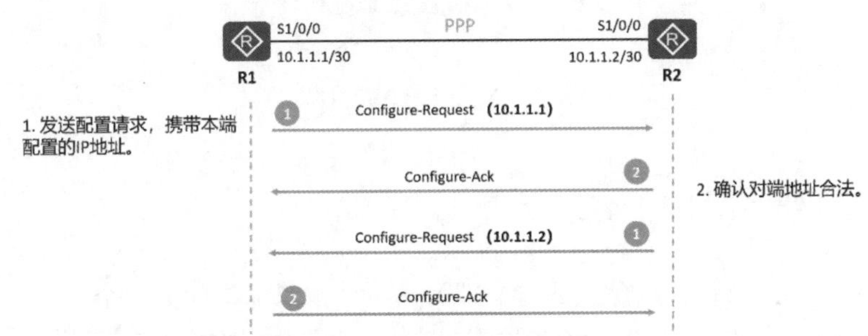

图 17.10　静态 IP 地址协商

（1）每一端都要发送 Configure-Request 报文，在此报文中包含本地配置的 IP 地址。

（2）每一端接收到 Configure-Request 报文之后，检查其中的 IP 地址，如果 IP 地址是一个合法的单播 IP 地址，而且和本地配置的 IP 地址不同（没有 IP 冲突），则认为对端可以使用该地址，回应一个 Configure-Ack 报文。

2. 动态 IP 地址协商

动态 IP 地址协商支持 PPP 链路一端为对端配置 IP 地址，如图 17.11 所示。

（1）R1 向 R2 发送一个 Configure-Request 报文，此报文中会包含一个 IP 地址 0.0.0.0，表示向对端请求 IP 地址。

（2）R2 接收到 Configure-Request 报文后，认为其中包含的地址（0.0.0.0）不合法，则使用 Configure-Nak 回应一个新的 IP 地址 10.1.1.1。

（3）R1 接收到 Configure-Nak 报文后，更新本地 IP 地址，并重新发送一个 Configure-Request 报文，包含新的 IP 地址 10.1.1.1。

（4）R2 接收到 Configure-Request 报文后，认为其中包含的 IP 地址为合法地址，回应一个 Configure-Ack 报文。

（5）同时，R2 也要向 R1 发送 Configure-Request 报文，请求使用地址 10.1.1.2，R1 认为此地址合法，回应 Configure-Ack 报文。

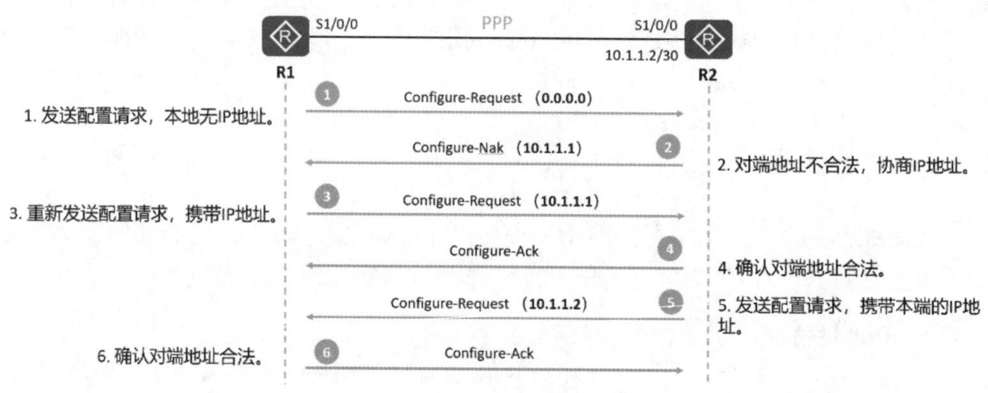

图 17.11　动态 IP 地址协商

17.3　PPPoE

17.3.1　为什么要使用 PPPoE

PPP 是一种点到点协议，点到点的含义即为一个节点只能访问另一个指定的节点。PPP 处于 OSI 参考模型的第二层，即 TCP/IP 数据链路层，主要用于在全双工的异步链路上进行点到点的数据传输。PPP 的一个重要功能是身份验证，但其虽然提供了通信双方的身份验证功能，协议中却没有提供地址信息，由于以太网是一个广播类型的多路访问网络，因而 PPP 是无法直接应用在以太网链路上的。

以太网技术虽然具有简单易用、成本低等特点，但是由于以太网广播网络的属性，使得其通信双方无法相互验证对方的身份，因而通信是不安全的。

如何解决以上问题，同时又在现有的网络结构基础上保证网络的低成本运营呢？答案便是 PPPoE 技术。PPPoE 结合了 PPP 通信双方身份验证的功能，在 PPP 组网结构的基础上，将 PPP 报文封装成 PPPoE 报文，从而实现以太网上的点到点通信，使得以太网中的客户端能够连接到远端的宽带接入设备上。

17.3.2　PPPoE 报文

PPPoE 会话的建立通过不同的 PPPoE 报文交互实现。PPPoE 报文结构如图 17.12 所示。其中，Code 代码不同，代表的报文类型也不同，常见的 PPPoE 报文类型见表 17.1。

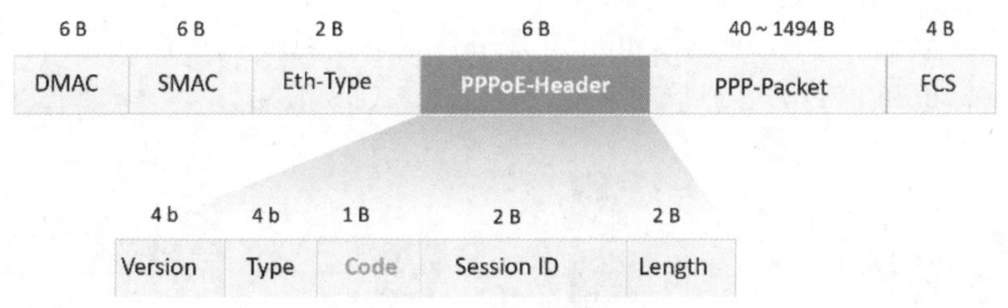

图 17.12 PPPoE 报文结构

表 17.1 常见的 PPPoE 报文类型

名 称	内 容
PADI	PPPoE Active Discovery Initiation，PPPoE 激活发现起始报文
PADO	PPPoE Active Discovery Offer，PPPoE 激活发现服务报文
PADR	PPPoE Active Discovery Request，PPPoE 激活发现请求报文
PADS	PPPoE Active Discovery Session-confirmation，PPPoE 激活发现会话确认报文
PADT	PPPoE Active Discovery Terminate，PPPoE 激活发现终止报文

17.3.3 PPPoE 会话建立

PPPoE 的会话建立有三个阶段：PPPoE 发现阶段、PPPoE 会话阶段和 PPPoE 终结阶段。

1. PPPoE 发现阶段

PPPoE 协议发现有四个步骤：客户端发送请求、服务器端响应请求、客户端确认响应和建立会话。

（1）客户端发送请求。如图 17.13 所示，PPPoE 客户端在本地以太网中广播一个 PADI 报文，此 PADI 报文中包含客户端需要的服务信息。所有 PPPoE 服务器端接收到 PADI 报文之后，会将报文中所请求的服务与自己能够提供的服务进行比较。

（2）服务器端响应请求。如图 17.14 所示，如果服务器端可以提供客户端请求的服务，就会回复一个 PADO 报文。

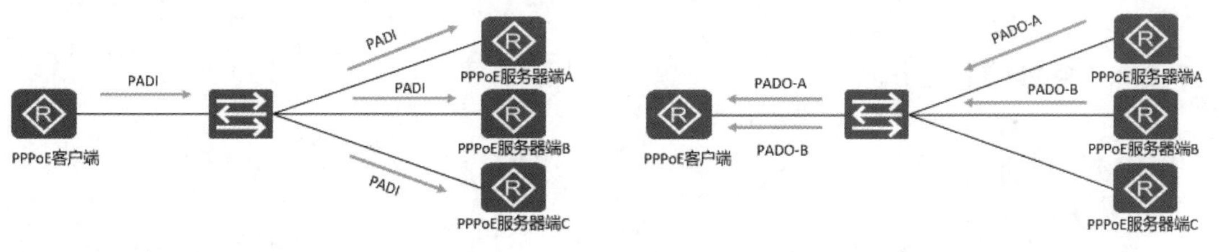

图 17.13 PADI　　图 17.14 PADO

（3）客户端确认响应。如图 17.15 所示，客户端可能会收到多个 PADO 报文，此时将选择最先收到的 PADO 报文对应的 PPPoE 服务器端，并发送一个 PADR 报文给这个服务器端。

（4）建立会话。如图 17.16 所示，PPPoE 服务器端接收到 PADR 报文后，会生成一个唯一的 Session ID 来标识和 PPPoE 客户端的会话，并发送 PADS 报文。

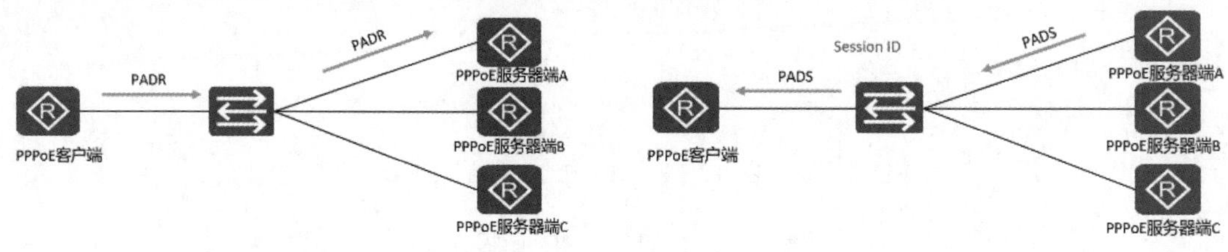

图 17.15　PADR　　　　图 17.16　PADS

2. PPPoE 会话阶段

PPPoE 会话阶段会进行 PPP 协商，分为 LCP 协商、认证协商、NCP 协商三个阶段。

（1）LCP 协商阶段：主要完成建立、配置和检测数据链路连接。

（2）认证协商阶段：LCP 协商成功后，开始进行认证，认证协议类型由 LCP 协商结果决定。

（3）NCP 协商阶段：认证成功后，PPP 进入 NCP 阶段，NCP 是一个协议族，用于配置不同的网络层协议，常用的是 IP 控制协议（IPCP），它负责配置用户的 IP 地址和 DNS 服务器地址等。

PPPoE Session 的 PPP 协商成功后，就可以承载 PPP 数据报文。在这一阶段传输的数据报文中必须包含在发现阶段确定的 Session ID 并保持不变。

3. PPPoE 终结阶段

当 PPPoE 客户端希望关闭连接时，会向 PPPoE 服务器端发送一个 PADT 报文，用于关闭连接。同样，如果 PPPoE 服务器端希望关闭连接时，也会向 PPPoE 客户端发送一个 PADT 报文。

17.4　广域网实验

17.4.1　PPP 基本功能

1. 实验目的

（1）熟悉串行链路上的封装概念。

（2）了解 PPP 封装。

（3）掌握通过 PPP 协商获取 IP 地址。

2. 实验拓扑

配置 PPP 基本功能的实验拓扑如图 17.17 所示。

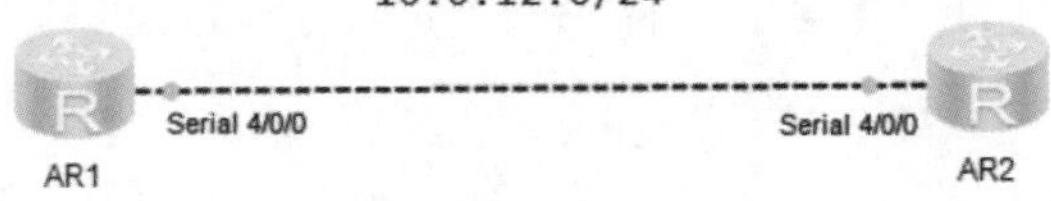

图 17.17　配置 PPP 基本功能的实验拓扑

3. 实验步骤

（1）配置 AR1 的接口 IP 地址并配置 PPP 协议。

```
<huawei>system-view
Enter system view, return user view with Ctrl+Z.
[huawei]sysname AR1
[AR1]interface  s4/0/0
[AR1-Serial4/0/0]link-protocol ppp              //链路层协议封装为 PPP
[AR1-Serial4/0/0]ip address  10.0.12.1 24       //客户端地址通过 pool 1 获取
```

（2）配置全局地址池。

```
[AR1]ip pool 1                                  //创建地址池编号为 1
[AR1-ip-pool-1]network 10.0.12.0 mask 24        //设置地址和子网掩码
[AR1-ip-pool-1]gateway-list 10.0.12.1           //网关为 10.0.12.1
```

（3）配置为客户端指定的地址池。

```
[AR1-Serial4/0/0]remote address pool 1
```

（4）在 AR2 上配置接口 Serial 4/0/0 的链路层协议和 IP 地址可协商属性。

```
<huawei>system-view
Enter system view, return user view with Ctrl+Z.
[huawei]sysname AR2
[AR2]interface  s4/0/0
[AR2-Serial4/0/0]link-protocol ppp
[AR2-Serial4/0/0]ip address ppp-negotiate       //通过 PPP 协商的方式获取 IP 地址
```

（5）查看接口是否获取到 IP 地址。

```
[AR2]display ip interface brief
Interface                   IP Address/Mask      Physical   Protocol
GigabitEthernet0/0/0        unassigned           down       down
GigabitEthernet0/0/1        unassigned           down       down
GigabitEthernet0/0/2        unassigned           down       down
NULL0                       unassigned           up         up(s)
Serial4/0/0                 10.0.12.254/32       up         up
Serial4/0/1                 unassigned           down       down
```

【思考】

为什么 PPP 链路上可以通过 PPP 协商自动获取 IP 地址？

解析：PPP 协商阶段分为 LCP 协商和 NCP 协商，LCP 协商阶段主要用于链路的建立，而 NCP 协商阶段 AR1 和 AR2 会协商双方地址的合法性。在本实验中，AR2 接口没有配置 IP 地址，因此发送 NCP 协商报文，Configure-Request 中携带的 IP 地址为 0.0.0.0，AR1 会认为这是个非法的 IP 地址，并且回复 Configure-Nak 报文，在此报文中会携带为 AR2 分配的 IP 地址，AR2 获取新的 IP 地址后，在下次 NCP 协商阶段才能通过。

17.4.2 PAP 认证

1. 实验目的

掌握 PAP 认证的配置方法。

2. 实验拓扑

配置 PAP 认证的实验拓扑如图 17.18 所示。

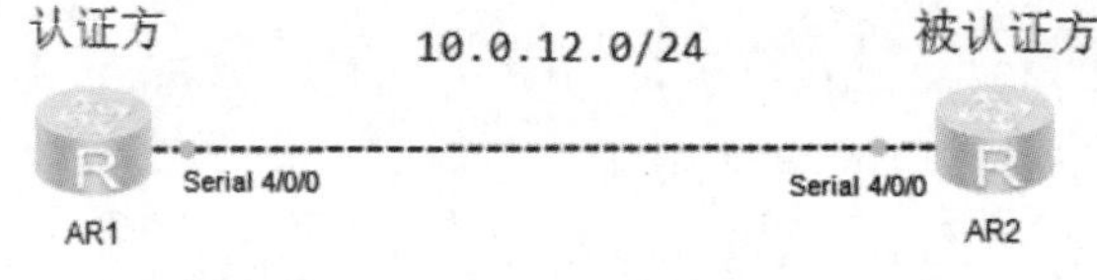

图 17.18　配置 PAP 认证的实验拓扑

3. 实验步骤

（1）配置 AR1 的接口 IP 地址。

```
<Huawei>system-view
Enter system view, return user view with Ctrl+Z.
[Huawei]sysname AR1
[AR1]interface s4/0/0
[AR1-Serial4/0/0]link-protocol ppp
[AR1-Serial4/0/0]ip address  10.0.12.1 24
```

（2）配置认证账户密码。

```
[AR1]aaa
[AR1-aaa]local-user huawei password cipher huawei //配置认证时使用的账户密码
//将用户名为 huawei 的服务类型改为 PPP
[AR1-aaa]local-user huawei service-type ppp
```

（3）在 API 接口配置认证模式为 PAP 认证。

```
[AR1]interface s4/0/0
[AR1-Serial4/0/0]ppp authentication-mode pap
```

（4）配置 AR2 的接口 IP 地址。

```
<Huawei>system-view
Enter system view, return user view with Ctrl+Z.
[Huawei]sysname AR2
[AR2]interface s4/0/0
[AR2-Serial4/0/0]link-protocol ppp
[AR2-Serial4/0/0]ip address  10.0.12.2 24
```

（5）在 AR2 接口配置认证用户名及密码。

```
[AR2]interface s4/0/0
[AR2-Serial4/0/0]ppp pap local-user huawei password cipher huawei
```

（6）在 AR2 上查看接口状态。

```
<AR2>display interface Serial4/0/0
Serial4/0/0 current state : UP
Line protocol current state : UP
Last line protocol up time : 2022-04-07 16:40:02 UTC-08:00
Description:HUAWEI, AR Series, Serial4/0/0 Interface
Route Port,The Maximum Transmit Unit is 1500, Hold timer is 10(sec)
Internet Address is 10.0.12.2/24
Link layer protocol is PPP
LCP opened, IPCP opened
Last physical up time   : 2022-04-07 16:40:01 UTC-08:00
Last physical down time : 2022-04-07 16:39:57 UTC-08:00
Current system time: 2022-04-07 16:47:59-08:00
Physical layer is synchronous, Virtualbaudrate is 64000 bps
Interface is DTE, Cable type is V11, Clock mode is TC
Last 300 seconds input rate 6 bytes/sec 48 bits/sec 0 packets/sec
Last 300 seconds output rate 2 bytes/sec 16 bits/sec 0 packets/sec

Input: 487 packets, 15742 bytes
  Broadcast:              0,  Multicast:              0
  Errors:                 0,  Runts:                  0
  Giants:                 0,  CRC:                    0

  Alignments:             0,  Overruns:               0
  Dribbles:               0,  Aborts:                 0
  No Buffers:             0,  Frame Error:            0

Output: 484 packets, 5950 bytes
  Total Error:            0,  Overruns:               0
  Collisions:             0,  Deferred:               0
    Input bandwidth utilization  :    0%
    Output bandwidth utilization :    0%
```

可以发现，LCP 及 IPCP 状态都为 opened，并且物理状态和协议状态都为 UP。

17.4.3　CHAP 认证

1. 实验目的

掌握 CHAP 认证的配置方法。

2. 实验拓扑

配置 CHAP 认证的实验拓扑如图 17.19 所示。

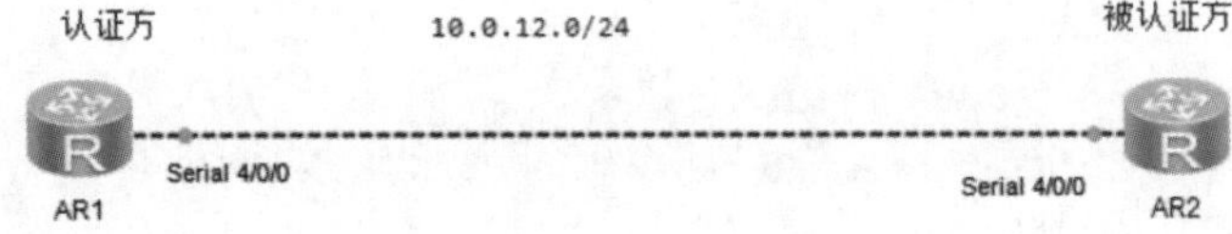

图 17.19　配置 CHAP 认证的实验拓扑

3. 实验步骤

（1）配置 AR1 的接口 IP 地址。

```
<Huawei>system-view
Enter system view, return user view with Ctrl+Z.
[Huawei]sysname AR1
[AR1]interface s4/0/0
[AR1-Serial4/0/0]link-protocol ppp
[AR1-Serial4/0/0]ip address  10.0.12.1 24
```

（2）配置 AR2 的接口 IP 地址。

```
<Huawei>system-view
Enter system view, return user view with Ctrl+Z.
[Huawei]sysname AR2
[AR2]interface  s4/0/0
[AR2-Serial4/0/0]ip address  10.0.12.2 24
[AR2-Serial4/0/0]link-protocol ppp
```

（3）在认证方 AR1 上配置用户名和密码，用于被认证方用户的登录。

```
[AR1]aaa
[AR1-aaa]local-user huawei password cipher huawei
[AR1-aaa]local-user huawei service-type ppp
```

（4）在认证方 AR1 接口配置 PPP 的认证模式为 CHAP 认证。

```
[AR1]interface  s4/0/0
[AR1-Serial4/0/0]ppp  authentication-mode chap
```

（5）在被认证方 AR2 接口配置 CHAP 认证的用户名和密码。

```
[AR2]interface  s4/0/0
[AR2-Serial4/0/0]ppp chap user huawei
[AR2-Serial4/0/0]ppp chap password cipher huawei
```

（6）在 AR2 上查看接口状态。

```
[AR2]display  interface  s4/0/0
Serial4/0/0 current state : UP
Line protocol current state : UP
Last line protocol up time : 2022-04-12 14:26:24 UTC-08:00
Description:HUAWEI, AR Series, Serial4/0/0 Interface
Route Port,The Maximum Transmit Unit is 1500, Hold timer is 10(sec)
Internet Address is 10.0.12.2/24
Link layer protocol is PPP
LCP opened, IPCP opened
Last physical up time   : 2022-04-12 14:26:24 UTC-08:00
Last physical down time : 2022-04-12 14:26:19 UTC-08:00
```

```
Current system time: 2022-04-12 14:26:37-08:00
Physical layer is synchronous, Virtualbaudrate is 64000 bps
Interface is DTE, Cable type is V11, Clock mode is TC
Last 300 seconds input rate 7 bytes/sec 56 bits/sec 0 packets/sec
Last 300 seconds output rate 2 bytes/sec 16 bits/sec 0 packets/sec

Input: 139 packets, 4510 bytes
  Broadcast:              0,  Multicast:              0
  Errors:                 0,  Runts:                  0
  Giants:                 0,  CRC:                    0

  Alignments:             0,  Overruns:               0
  Dribbles:               0,  Aborts:                 0
  No Buffers:             0,  Frame Error:            0

Output: 139 packets, 1718 bytes
  Total Error:            0,  Overruns:               0
  Collisions:             0,  Deferred:               0
    Input bandwidth utilization  :    0%
Output bandwidth utilization :    0%
```

可以发现，LCP 及 IPCP 状态都为 opened，并且物理状态和协议状态都为 UP。

17.4.4　PPPoE 配置

1. 实验目的

（1）了解 PPPoE 的原理。

（2）掌握 PPPoE 的配置方法。

2. 实验拓扑

PPPoE 配置实验拓扑如图 17.20 所示。

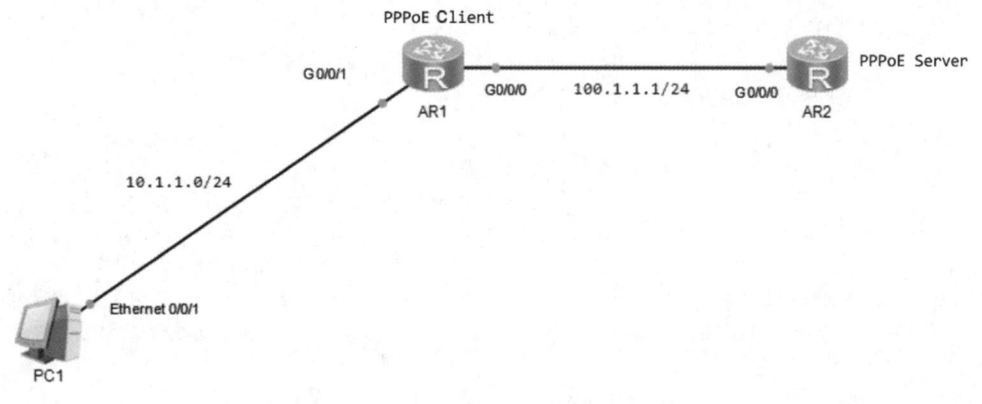

图 17.20　PPPoE 配置实验拓扑

3. 实验步骤

（1）配置 PPPoE Server 的地址池。

```
<Huawei>system-view
Enter system view, return user view with Ctrl+Z.
[Huawei]sysname PPPoE Server
[PPPoE server]ip pool pool1
Info: It's successful to create an IP address pool.
//客户端通过拨号所获取的网段地址
[PPPoE server-ip-pool-pool1]network 100.1.1.0 mask 24
[PPPoE server-ip-pool-pool1]gateway-list 100.1.1.1 //配置分配的网关地址
```

（2）配置 PPPoE 客户端拨号使用的用户名及密码。

```
[PPPoE Server]aaa
//创建用户名为 huawei、密码为 huawei 的账号
[PPPoE Server-aaa]local-user huawei password cipher huawei
Info: Add a new user.
//设置用户名为 huawei 的服务类型为 PPP
[PPPoe Server-aaa]local-user huawei service-type ppp
```

（3）配置 VT 接口，用于 PPPoE 认证并且分配地址。

```
[PPPoE Server]interface  Virtual-Template 1                //创建 VT 接口
//将网关地址配置在 VT 接口
[PPPoE Server-Virtual-Template1]ip address  100.1.1.1 24
//配置 PPP 的认证类型为 chap
[PPPoE Server-Virtual-Template1]ppp authentication-mode chap
//调用为客户端分配地址的地址池 pool1
[PPPoE Server-Virtual-Template1]remote address pool pool1
```

【提示】

以太网接口不支持 PPP，需要配置虚拟接口 VT。

（4）在以太网接口使能 PPPoE 功能并绑定 VT 接口 1。

```
[PPPoE server]interface  g0/0/0
//设置本设备为 PPPoE 的服务端，并且关联 VT 接口
[PPPoE server-GigabitEthernet0/0/0]PPPoE-server bind virtual-template 1
```

（5）配置 AR1 的 PPPoE Client 拨号功能。

```
[Huawei]sysname PPPoe client
[PPPoE Client]interface Dialer 0
[PPPoE Client-Dialer0]dialer user user1       //使能共享 DDC 功能
[PPPoE Client-Dialer0]dialer bundle 1         //指定该 dialer 接口的 dialer bundle
[PPPoE Client-Dialer0]ppp chap user Huawei   //配置服务器端分配的用户名
[PPPoE Client-Dialer0]ppp chap password cipher huawei //配置服务器端分配的密码
[PPPoE Client-Dialer0]ip address  ppp-negotiate//使用 PPP 协商获取 IP 地址
```

（6）建立 PPPoE 会话。

```
[PPPoE Client]interface  g0/0/0
```

```
//绑定 dialer 接口的 dialer bundle
[PPPoE Client-GigabitEthernet0/0/0]pppoe-client dial-bundle-number 1
```

（7）查看客户端是否能通过 PPPoE 获取到 IP 地址。

```
[PPPoe client]display  ip interface brief
*down: administratively down
^down: standby
(l): loopback
(s): spoofing
The number of interface that is UP in Physical is 4
The number of interface that is DOWN in Physical is 3
The number of interface that is UP in Protocol is 2
The number of interface that is DOWN in Protocol is 5

Interface                     IP Address/Mask    Physical   Protocol
Dialer0                       100.1.1.254/32     up         up(s)
GigabitEthernet0/0/0          unassigned         up         down
GigabitEthernet0/0/1          unassigned         up         down
GigabitEthernet0/0/2          unassigned         down       down
NULL0                         unassigned         up         up(s)
```

可以看到，客户端通过 PPPoE 获取到了 100.1.1.254 的 IP 地址。

（8）配置 AR1 的 G0/0/1 接口的 IP 地址。

```
[PPPoe client]interface  g0/0/1
[PPPoe client-GigabitEthernet0/0/1]ip address  10.1.1.2 24
```

（9）配置 NAT，让私网的 PC 能够访问公网。

配置 ACL，定义需要地址转换的流量：

```
[PPPoE Client]acl  2000
//匹配需要访问公网的设备流量
[PPPoE Client-acl-basic-2000]rule  permit  source  10.1.1.0 0.0.0.255
```

在接口配置 Easy IP：

```
[PPPoE Client]interface Dialer 0
[PPPoE Client-Dialer0]nat outbound 2000 //在 dialer 0 接口调用 acl 2000
```

配置默认路由访问公网：

```
//配置默认路由，下一跳出口为 dialer 接口
[PPPoE Client]ip route-static 0.0.0.0 0 Dialer 0
```

（10）在 PC 测试公网的连通性。

```
PC>ping 100.1.1.1

Ping 100.1.1.1: 32 data bytes, Press Ctrl_C to break
From 100.1.1.1: bytes=32 seq=1 ttl=254 time=15 ms
From 100.1.1.1: bytes=32 seq=2 ttl=254 time=15 ms
From 100.1.1.1: bytes=32 seq=3 ttl=254 time=32 ms
From 100.1.1.1: bytes=32 seq=4 ttl=254 time=15 ms
From 100.1.1.1: bytes=32 seq=5 ttl=254 time=32 ms
```

可以看到，私网 PC 也可以使用 NAT 实现对公网的访问。

17.5 练习题

1. PPP定义的是OSI参考模型中（　　）的封装格式。

A．表示层　　B．应用层　　C．数据链路层　　D．网络层

2. 如果在PPP认证过程中，被认证者发送了错误的用户名和密码给认证者，认证者将会发送（　　）报文给被认证者。

A．Authenticate-Reply　　B．Authenticate-Ack

C．Authenticate-Nak　　D．Authenticate-Reject

3. 配置PPP认证方式为PAP时，（　　）是必须的。

A．设置PPP的认证模式为CHAP

B．在被认证方配置向认证方发送的用户名和密码

C．将被认证方的用户名和密码加入认证方的本地用户列表

D．配置与对端设备相连接口的数据链路层封装类型为PPP

4. PPPoE会话建立和终结过程中不包括（　　）。

A．发现阶段　　B．数据转发阶段　　C．会话阶段　　D．会话终结阶段

5. PPPoE会话只能使用CHAP认证。（　　）

A．对　　B．错

第 18 章 网络管理与运维

SNMP（Simple Network Management Protocol，简单网络管理协议）是广泛应用于 TCP/IP 网络的网络管理标准协议。SNMP 提供了一种通过运行网络管理软件的中心计算机（即网络管理工作站）来管理设备的方法。

学完本章内容以后，我们应该能够：

- 熟悉 SNMP 的基本概念
- 掌握 SNMP 的基本配置

18.1 为什么需要 SNMP

随着网络技术的飞速发展，在网络不断普及的同时也给网络管理带来了以下问题。

- 网络设备数量成几何级数增加，使得网络管理员对设备的管理变得越来越困难；同时，网络作为一个复杂的分布式系统，其覆盖地域不断扩大，也使得对这些设备进行实时监控和故障排查变得极为困难。
- 网络设备种类多种多样，不同设备厂商提供的管理接口（如命令行接口）各不相同，这使得网络管理变得愈发复杂。

在这种背景下，SNMP 应运而生。SNMP 是广泛应用于 TCP/IP 网络的网络管理标准协议，该协议能够支持网络管理系统，用于监测连接到网络上的设备是否有任何引起管理上关注的情况。利用网络管理网络的方式有以下好处。

- 网络管理员可以利用 SNMP 平台在网络上的任意节点完成信息查询、修改和故障排查等工作，工作效率得以提高。
- 屏蔽了设备间的物理差异，SNMP 仅提供最基本的功能集，使得管理任务与被管理设备的物理特性、网络类型相互独立，因而可以实现对不同设备的统一管理，管理成本较低。
- 设计简单、运行代价低，SNMP 采用“尽可能简单”的设计思想，其在设备上添加的软/硬件、报文的种类和格式都力求简单，因而运行 SNMP 给设备造成的影响和代价都被最小化。

18.2 SNMP 的基本组件

SNMP 基本组件包括网络管理系统 NMS（Network Management System）、代理进程（Agent）、被管理对象（Managed Object）和管理信息库 MIB（Management Information Base）。如图 18.1 所示，这些基本组件共同构成 SNMP 的管理模型，在 SNMP 的体系结构中起着至关重要的作用。

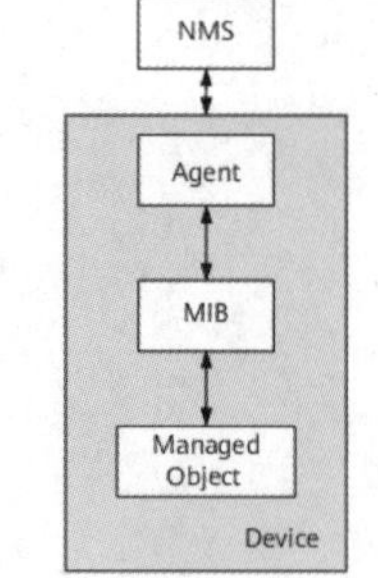

图 18.1 SNMP 管理模型

1. NMS

NMS 在网络中扮演管理者角色，是一个采用 SNMP 对网络设备进行管理/监视的系统，运行在 NMS 服务器上。

2. Agent

Agent 是被管理设备中的一个代理进程，用于维护被管理设备的信息数据并响应来自 NMS 的请求，把管理数据汇报给发送请求的 NMS。

3. Managed Object

Managed Object 指被管理对象。每个设备可能包含多个被管理对象，被管理对象可以是设备中的某个硬件，也可以是在硬件、软件（如路由选择协议）上配置的参数集合。

4. MIB

MIB 是一个数据库，指明了被管理设备所维护的变量，是能够被 Agent 查询和设置的信息。MIB 在数据库中定义了被管理设备的一系列属性，包括对象的名称、对象的状态、对象的访问权限和对象的数据类型等。通过 MIB，可以完成以下功能。

- Agent 通过查询 MIB，可以获知设备当前的状态信息。
- Agent 通过修改 MIB，可以设置设备的状态参数。

SNMP 的 MIB 采用树型结构，它的根在最上面，没有名称。如图 18.2 所示，OID 树结构是 MIB 的一部分，又称为对象命名树。每个对象标识符 OID（Object Identifier）对应于树中的一个管理对象，该树的每个分支都有一个数字和一个名称，并且每个点都以从该树的顶部到该点的完整路径命名，如 system 的 OID 为 1.3.6.1.2.1.1，interface 的 OID 为 1.3.6.1.2.1.2。

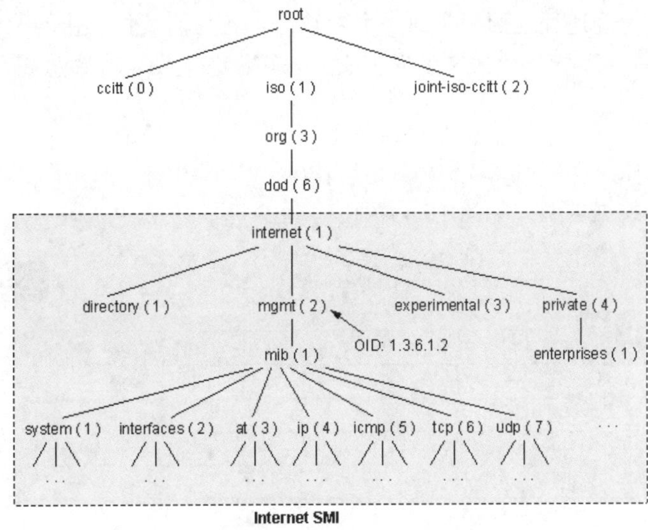

图 18.2　OID 树结构

18.3　SNMP 的版本

SNMP 有三个版本：SNMPv1、SNMPv2c 和 SNMPv3。

1. SNMPv1

SNMPv1 是 SNMP 的第一个版本，提供了一种监控和管理计算机网络的系统方法，它基于团体名认证，安全性较差，且返回报文的错误码也较少，如图 18.3 所示。

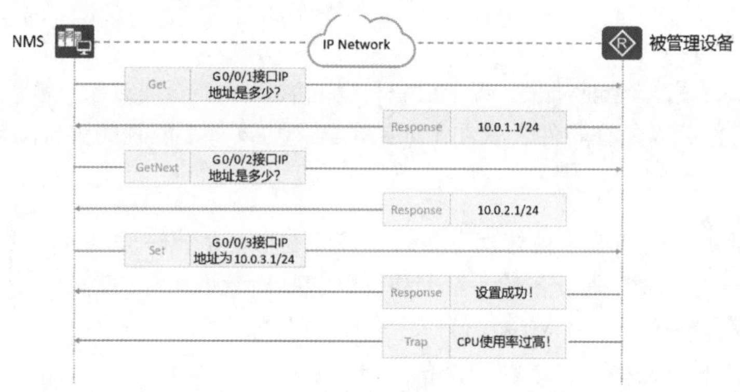

图 18.3 SNMPv1

SNMPv1 定义了五种协议操作。

（1）Get-Request：NMS 从被管理设备代理进程的 MIB 中提取一个或多个参数值。

（2）GetNext-Request：NMS 从代理进程的 MIB 中按照字典式排序提取下一个参数值。

（3）Set-Request：NMS 设置代理进程 MIB 中的一个或多个参数值。

（4）Response：代理进程返回一个或多个参数值。它是前三种操作的响应操作。

（5）Trap：代理进程主动向 NMS 发送报文，告知设备上发生的紧急或重要事件。

2. SNMPv2c

SNMP 的第二个版本 SNMPv2c 引入了 GetBulk 和 Inform 协议操作，支持更多的标准错误码信息，支持更多的数据类型，如图 18.4 所示。

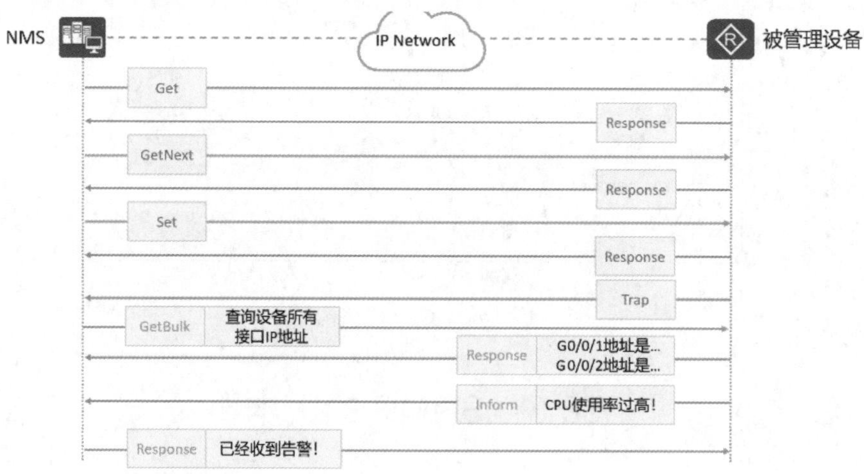

图 18.4 SNMPv2c

（1）GetBulk：相当于连续执行多次 GetNext 操作。在 NMS 上可以设置被管理设备在一次 GetBulk 报文交互时，执行 GetNext 操作的次数。

（2）Inform：被管理设备向 NMS 主动发送告警。与 Trap 告警不同的是，被管理设备发送

Inform 告警后，需要 NMS 进行接收确认。如果被管理设备没有收到确认信息则会将告警暂时保存在 Inform 缓存中，并且会重复发送该告警，直到 NMS 确认收到了该告警或者发送次数已经达到了最大重传次数。

3. SNMPv3

SNMPv3 增加了身份验证和加密处理的功能。

（1）身份验证：身份验证是指代理进程（NMS）接收到信息时首先必须确认信息是否来自有权限的代理进程，并且信息在传输过程中未被改变。

（2）加密处理：SNMPv3 报文中添加了报头数据和安全参数字段。例如，当管理进程发出 SNMPv3 版本的 Get-Request 报文时可以携带用户名、密钥、加密参数等安全参数，代理进程在进行回复时也采用加密的 Response 报文。这种安全加密机制特别适用于管理进程和代理进程之间需要经过公网传输数据的场景。

18.4 SNMP 端口号

SNMP 端口是 SNMP 通信端点，SNMP 消息传输通过 UDP 进行，通常使用 UDP 端口号 161/162，有时也使用传输层安全性（TLS）协议或数据报传输层安全性（DTLS）协议。SNMP 端口的使用情况见表 18.1。

表 18.1 SNMP 端口的使用情况

过 程	协 议	端 口 号
代理进程接收请求信息	UDP	161
NMS 与代理进程之间的通信	UDP	161
NMS 接收通知信息	UDP	162
代理进程生成通知信息	无	任何可用的端口
接收请求信息	TLS/DTLS	10161
接收通知信息	TLS/DTLS	10162

18.5 SNMP 实验

1. 实验目的

（1）理解 SNMP 的原理。

（2）掌握 SNMP 的配置方法。

2. 实验拓扑

配置 SNMP 的实验拓扑如图 18.5 所示。

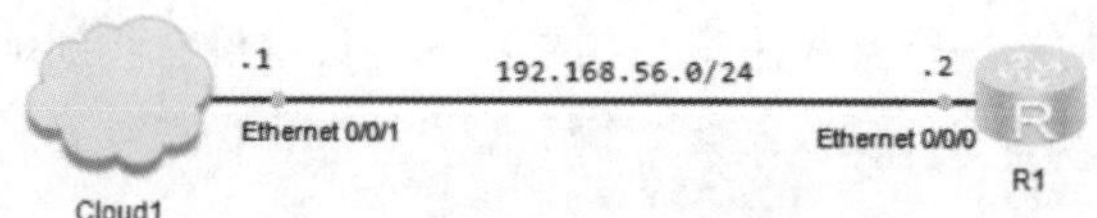

图 18.5　配置 SNMP 的实验拓扑

3. 实验步骤

（1）Cloud1 的配置。使用 Windows 系统的虚拟网卡桥接到 eNSP 模拟器。

1）双击云图标，打开云配置界面，如图 18.6 所示。

2）创建 UDP 端口，在“绑定信息”下拉列表框中选择 UDP 选项，然后单击“增加”按钮，配置如图 18.7 所示。

图 18.6　云配置界面

图 18.7　创建 UDP 端口

3）根据创建的端口信息，配置端口映射。在“绑定信息”下拉列表框中选择 Host-Only 选项，单击“增加”按钮，在“端口映射设置”选项组的“入端口编号”下拉列表框中选择 1 选项，在“出端口编号”下拉列表框中选择 2 选项，勾选“双向通信”复选框，单击“增加”按钮，如图 18.8 所示。

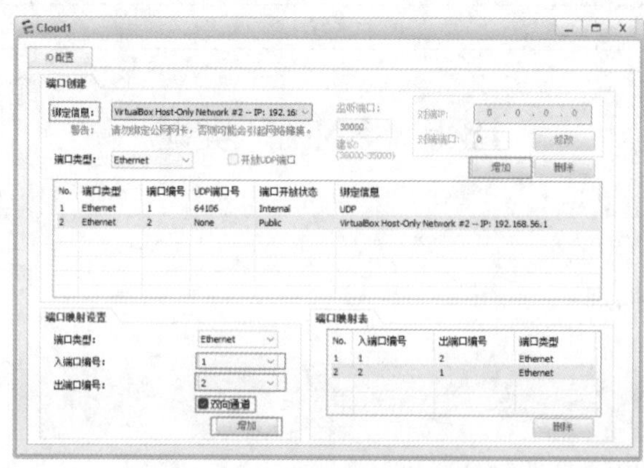

图 18.8　配置端口映射

【技术要点】

通过以上操作，可以让 eNSP 中的路由器与用户电脑上的软件进行通信。

（2）配置路由器 R1 的 IP 地址。

```
<Huawei>system-view
[Huawei]undo info-center enable
[Huawei]sysname R1
[R1]interface e0/0/0
[R1-Ethernet0/0/0]ip address 192.168.56.2 24
[R1-Ethernet0/0/0]undo shutdown
[R1-Ethernet0/0/0]quit
```

（3）开启 SNMP。

```
[R1]snmp-agent                                //使能 SNMP 代理功能
[R1]snmp-agent community read hcia            //读的密码设置为 hcia
[R1]snmp-agent community write hcip           //写的密码设置为 hcip
[R1]snmp-agent sys-info version v1            //配置 SNMP 的版本
```

4. 实验调试

（1）配置用户参数，操作步骤如图 18.9 所示。

（2）查询路由器的名称。

1）展开 MIB Tree\iso\org\dod\internet\mgmt\mib-2\system 节点，然后找到 sysName 选项，操作步骤如图 18.10 所示。

2）发送 Get 请求。在 sysName 选项上右击，在弹出的快捷菜单中选择 Get 命令，操作步骤如图 18.11 所示。

（3）查询接口 IP 地址，操作步骤如图 18.12 所示。

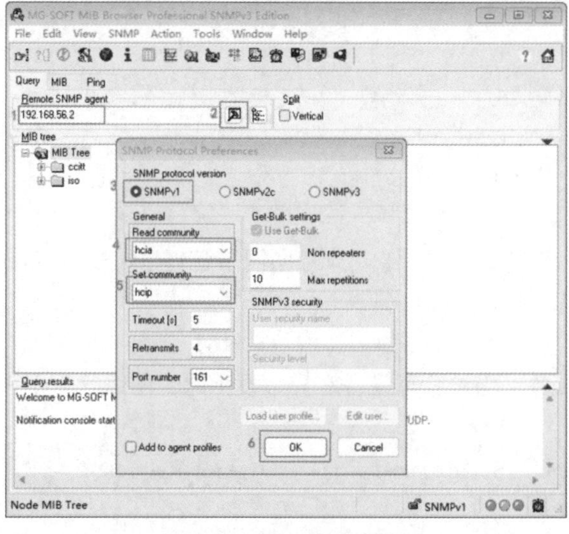

图 18.9 配置用户参数

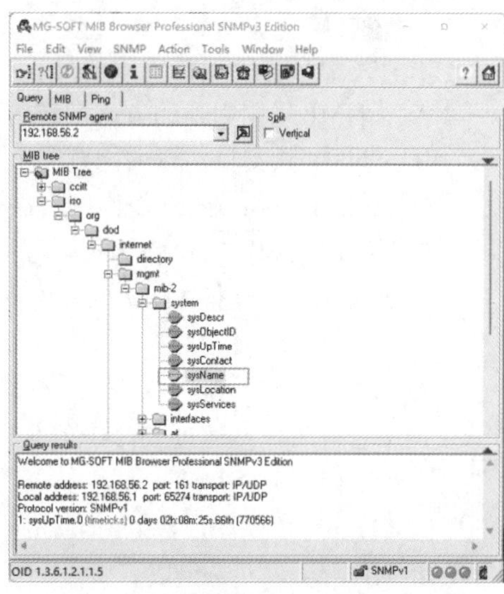

图 18.10 查找 MIB 中的 sysName

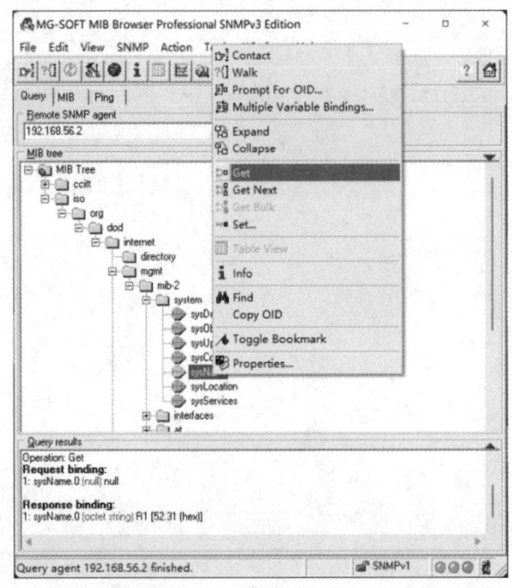

图 18.11　发送 Get 请求

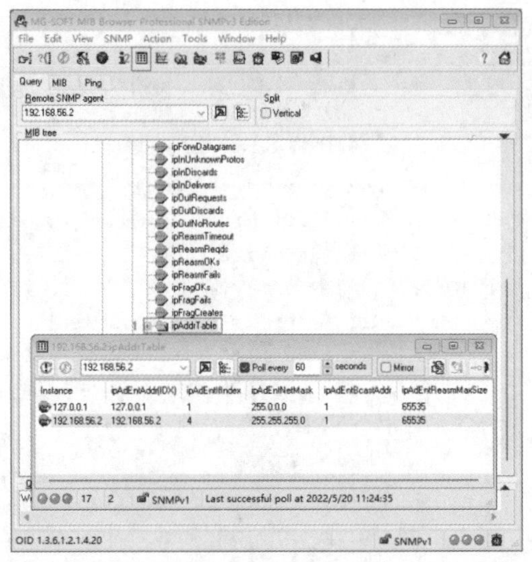

图 18.12　查询接口 IP 地址

【技术要点】

SNMP 客户端工具 MIB Browser 全名为 iReasoning MIB Browser，是一个功能强大、易于使用的 MIB 管理工具，支持 Windows、Linux、MacOS 等平台。它通过 SNMP 管理网络设备，可以加载标准的和私有的 MIB。本实验只介绍了它的基本使用方法，如果读者想深入学习，可以访问其官网。

18.6　练 习 题

1. 以下关于 SNMP 说法正确的是（　　）。

   A．SNMP 采用组播的方式发送管理消息

   B．SNMP 只支持在以太网链路上发送管理消息

   C．SNMP 采用 ICMP 作为网络层协议

   D．SNMP 采用 UDP 作为传输层协议

2. 默认情况下，运行 SNMPv2c 的网络设备使用（　　）端口号向网络管理系统发送 Trap 消息。

   A．17　　B．162　　C．6　　D．161

3. 网络管理工作站通过 SNMP 管理网络设备，当被管理设备有异常发生时，网络管理工作站将会收到（　　）报文。

   A．Trap　　B．Get-Response　　C．Set-Request　　D．Get-Request 确认

4. SNMP 由（　　）组成。

   A．代理进程　　B．被管理设备　　C．网络管理站　　D．管理信息库

5. 以下关于 SNMP 各个版本说法正确的是（　　）。

A．SNMPv2c 报文具有身份验证和加密处理的功能

B．SNMPv3 报文具有身份验证和加密处理的功能

C．SNMPv1 采用 UDP 作为传输层协议，而 SNMPv2c 和 SNMPv3 采用 TCP 作为传输层协议，因此可靠性更高

D．SNMPv2c 沿用了 v1 版本定义的五种协议操作并额外新增了两种操作

第 19 章

IPv6

IPv6（Internet Protocol Version 6）是网络层协议的第二代标准协议，也被称为 IPng（IP Next Generation）。它是互联网工程任务组 IETF 设计的一套规范，是 IPv4 的升级版本。

学完本章内容以后，我们应该能够：

- 理解 IPv6 基础
- 掌握 IPv6 配置方式
- 掌握 IPv6 静态路由的配置

19.1 IPv6 基础

19.1.1 IPv6 地址

1. IPv6 地址的表示方法

IPv6 地址的总长度为 128 位，通常分为 8 组，每组为 4 个十六进制数的形式，每组十六进制数间用冒号分隔。例如，FC00:0000:130F:0000:0000:09C0:876A:130B，这是 IPv6 地址的首选格式。

为了书写方便，IPv6 还提供了压缩格式，以上述 IPv6 地址为例，具体压缩规则如下。

- 每组中的前导 0 都可以省略，所以上述地址可写为 FC00:0:130F:0:0:9C0:876A:130B。
- 地址中包含的连续两个或多个均为 0 的组，可以用双冒号（::）来代替，所以上述地址又可以进一步简写为 FC00:0:130F::9C0:876A:130B。
- 在一个 IPv6 地址中只能使用一次双冒号，否则当计算机将压缩后的地址恢复成 128 位时，无法确定每个双冒号代表的 0 的个数。

2. IPv6 地址的结构

一个 IPv6 地址可分为以下两部分。

- 网络前缀：*n* 位，相当于 IPv4 地址中的网络 ID。
- 接口标识：128-*n* 位，相当于 IPv4 地址中的主机 ID。

接口标识可通过三种方式生成：手工配置、系统通过软件自动生成或由 EUI-64 规范生成。其中，EUI-64 规范自动生成最为常用。

IPv6 地址中的 64 位接口标识符（Interface ID）用于标识链路上的唯一接口。这个地址是从接口的链路层地址（如 MAC 地址）变化而来的。IPv6 地址中的接口标识符是 64 位，而 MAC 地址是 48 位，因此需要在 MAC 地址的中间位置插入十六进制数，然后将 U/L 位（从高位开始的第 7 位）设置为 1，如图 19.1 所示，这样就得到了 EUI-64 格式的接口 ID。

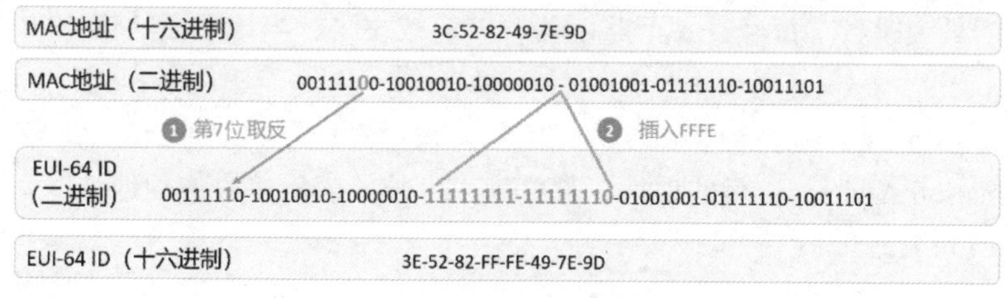

图 19.1 EUI-64 规范自动生成原则

19.1.2 IPv6 报文

IPv6 报文由一个 IPv6 基本报头（必须存在）和多个扩展报头（可能不存在）组成。

1. IPv6 基本报头

基本报头提供报文转发的基本信息，会被转发路径上的所有设备解析。

IPv6 基本报头的结构见表 19.1。

表 19.1 IPv6 基本报头的结构

<table>
<tr><td>Version</td><td>Traffic Class</td><td colspan="2">Flow Label</td></tr>
<tr><td colspan="2">Payload Length</td><td>Next Header</td><td>Hop Limit</td></tr>
<tr><td colspan="4">Source Address</td></tr>
<tr><td colspan="4">Destination Address</td></tr>
<tr><td colspan="4">Extension Headers</td></tr>
</table>

IPv6 基本报头各个字段的解析如下。

（1）Version：版本号，长度为 4 位。对于 IPv6，该值为 6。

（2）Traffic Class：流类别，长度为 8 位。等同于 IPv4 中的 ToS 字段，表示 IPv6 数据包的类或优先级，主要应用于 QoS。

（3）Flow Label：流标签，长度为 20 位。IPv6 中的新增字段，用于区分实时流量，不同的流标签+源地址可以唯一地确定一条数据流，中间网络设备可以根据这些信息更加高效率地区分数据流。

（4）Payload Length：有效载荷长度，长度为 16 位。有效载荷是指紧跟 IPv6 报头的数据包的其他部分（即扩展报头和上层协议数据单元）。

（5）Next Header：下一个报头，长度为 8 位。该字段定义紧跟在 IPv6 报头后面的第一个扩展报头（如果存在）的类型，或者上层协议数据单元中的协议类型（类似于 IPv4 的 Protocol 字段）。

（6）Hop Limit：跳数限制，长度为 8 位。该字段类似于 IPv4 中的 TTL 字段，定义了 IP 数据包所能经过的最大跳数。每经过一个路由器，该值减去 1，当该字段的值为 0 时，数据包将被丢弃。

（7）Source Address：源地址，长度为 128 位。表示发送方的地址。

（8）Destination Address：目的地址，长度为 128 位。表示接收方的地址。

（9）Extension Headers：扩展报头。

2. 扩展报头

在 IPv4 中，IPv4 报头包含可选字段 Options（选项），内容涉及 security、Timestamp、Record route 等，这些 Options 字段可以将 IPv4 报头长度从 20 字节扩充到 60 字节。在转发过

程中，处理携带这些 Options 字段的 IPv4 报文会占用设备很多的资源，因此实际中也很少使用。

IPv6 将这些 Options 字段从 IPv4 基本报头中剥离，放到了扩展报头中，扩展报头被置于 IPv6 报头和上层协议数据单元之间。一个 IPv6 报文可以包含 0 个、1 个或多个扩展报头，仅当需要设备或目的节点做某些特殊处理时，才由发送方添加一个或多个扩展报头。与 IPv4 不同，IPv6 扩展报头的长度任意，不受 40 字节限制，这样便于日后扩充新增选项，这一特征加上选项的处理方式使得 IPv6 选项能得以真正利用。但是为了提高处理选项头和传输层协议的性能，扩展报头总是 8 字节长度的整数倍。

当使用多个扩展报头时，前面报头的 Next Header 字段指明下一个扩展报头的类型，这样就形成了链状的报头列表。如图 19.2 所示，IPv6 基本报头中的 Next Header 字段指明了第一个扩展报头的类型，而第一个扩展报头中的 Next Header 字段指明了下一个扩展报头的类型（如果不存在，则指明上层协议的类型）。

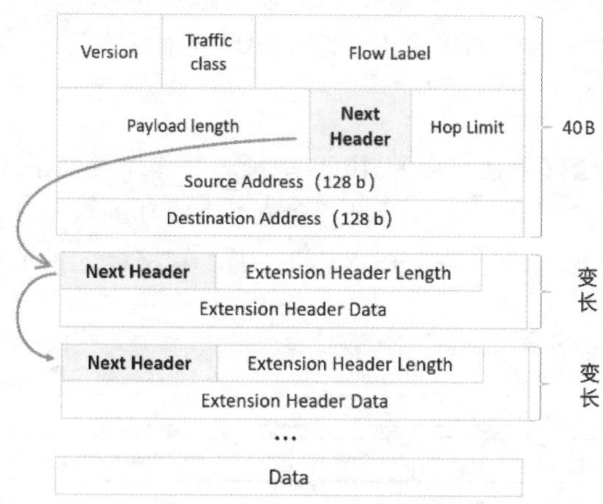

图 19.2　IPv6 扩展报头的格式

IPv6 扩展报头中的主要字段解释如下。

（1）Next Header：下一个报头，长度为 8 位。与基本报头的 Next Header 字段的作用相同。指明下一个扩展报头（如果存在）或上层协议的类型。

（2）Extension Header Length：报头扩展长度，长度为 8 位。表示扩展报头的长度（不包含 Next Header 字段）。

（3）Extension Header Data：扩展报头数据，长度可变。扩展报头的内容是一系列选项字段和填充字段的组合。

19.2　IPv6 地址分类

IPv6 地址分为单播地址、任播地址（Anycast Address）和组播地址三种类型。和 IPv4 相比，IPv6 取消了广播地址类型，以更丰富的组播地址代替，同时增加了任播地址类型。

19.2.1 单播地址

IPv6 定义了多种单播地址，目前常用的单播地址有未指定地址、环回地址、全球单播地址、链路本地地址、唯一本地地址 ULA（Unique Local Address）。

1. 未指定地址

IPv6 中的未指定地址即 0:0:0:0:0:0:0:0/128 或者::/128。该地址可以表示某个接口或者节点还没有 IP 地址，可以作为某些报文的源 IP 地址，相当于 IPv4 的 0.0.0.0。

2. 环回地址

IPv6 中的环回地址即 0:0:0:0:0:0:0:1/128 或者::1/128。环回地址与 IPv4 中的 127.0.0.1 地址作用相同，主要用于设备给自己发送报文。该地址通常用来作为一个虚接口的地址（如 LoopBack 接口）。实际发送的数据报文中不能使用环回地址作为源 IP 地址或者目的 IP 地址。

3. 全球单播地址

全球单播地址是带有全球单播前缀的 IPv6 地址，其作用类似于 IPv4 中的公有地址。这种类型的地址允许路由前缀的聚合，从而限制了全球路由表项的数量。全球单播地址由全球路由前缀（Global routing prefix）、子网 ID（Subnet ID）和接口标识（Interface ID）组成，其格式如图 19.3 所示。

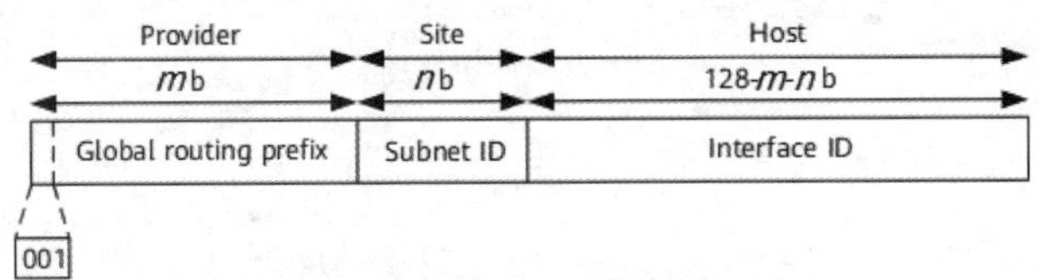

图 19.3　全球单播地址格式

全球单播地址中各字段的解释如下。

（1）Global routing prefix：全球路由前缀。它由提供商（Provider）指定给一个组织机构。通常全球路由前缀至少为 48 位。目前已经分配的全球路由前缀的前 3 位均为 001。

（2）Subnet ID：子网 ID。组织机构可以用子网 ID 来构建本地网络（Site）。子网 ID 通常最多分配到第 64 位。子网 ID 和 IPv4 中的子网号作用相似。

（3）Interface ID：接口标识。用来标识一个设备（Host）。

4. 链路本地地址

链路本地地址是 IPv6 中应用范围受限制的地址类型，只能在连接到同一本地链路的节点之间使用。它使用了特定的本地链路前缀 FE80::/10（最高 10 位为 1111111010），同时将接口标识添加在后面作为地址的低 64 位。如图 19.4 所示，FE80::2 只能与同在一个链路的 FE80::3 进行通信。

5. 唯一本地地址

唯一本地地址是另一种应用范围受限的地址，它仅能在一个站点内使用。由于本地站点地址的废除（RFC3879），唯一本地地址被用来代替本地站点地址。唯一本地地址的作用类似于 IPv4 中的私有地址，任何没有申请到提供商分配的全球单播地址的组织机构都可以使用唯一本地地址。唯一本地地址只能在本地网络内部被路由器转发而不会在全球网络中被路由器转发。如图 19.5 所示，FD00:1AC0:872E::1/64 只能访问 FD00:1AC0:872E::2/64，而不能访问 FD00:2BE1:2320::1/64。

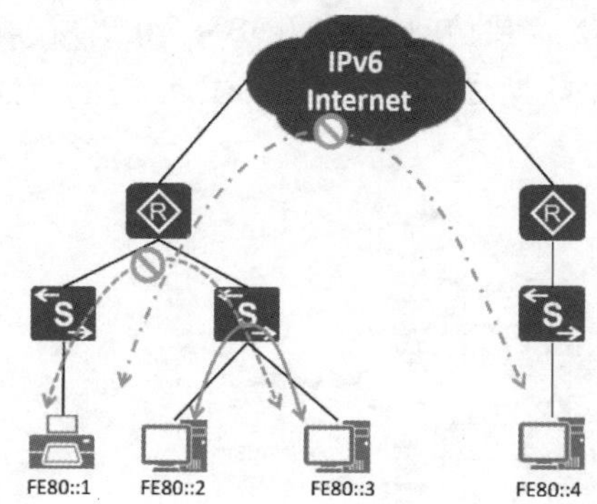

图 19.4　链路本地地址

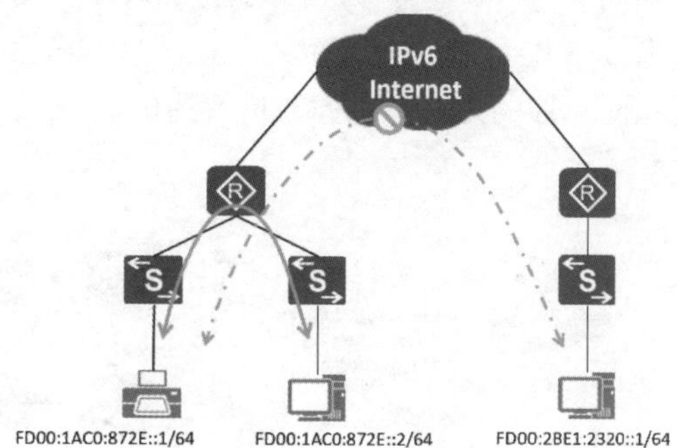

图 19.5　唯一本地地址

19.2.2　组播地址

IPv6 的组播与 IPv4 相同，都用来标识一组接口，一般这些接口属于不同的节点。一个节点可能属于 0 到多个组播组。发往组播地址的报文被组播地址标识的所有接口接收。例如，组播地址 FF02::1 表示链路本地范围的所有节点，组播地址 FF02::2 表示链路本地范围的所有路由器。

一个 IPv6 组播地址由前缀、标志字段（Flags）、范围字段（Scope）以及组播组 ID（Group ID）4 个部分组成，如图 19.6 所示。

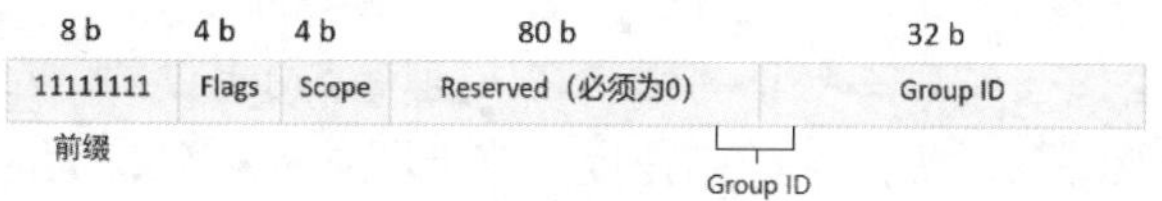

图 19.6　组播地址结构

组播地址各个字段的解释如下。

（1）前缀：IPv6 组播地址的前缀是 FF00::/8。

（2）标志字段（Flags）：长度为 4 位，目前只使用了最后一位（前 3 位必须置 0），当该位为 0 时，表示当前的组播地址是由 IANA 所分配的一个永久分配地址；当该位为 1 时，表示当前的组播地址是一个临时组播地址（非永久分配地址）。

（3）范围字段（Scope）：长度为 4 位，用于限制组播数据流在网络中发送的范围。

（4）组播组 ID（Group ID）：长度为 112 位，用于标识组播组。目前，RFC 并没有将所有的 112 位都定义成组标识，而是建议仅使用 112 位的最低 32 位作为组播组 ID，将剩余的 80 位都置 0。这样，每个组播组 ID 都映射到一个唯一的以太网组播 MAC 地址。

19.2.3 任播地址

任播地址标识一组网络接口（通常属于不同的节点）。目标地址是任播地址的数据报文将发送给其中路由意义上最近的一个网络接口。如图 19.7 所示，Web 服务器 1 和 Web 服务器 2 使用相同的 IPv6 地址 2001:0DB8::84C2，PC1 和 PC2 需要访问 2001:0DB8::84C2 所提供的 Web 服务，会寻找一条最短的路径。当一台服务器发生故障时，任播报文的发起方能够自动与使用相同地址的另一台服务器进行通信。

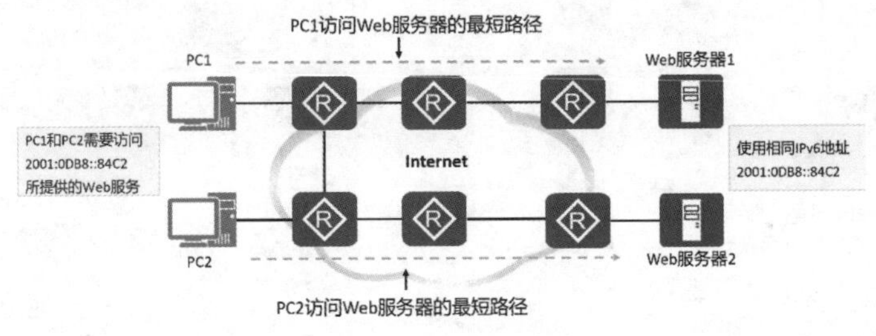

图 19.7 任播地址

网络中运用任播地址有很多优势。

- 业务冗余。例如，用户可以通过多台使用相同地址的服务器获取同一个服务（如 Web 服务）。这些服务器都是任播报文的响应方。如果不采用任播地址进行通信，当其中一台服务器发生故障时，用户就需要获取另一台服务器的地址才能重新建立通信。如果采用的是任播地址，当其中一台服务器发生故障时，任播报文的发起方能够自动与使用相同地址的另一台服务器进行通信，从而实现业务冗余。
- 提供更优质的服务。例如，某公司在 A 省和 B 省各部署了一台提供相同 Web 服务的服务器。基于路由优选规则，A 省的用户在访问该公司提供的 Web 服务时，会优先访问部署在 A 省的服务器，提高了访问速度，降低了访问时延，大大提升了用户体验。

19.3 IPv6 地址配置与静态路由配置

19.3.1 IPv6 地址配置

1. 实验目的

（1）熟悉 IPv6 地址的应用场景。

（2）掌握 IPv6 地址的配置方法。

2. 实验拓扑

配置 IPv6 地址的实验拓扑如图 19.8 所示。

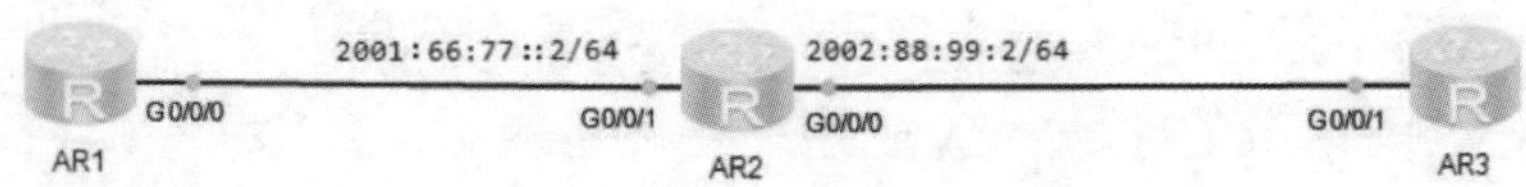

图 19.8　配置 IPv6 地址的实验拓扑

3. 实验步骤

（1）在 AR2 上通过静态配置方法配置 IPv6 地址。

```
<Huawei>system-view
Enter system view, return user view with Ctrl+Z.
[Huawei]undo info-center enable
Info: Information center is disabled.
[Huawei]sysname AR2
[AR2]interface g0/0/0
[AR2-GigabitEthernet0/0/0]ipv6 enable
[AR2-GigabitEthernet0/0/0]ipv6 address 2002:88:99::2/64  //手工配置静态 IP 地址
[AR2-GigabitEthernet0/0/0]quit
[AR2]interface g0/0/1
[AR2-GigabitEthernet0/0/1]ipv6 enable
[AR2-GigabitEthernet0/0/1]ipv6 address 2001:66:77::2/64 //手工配置静态 IP 地址
[AR2-GigabitEthernet0/0/1]quit
```

（2）AR1 的接口 IP 地址通过无状态化地址自动配置。

AR1 的配置：

```
<Huawei>system-view
Enter system view, return user view with Ctrl+Z.
[Huawei]undo info-center enable
Info: Information center is disabled.
[Huawei]sysname AR1
[AR1]ipv6
[AR1]interface g0/0/0
[AR1-GigabitEthernet0/0/0]ipv6 enable
//IPv6 地址通过无状态化地址自动配置
[AR1-GigabitEthernet0/0/0]ipv6 address auto global
[AR1-GigabitEthernet0/0/0]quit
```

AR2 的配置：

```
[AR2]interface g0/0/1
[AR2-GigabitEthernet0/0/1]undo ipv6 nd ra halt   //让路由器发送 RA（路由通告）
```

【技术要点】

无状态化配置获取 IP 地址的流程如下。

① AR1 根据本地的接口 ID 自动生成链路本地地址 FE80::2E0:FCFF:FE31:2B7C。

② AR1 对该链路本地地址进行 DAD 检测，如果该地址无冲突，则启用，此时 AR1 具备 IPv6 连接能力。

③ AR1 发送 RS 报文，尝试在链路上发现 IPv6 路由器。

④ AR2 发送 RA 报文（携带可用于无状态地址自动配置的 IPv6 地址前缀。路由器在没有接收到 RS 报文时也能够主动发出 RA 报文）。

⑤ AR1 解析路由器发送的 RA 报文，获得 IPv6 地址前缀，再使用该前缀加上本地的接口 ID 生成 IPv6 单播地址。

⑥ AR1 对生成的 IPv6 单播地址进行 DAD 检测，如果没有检测到冲突，则启用该地址。

（3）在 AR3 上通过有状态化地址配置接口 IP 地址。

AR3 的配置：

```
<Huawei>system-view
Enter system view, return user view with Ctrl+Z.
[Huawei]undo info-center enable
Info: Information center is disabled.
[Huawei]sysname AR3
[AR3]dhcp enable
[AR3]ipv6
[AR3]interface g0/0/1
[AR3-GigabitEthernet0/0/1]ipv6 enable
[AR3-GigabitEthernet0/0/1]ipv6 address auto link-local
[AR3-GigabitEthernet0/0/1]ipv6 address auto dhcp
[AR3-GigabitEthernet0/0/1]quit
```

AR2 的配置：

```
[AR2]dhcp enable          //启用 DHCP
Info: The operation may take a few seconds. Please wait for a moment.done.
[AR2]dhcpv6 pool hcip    //创建 DHCP 地址池，名叫 hcip
[AR2-dhcpv6-pool-hcip]address prefix 2002:88:99::/64    //地址网段
[AR2-dhcpv6-pool-hcip]excluded-address 2002:88:99::2    //去除地址

[AR2]interface g0/0/0
[AR2-GigabitEthernet0/0/0]dhcpv6 server hcip             //在接口下调用
```

【技术要点】

有状态化配置获取 IP 地址的流程如下。

① DHCPv6 客户端发送 Solicit 消息，请求 DHCPv6 服务器为其分配 IPv6 地址/前缀和网络配置参数。

② DHCPv6 服务器回复 Advertise 消息，通知客户端可以为其分配的地址/前缀和网络配置参数。

③ 如果 DHCPv6 客户端接收到多个服务器回复的 Advertise 消息，则根据消息接收的先

后顺序、服务器优先级等，选择其中一台服务器，并向该服务器发送 Request 消息，请求服务器确认为其分配地址/前缀和网络配置参数。

④ DHCPv6 服务器回复 Reply 消息，确认将地址/前缀和网络配置参数分配给客户端使用。

4. 实验调试

（1）在 AR1 的 G0/0/0 接口抓包分析。

RS 的报文格式如图 19.9 所示。

```
    16 56.000000      fe80::2e0:fcff:fe31… ff02::1              ICMPv6           70 Router Solicitation
> Frame 16: 70 bytes on wire (560 bits), 70 bytes captured (560 bits) on interface 0
> Ethernet II, Src: HuaweiTe_31:2b:7c (00:e0:fc:31:2b:7c), Dst: IPv6mcast_01 (33:33:00:00:00:01)
> Internet Protocol Version 6, Src: fe80::2e0:fcff:fe31:2b7c, Dst: ff02::1
v Internet Control Message Protocol v6
    Type: Router Solicitation (133)
    Code: 0
    Checksum: 0x2a13 [correct]
    [Checksum Status: Good]
    Reserved: 00000000
  > ICMPv6 Option (Source link-layer address : 00:e0:fc:31:2b:7c)
```

图 19.9　RS 的报文格式

RA 的报文格式如图 19.10 所示。

```
    18 312.625000     fe80::2e0:fcff:fec0… ff02::1              ICMPv6           110 Router Advertisement
    Type: Router Advertisement (134)
    Code: 0
    Checksum: 0x0ad1 [correct]
    [Checksum Status: Good]
    Cur hop limit: 64
  v Flags: 0x00, Prf (Default Router Preference): Medium
      0... .... = Managed address configuration: Not set    为0代表无状态自动配置，为1代表DHCPv6
      .0.. .... = Other configuration: Not set              为0代表无状态自动配置，为1代表DHCPv6
      ..0. .... = Home Agent: Not set
      ...0 0... = Prf (Default Router Preference): Medium (0)
      .... .0.. = Proxy: Not set
      .... ..0. = Reserved: 0
    Router lifetime (s): 1800
    Reachable time (ms): 0
    Retrans timer (ms): 0
  > ICMPv6 Option (Source link-layer address : 00:e0:fc:c0:80:4c)
  v ICMPv6 Option (Prefix information : 2001:66:77::/64)    前缀信息
      Type: Prefix information (3)
      Length: 4 (32 bytes)
      Prefix Length: 64
    > Flag: 0xc0, On-link flag(L), Autonomous address-configuration flag(A)
      Valid Lifetime: 2592000
      Preferred Lifetime: 604800
      Reserved
      Prefix: 2001:66:77::
```

图 19.10　RA 的报文格式

（2）抓包分析 DHCP。

Solicit 的报文格式如图 19.11 所示。

```
    10 272.141000   fe80::2e0:fcff:fee3… ff02::1:2              DHCPv6   108 Solicit XID: 0x622114 CID: 0003000…
    13 272.250000   fe80::2e0:fcff:fec0… fe80::2e0:fcff:fee3… DHCPv6   138 Advertise XID: 0x622114 CID: 00030…
    14 273.266000   fe80::2e0:fcff:fee3… ff02::1:2              DHCPv6   150 Request XID: 0x74b167 CID: 0003000…
    15 273.266000   fe80::2e0:fcff:fec0… fe80::2e0:fcff:fee3… DHCPv6   138 Reply XID: 0x74b167 CID: 000300010…
> Frame 10: 108 bytes on wire (864 bits), 108 bytes captured (864 bits) on interface 0
> Ethernet II, Src: HuaweiTe_e3:41:91 (00:e0:fc:e3:41:91), Dst: IPv6mcast_01:00:02 (33:33:00:01:00:02)
> Internet Protocol Version 6, Src: fe80::2e0:fcff:fee3:4191, Dst: ff02::1:2
> User Datagram Protocol, Src Port: 546, Dst Port: 547
v DHCPv6
    Message type: Solicit (1)
    Transaction ID: 0x622114
  > Client Identifier
  > Identity Association for Non-temporary Address
  > Option Request
  > Elapsed time
```

图 19.11　Solicit 的报文格式

Advertise 的报文格式如图 19.12 所示。

```
   10 272.141000   fe80::2e0:fcff:fee3… ff02::1:2            DHCPv6        108 Solicit XID: 0x622114 CID: 0003000…
   13 272.250000   fe80::2e0:fcff:fec0… fe80::2e0:fcff:fee3… DHCPv6        138 Advertise XID: 0x622114 CID: 00030…
   14 273.266000   fe80::2e0:fcff:fee3… ff02::1:2            DHCPv6        150 Request XID: 0x74b167 CID: 0003000…
   15 273.266000   fe80::2e0:fcff:fec0… fe80::2e0:fcff:fee3… DHCPv6        138 Reply XID: 0x74b167 CID: 000300010…
> Frame 13: 138 bytes on wire (1104 bits), 138 bytes captured (1104 bits) on interface 0
> Ethernet II, Src: HuaweiTe_c0:80:4b (00:e0:fc:c0:80:4b), Dst: HuaweiTe_e3:41:91 (00:e0:fc:e3:41:91)
> Internet Protocol Version 6, Src: fe80::2e0:fcff:fec0:804b, Dst: fe80::2e0:fcff:fee3:4191
> User Datagram Protocol, Src Port: 547, Dst Port: 546
v DHCPv6
    Message type: Advertise (2)
    Transaction ID: 0x622114
  > Client Identifier
  > Server Identifier
  > Identity Association for Non-temporary Address
```

图 19.12　Advertise 的报文格式

Request 的报文格式如图 19.13 所示。

```
   10 272.141000   fe80::2e0:fcff:fee3… ff02::1:2            DHCPv6        108 Solicit XID: 0x622114 CID: 0003000…
   13 272.250000   fe80::2e0:fcff:fec0… fe80::2e0:fcff:fee3… DHCPv6        138 Advertise XID: 0x622114 CID: 00030…
   14 273.266000   fe80::2e0:fcff:fee3… ff02::1:2            DHCPv6        150 Request XID: 0x74b167 CID: 0003000…
   15 273.266000   fe80::2e0:fcff:fec0… fe80::2e0:fcff:fee3… DHCPv6        138 Reply XID: 0x74b167 CID: 000300010…
Frame 14: 150 bytes on wire (1200 bits), 150 bytes captured (1200 bits) on interface 0
Ethernet II, Src: HuaweiTe_e3:41:91 (00:e0:fc:e3:41:91), Dst: IPv6mcast_01:00:02 (33:33:00:01:00:02)
Internet Protocol Version 6, Src: fe80::2e0:fcff:fee3:4191, Dst: ff02::1:2
User Datagram Protocol, Src Port: 546, Dst Port: 547
DHCPv6
    Message type: Request (3)
    Transaction ID: 0x74b167
  > Client Identifier
  > Server Identifier
  > Identity Association for Non-temporary Address
  > Option Request
  > Elapsed time
```

图 19.13　Request 的报文格式

Reply 的报文格式如图 19.14 所示。

```
   10 272.141000   fe80::2e0:fcff:fee3… ff02::1:2            DHCPv6        108 Solicit XID: 0x622114 CID: 0003000…
   13 272.250000   fe80::2e0:fcff:fec0… fe80::2e0:fcff:fee3… DHCPv6        138 Advertise XID: 0x622114 CID: 00030…
   14 273.266000   fe80::2e0:fcff:fee3… ff02::1:2            DHCPv6        150 Request XID: 0x74b167 CID: 0003000…
   15 273.266000   fe80::2e0:fcff:fec0… fe80::2e0:fcff:fee3… DHCPv6        138 Reply XID: 0x74b167 CID: 000300010…
Frame 15: 138 bytes on wire (1104 bits), 138 bytes captured (1104 bits) on interface 0
Ethernet II, Src: HuaweiTe_c0:80:4b (00:e0:fc:c0:80:4b), Dst: HuaweiTe_e3:41:91 (00:e0:fc:e3:41:91)
Internet Protocol Version 6, Src: fe80::2e0:fcff:fec0:804b, Dst: fe80::2e0:fcff:fee3:4191
User Datagram Protocol, Src Port: 547, Dst Port: 546
DHCPv6
    Message type: Reply (7)
    Transaction ID: 0x74b167
  > Client Identifier
  > Server Identifier
  v Identity Association for Non-temporary Address
      Option: Identity Association for Non-temporary Address (3)
      Length: 40
      Value: 000000410000a8c000010e000005001820020088009900000…
      IAID: 00000041
      T1: 43200
      T2: 69120
    v IA Address
        Option: IA Address (5)
        Length: 24
        Value: 2002008800990000000000000000000100015180002a300
        IPv6 address: 2002:88:99::1
```

图 19.14　Reply 的报文格式

19.3.2　IPv6 静态路由配置

1. 实验目的

（1）掌握 IPv6 静态路由的配置方法。

（2）掌握 IPv6 相关信息的查看方法。

2. 实验拓扑

IPv6 静态路由配置实验拓扑如图 19.15 所示。

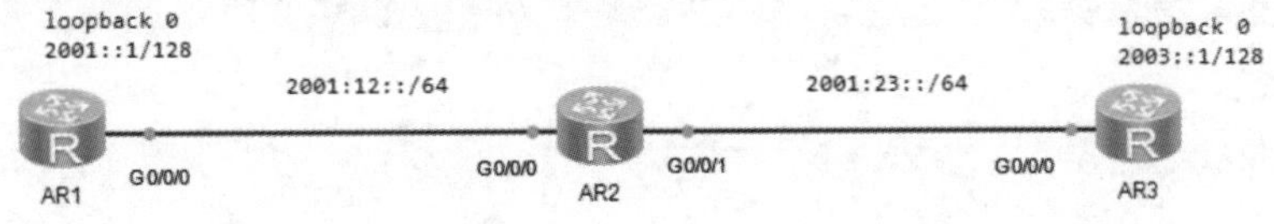

图 19.15　IPv6 静态路由配置实验拓扑

3. 实验步骤

（1）配置 IP 地址。

配置 AR1 的 IP 地址：

```
<Huawei>system-view
Enter system view, return user view with Ctrl+Z.
[Huawei]sysname AR1
[AR1]ipv6                                          //开启 IPv6 功能
[AR1]interface  g0/0/0
[AR1-GigabitEthernet0/0/0]ipv6 enable    //接口开启 IPv6 功能
[AR1-GigabitEthernet0/0/0]ipv6 address 2001:12::1 64
[AR1]interface LoopBack 0
[AR1-LoopBack0]ipv6 enable
[AR1-LoopBack0]ipv6 address 2001::1 128
```

配置 AR2 的 IP 地址：

```
<Huawei>system-view
Enter system view, return user view with Ctrl+Z.
[Huawei]sysname AR2
[AR2]ipv6
[AR2]interface  g0/0/0
[AR2-GigabitEthernet0/0/0]ipv6 enable
[AR2-GigabitEthernet0/0/0]ipv6 address 2001:12::2 64
[AR2]interface  g0/0/1
[AR2-GigabitEthernet0/0/1]ipv6 enable
[AR2-GigabitEthernet0/0/1]ipv6  address  2001:23::1 64
```

配置 AR3 的 IP 地址：

```
<Huawei>system-view
Enter system view, return user view with Ctrl+Z.
[Huawei]sysname AR3
[AR3]ipv6
[AR3]interface  g0/0/0
[AR3-GigabitEthernet0/0/0]ipv6 enable
[AR3-GigabitEthernet0/0/0]ipv6  address 2001:23::2 64
[AR3]interface LoopBack 0
[AR3-LoopBack0]ipv6 enable
[AR3-LoopBack0]ipv6 address 2003::1 128
```

【提示】

需要先在全局开启 IPv6 功能，再到接口使能 IPv6 功能才能配置 IPv6 地址。

（2）配置 IPv6 静态路由。

AR1 的配置：

```
[AR1]ipv6 route-static 2003::1 128 2001::12:2 //配置去往 AR3 环回口的路由
//查看 IPv6 的静态路由表
[AR1]display ipv6 routing-table protocol static
Public Routing Table : Static
Summary Count : 1

Static Routing Table's Status : < Active >
Summary Count : 1

 Destination   : 2003::1                     PrefixLength : 128
 NextHop       : 2001:12::2                  Preference   : 60
 Cost          : 0                           Protocol     : Static
 RelayNextHop  : ::                          TunnelID     : 0x0
 Interface     : GigabitEthernet0/0/0        Flags        : RD

Static Routing Table's Status : < Inactive >
Summary Count : 0
```

AR2 的配置：

```
[AR2]ipv6 route-static 2001::1 128 2001:12::1   //配置去往 AR1 环回口的路由
[AR2]ipv6 route-static 2003::1 128 2001:23::2   //配置去往 AR3 环回口的路由
//查看 IPv6 的静态路由表
[AR2]display ipv6 routing-table protocol static
Public Routing Table : Static
Summary Count : 2

Static Routing Table's Status : < Active >
Summary Count : 2

 Destination   : 2001::1                     PrefixLength : 128
 NextHop       : 2001:12::1                  Preference   : 60
 Cost          : 0                           Protocol     : Static
 RelayNextHop  : ::                          TunnelID     : 0x0
 Interface     : GigabitEthernet0/0/0        Flags        : RD

 Destination   : 2003::1                     PrefixLength : 128
 NextHop       : 2001:23::2                  Preference   : 60
 Cost          : 0                           Protocol     : Static
 RelayNextHop  : ::                          TunnelID     : 0x0
 Interface     : GigabitEthernet0/0/1        Flags        : RD
```

```
Static Routing Table's Status : < Inactive >
Summary Count : 0
```

AR3 的配置：

```
[AR3]ipv6  route-static 2001::1 128 2001:23::1   //配置去往 AR1 环回口的路由
//查看 IPv6 的静态路由表
[AR3]display ipv6  routing-table protocol static
Public Routing Table : Static
Summary Count : 1

Static Routing Table's Status : < Active >
Summary Count : 1

 Destination  : 2001::1                          PrefixLength : 128
 NextHop      : 2001:23::1                       Preference   : 60
 Cost         : 0                                Protocol     : Static
 RelayNextHop : ::                               TunnelID     : 0x0
 Interface    : GigabitEthernet0/0/0             Flags        : RD

Static Routing Table's Status : < Inactive >
Summary Count : 0
```

可以看到，每台设备产生了对应的路由条目。

（3）实验结果测试。

```
[AR3]ping ipv6 -a 2003::1 2001::1
  PING 2001::1 : 56  data bytes, press CTRL_C to break
    Reply from 2001::1
    bytes=56 Sequence=1 hop limit=63  time = 30 ms
    Reply from 2001::1
    bytes=56 Sequence=2 hop limit=63  time = 30 ms
    Reply from 2001::1
    bytes=56 Sequence=3 hop limit=63  time = 40 ms
    Reply from 2001::1
    bytes=56 Sequence=4 hop limit=63  time = 40 ms
    Reply from 2001::1
    bytes=56 Sequence=5 hop limit=63  time = 20 ms

  --- 2001::1 ping statistics ---
    5 packet(s) transmitted
    5 packet(s) received
    0.00% packet loss
round-trip min/avg/max = 20/32/40 ms
```

可以看到，在 AR3 上使用环回口测试 AR1 的环回口地址能够进行通信，说明实验成功。

19.4 练 习 题

1. IPv6 报头的（　　）字段可以用于 QoS。

A．Traffic Class　　B．Payload Length　　C．Version　　D．Next Header

2. 如果一个接口的 MAC 地址为 00E0-FCEF-0FEC，则其对应的 EUI-64 地址为（　　）。

A．00E0-FCEF-FFFE-0FEC　　B．02E0-FCFF-FEEF-0FEC

C．00E0-FCFF-FEEF-0FEC　　D．02E0-FCEF-FFFE-0FEC

3. IPv6 地址中不包括（　　）。

A．任播地址　　B．广播地址　　C．单播地址　　D．组播地址

4. IPv6 无状态自动配置使用的 RA 报文属于（　　）协议。

A．ICMPv6　　B．IGMPv6　　C．TCPv6　　D．UDPv6

5. 关于 IPv6 地址 2031:0000:720C:0000:0000:09E0:839A:130B，下面缩写正确的是（　　）。

A．2031:0:720C:0:0:9E:839A:130B　　B．2031:0:720C::9E0:839A:130B

C．2031:0:720C:0:0:9E0:839A:130B　　D．2031::720C::9E0:839A:130B

第 20 章 网络编程与自动化

网络工程领域不断出现新的协议、技术、交付和运维模式，传统网络面临着云计算、人工智能等新连接需求的挑战，企业也在不断追求业务的敏捷、灵活和弹性。在这些背景下，网络自动化变得越来越重要。网络编程与自动化旨在简化工程师网络配置、管理、监控和操作等相关工作，以提高部署和运维效率。

学完本章内容以后，我们应该能够：

- 了解网络编程与自动化
- 了解 Python 的优缺点
- 掌握 Python 的安装和基础运维

20.1 网络编程与自动化概述

1. 传统网络运维困境

大家在日常的网络运维工作中是否遇到过以下问题？

- 设备升级：现网有数千台网络设备，需要周期性、批量性地对设备进行升级。
- 配置审计：企业年度需要对设备进行配置审计。例如，要求所有设备开启 sTelnet 功能，以太网交换机配置生成树安全功能，需要快速地找出不符合要求的设备。
- 配置变更：因为网络安全要求，每三个月就修改设备账号和密码，需要在数千台网络设备上删除原有账号并新建账号。

传统的网络运维工作需要网络工程师手工登录网络设备，人工查看和执行配置命令，肉眼筛选配置结果。这种严重依赖“人”的工作方式操作流程长，效率低下，而且操作过程不易审计。

2. 网络自动化

网络自动化就是通过工具实现网络自动化地部署、运行和运维，逐步减少对“人”的依赖。这能够很好地解决传统网络运维的问题。

业界有很多实现网络自动化的开源工具，如 Ansible、SaltStack、Puppet、Chef 等。从网络工程能力构建的角度考虑，更需要工程师具备代码编写能力。

本章主要以 Python 为例给读者讲解网络自动化的相关知识。

20.2 Python 概述和安装

20.2.1 Python 概述

Python 是由吉多 · 范罗苏姆（Guido van Rossum）在 20 世纪 80 年代末和 90 年代初，在荷兰国家数学和计算机科学研究中心设计出来的。Python 本身也是由诸多其他语言发展而来的，包括 ABC、Modula-3、C、C++、Algol-68、SmallTalk、UNIX Shell 和其他脚本语言。像 Perl 语言一样，Python 源代码也遵循 GPL（GNU General Public License，GNU 通用公共许可证）协议。

Python 2.0 于 2000 年 10 月 16 日发布，实现了完整的垃圾回收机制，并且支持 Unicode 编码。Python 3.0 于 2008 年 12 月 3 日发布，此版不完全兼容之前的 Python 源代码。不过，很多新特性后来也被移植到旧的 Python 2.6/2.7 版本。Python 3.0 版本常被称为 Python 3000，或简称 Py3k。相对于 Python 的早期版本，这是一个较大的升级。Python 2.7 被确定为最后一个 Python 2.x 版本，它除了支持 Python 2.x 的语法外，还支持部分 Python 3.1 的语法。

1. Python 的优缺点

（1）Python 的优点。

- 易于学习：Python 的关键字较少，结构简单，有一个明确定义的语法，学习起来更加简单。
- 易于阅读：Python 代码的定义更清晰。
- 易于维护：Python 的成功在于它的源代码是相当容易维护的。
- 一个广泛的标准库：Python 的最大优势之一是其拥有丰富的库，可以跨平台，在 UNIX、Windows 和 Macintosh 上的兼容性很好。
- 互动模式：互动模式的支持，使用户从终端输入执行代码即可获得结果，可以互动性地测试和调试代码片段。
- 可移植：基于其开放源代码的特性，Python 已经被移植到多个平台中。
- 可扩展：如果需要一段运行很快的关键代码，或者想要编写一些不愿开放的算法，可以使用 C 或 C++语言完成那部分程序，然后用自己的 Python 程序调用。
- 数据库：Python 提供了所有主要的商业数据库的接口。
- GUI 编程：Python 支持 GUI 编程，可以移植到多个系统中调用。
- 可嵌入：可以将 Python 嵌入 C/C++程序，让使用程序的用户获得“脚本化”的能力。

（2）Python 的缺点：运行速度慢。Python 是解释型语言，不需要编译即可运行。代码在运行时会逐行地翻译成 CPU 能理解的机器码，这个翻译过程非常耗时。

2. Python 程序的执行过程

Python 源码不需要编译成二进制代码，可以直接从源代码运行程序。当运行 Python 代码的时候，Python 解释器首先将源代码转换为字节码，然后再由 Python 虚拟机来执行这些字节码，如图 20.1 所示。

Python 程序编译运行的过程如下。

（1）在操作系统上安装 Python 和运行环境。

（2）编写 Python 源码。

（3）编译器运行 Python 源码，编译生成.pyc 文件（字节码）。

（4）Python 虚拟机将字节码转换为机器语言。

（5）设备执行机器语言。

图 20.1　Python 程序编译运行的过程

20.2.2　Python 的安装

1. 安装 Python

（1）打开 Python 的安装包，勾选 Add Python 3.9 to PATH（配置环境变量）复选框，再选择 Install Now 选项，如图 20.2 所示。

（2）安装完成后，单击 Close 按钮，如图 20.3 所示。

图 20.2　选择配置环境变量

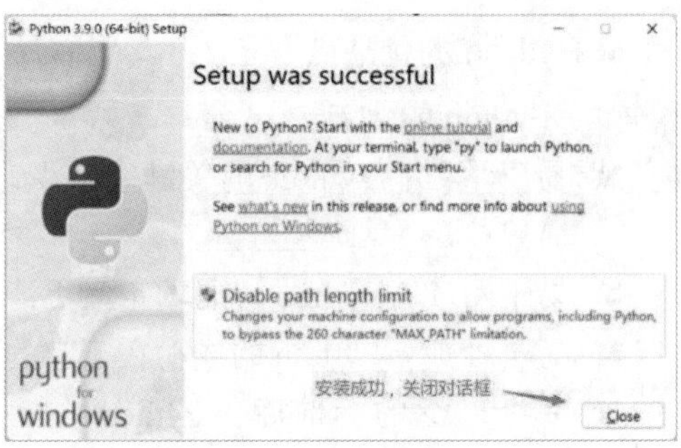

图 20.3　完成 Python 的安装

2. 安装编译平台 PyCharm

（1）打开 PyCharm 的安装包，单击 Next 按钮，如图 20.4 所示。

（2）选择安装路径，如图 20.5 所示。

图 20.4　安装编译工具 PyCharm

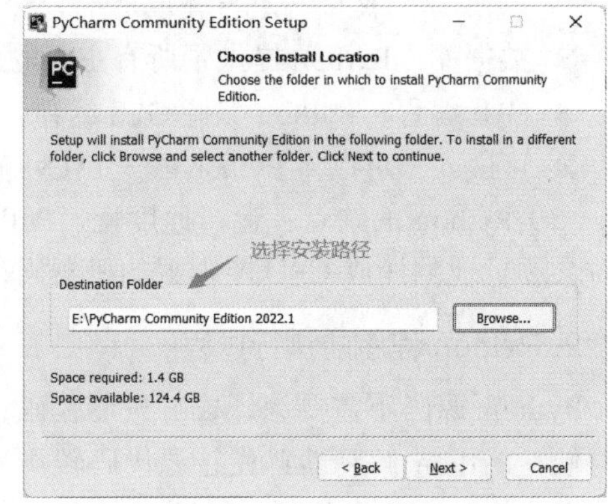

图 20.5　选择安装路径

（3）将其功能全部选中，然后单击 Next 按钮，如图 20.6 所示。

（4）安装完成后重启电脑，如图 20.7 所示。

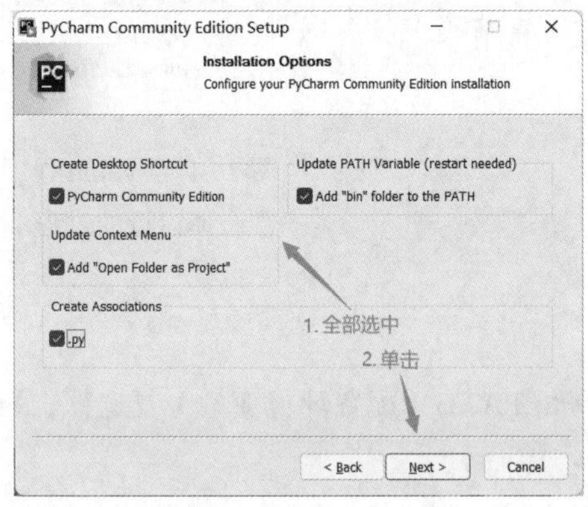

图 20.6　选中全部功能

图 20.7　完成 PyCharm 的安装

20.3 Python 的基础运维

1. 实验目的

（1）掌握 Python 的基本语法。

（2）掌握 telnetlib 的基本方法。

2. 实验拓扑

Python 基础运维实验拓扑如图 20.8 所示。

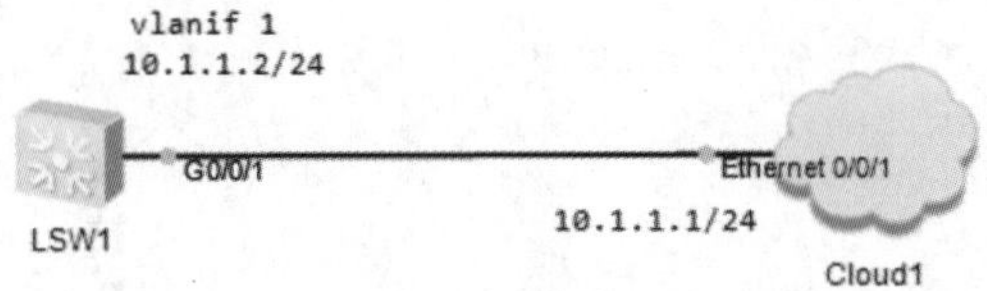

图 20.8 Python 基础运维实验拓扑

3. 实验步骤

（1）使用虚拟网卡桥接 eNSP 模拟器，并且配置虚拟网卡的 IP 地址为 10.1.1.1，如图 20.9 所示。

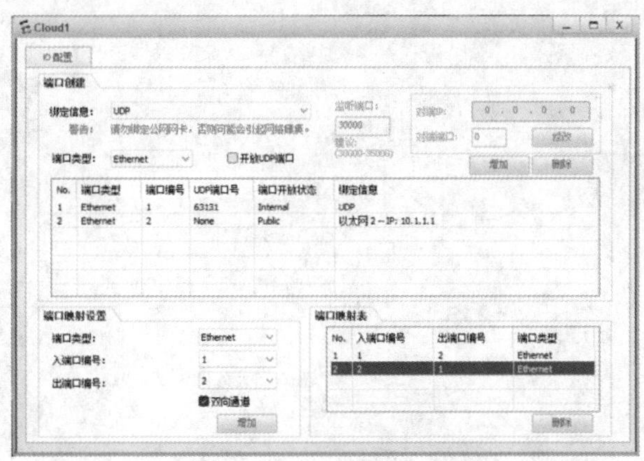

图 20.9 桥接本地虚拟网卡

（2）连接 LSW1 和桥接的 Cloud1，并且配置 LSW1 的 IP 地址和 Telnet 服务。

配置交换机的地址：

```
<Huawei>system-view
Enter system view, return user view with Ctrl+Z.
[Huawei]sysname LSW1
[LSW1]interface Vlanif 1
[LSW1-vlanif1]ip address  10.1.1.2 24
```

在 AAA 视图模式下创建 Telnet 使用的用户名和密码，并赋予权限：

```
[LSW1]aaa
//配置用户名为 huawei，密码为 huawei123 的账户
[LSW1-aaa]local-user huawei password cipher huawei123
Info: Add a new user.
//设置用户 huawei 的服务类型为 Telnet
[LSW1-aaa]local-user huawei service-type telnet
[LSW1-aaa]local-user huawei privilege level 3 //设置用户 huawei 的权限为 3
```

设置认证类型为 AAA：

```
[LSW1]user-interface vty 0 4
[LSW1-ui-vty0-4]authentication-mode aaa  //设置认证类型为 AAA 认证
```

在 CMD 命令行进行登录测试：

```
C:\Users\XXX>telnet 10.1.1.2
Login authentication


Password:


<Huawei>
```

可以看到 Telnet 配置成功。

（3）在 PyCharm 上配置 telnetlib。打开 PyCharm，新建一个 Python 文件。右击项目栏，在弹出的快捷菜单中选择“新建”命令，再选择“Python 文件”命令，如图 20.10 所示。

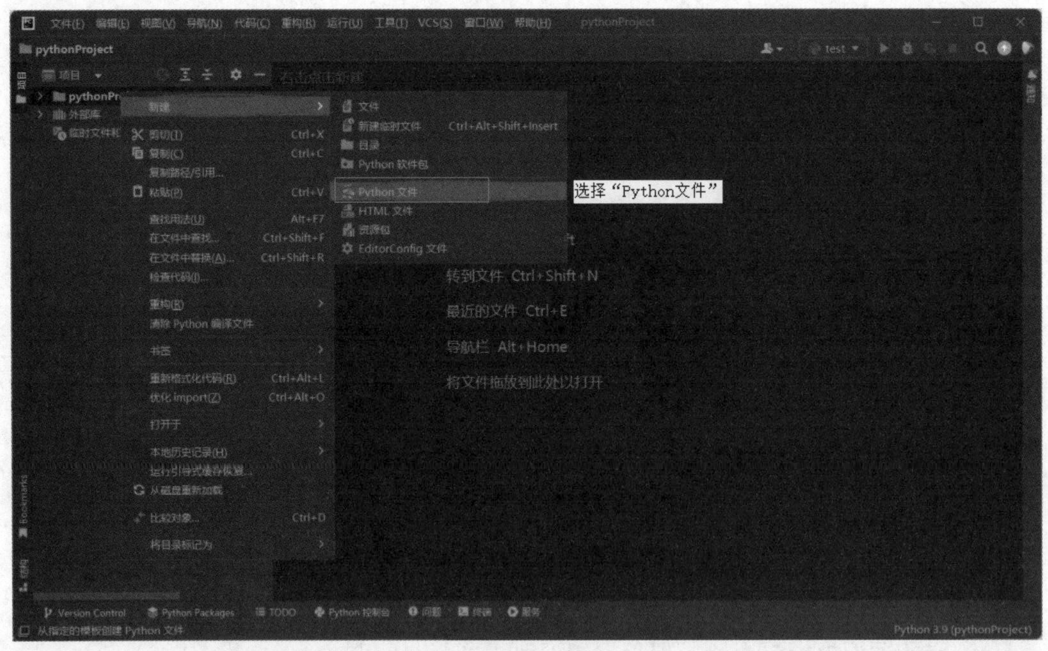

图 20.10　创建 Python 文件

将新建的 Python 文件命名为 huawei_telnet，按 Enter 键进入编译界面，如图 20.11 所示。

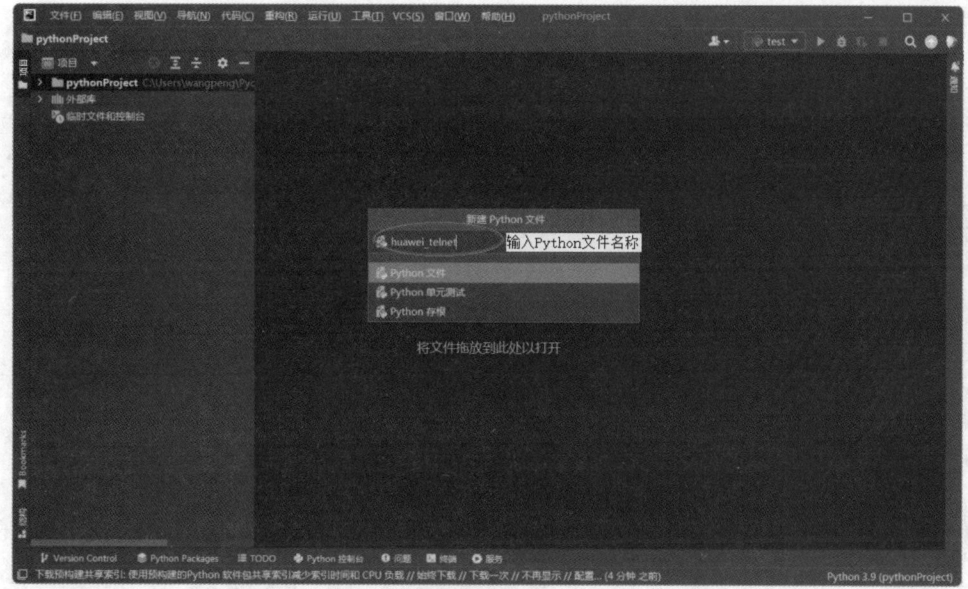

图 20.11　将 Python 文件命名为 huawei_telnet

编写 Python 代码：

```
import telnetlib
import time
huawei_ip='10.1.1.2'
huawei_user='huawei'
huawei_pass='huawei123'
huawei_telnet=telnetlib.Telnet(huawei_ip)
huawei_telnet.read_until(b'Username:')
huawei_telnet.write(huawei_user.encode('ascii')+b"\n")
huawei_telnet.read_until(b'Password:')
huawei_telnet.write(huawei_pass.encode('ascii')+b"\n")
huawei_telnet.write(b'screen-length 0 temporary \n')
huawei_telnet.write(b'display cu \n')
time.sleep(1)
print(huawei_telnet.read_very_eager().decode('ascii'))
huawei_telnet.close()
```

（4）运行 Python 代码。使用 telnetlib 登录设备，在编译界面中单击右上角的“执行”按钮，运行代码，如图 20.12 所示。

（5）查看运行结果，如图 20.13 所示。可以看到，通过 telnetlib 登录了网络设备，查看对应的当前运行文件后退出 Telnet。

4. 命令解析

（1）导入模块。

```
import telnetlib
import time
```

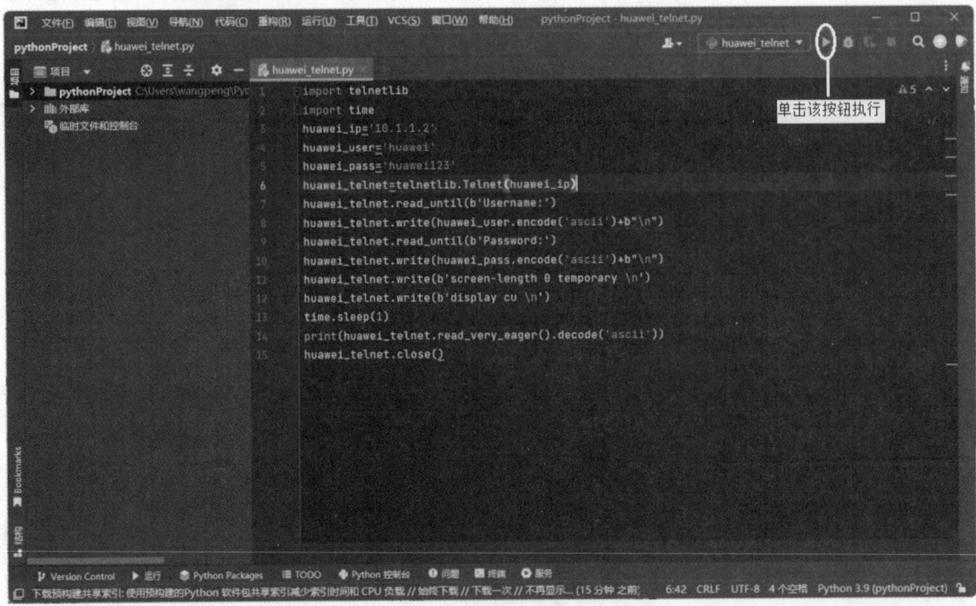

图 20.12 运行 Python 代码

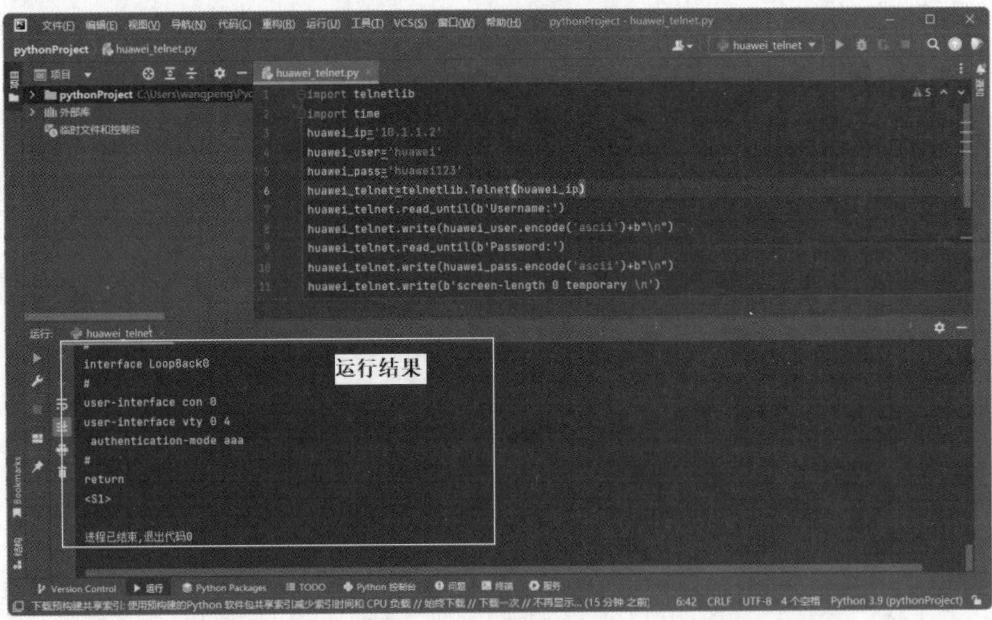

图 20.13 查看运行结果

导入本段代码中需要使用的 telnetlib 和 time 两个模块。这两个模块都是 Python 自带的模块，无须安装。Python 默认无间隔按顺序执行所有代码，在使用 Telnet 向交换机发送配置命令时，可能会遇到响应不及时或者设备回显信息不全的情况。此时，可以使用 time 模块下的 sleep 方法人为地暂停程序。

（2）登录设备。

```
huawei_ip='10.1.1.2'
huawei_user='huawei'
huawei_pass='huawei123'
huawei_telnet=telnetlib.Telnet(huawei_ip)
```

首先创建几个变量。huawei_ip、huawei_user、huawei_pass 分别为设备的登录地址、用户名和密码，与设备配置参数一致。

telnetlib.Telent()表示调用 telnetlib 模块下的 Telnet()方法。这个方法中包含登录的参数，包括 IP 地址和端口号等信息。不填写端口信息则默认为 23 号端口。

本实验中 huawei_telnet=telnetlib.Telnet(huawei_ip) 表示登录 10.1.1.2 设备，然后将 telnetlib.Telnet(huawei_ip)赋值给 huawei_telnet。

```
huawei_telnet.read_until(b'Username:')
huawei_telnet.write(huawei_user.encode('ascii')+b"\n")
huawei_telnet.read_until(b'Password:')
huawei_telnet.write(huawei_pass.encode('ascii')+b"\n")
```

正常情况登录 10.1.1.2 设备时，会有如下回显信息：

```
<PC1>telnet  10.1.1.2
Trying 10.1.1.2 ...
Press CTRL+K to abort
Connected to 10.1.1.2 ...
Login authentication
Username:huawei
Password:
```

请注意，程序并不知道需要读取到什么信息为止，所以我们使用 read_until()指示读取到括号内的信息为止。

在代码读取到显示“Username:”后，需输入参数 huawei_user。这个参数在前面已定义过，是作为 Telnet 登录的用户名。使用 write()完成用户名的输入。

本实验中，huawei_telnet.read_until(b'Username:')代表读取到 Username 后再执行 write()语句。

huawei_telnet.write(huawei_user.encode('ascii')+b"\n")代表后续会输入 huawei_user 定义的用户名，\n 代表输入完用户名后按 Enter 键。

同理，huawei_telnet.read_until(b'Password:') 和 huawei_telnet.write(huawei_pass.encode('ascii')+b"\n")这两段代码的作用是读取到 Password 回显信息后，输入定义好的密码，即 huawei_pass。

（3）输入配置命令。

Telnet 到设备后，使用 Python 脚本输入命令：

```
huawei_telnet.write(b'screen-length 0 temporary \n')
huawei_telnet.write(b'display cu \n')
```

继续使用 write()向设备输入命令。输入的命令 display cu 为 display current-configuration 的缩写，其功能是显示设备的当前配置。screen-length 0 temporary 的功能为关闭分屏，即当显示的信息超过一屏时，系统不会自动暂停。

```
time.sleep(1)
```

time.sleep(1)的作用是将程序暂停 1s。用于等待交换机回显信息，然后再执行后续代码。如果没有设置等待时间，则程序会直接执行下一行代码，导致没有数据可供读取。

```
print(huawei_telnet.read_very_eager().decode('ascii'))
```

print()表示显示括号内的内容到控制台，huawei_telnet.read_very_eager()表示读取当前的尽可能多的数据。

decode('ascii'))表示将读取的数据解码为 ASCII 码。

本实验中这段代码的功能是，将输入 display cu 后 1s 内 LSW1 输出的信息显示到控制台。

（4）关闭会话。

```
huawei_telnet.close()
```

调用 close()关闭当前会话。VTY 虚拟终端连接数量有限，在执行完脚本后需要关闭此 Telnet 会话。

20.4 练 习 题

1. 以下关于 Python 的说法正确的是（　　）。

A．是一门完全开源的高级编程语言

B．具有丰富的第三方库

C．拥有清晰的语法结构，简单易学且运行效率高

D．可以用于自动化运维脚本、人工智能、数据科学等诸多领域

2. 现在需要实现一个 Python 自动化脚本 Telnet 到设备上查看设备运行配置，以下说法错误的是（　　）。

A．telnetlib 可以实现这个功能

B．使用 telnet.Telnet(host)连接到 Telnet 服务器

C．可以使用 telnet.write(b"display current-configuration\n")向设备输入查看当前配置的命令

D．telnet.console()用在每一次输入命令后，其作用是等待交换机回显信息

3. telnetlib 是 Python 自带的实现 Telnet 协议的模块。（　　）

A．对　　　B．错

4. 在 Python 的 telnetlib 模块中，（　　）方法可以非阻塞地读取数据。

A．telnet. Read_very_ eager ()　　　B．telnet. read very_ lazy()

C．telnet. read_all()　　　D．telnet. read_ eager ()

附录　练习题答案

第 1 章

1. D　　2. B、D　　3. B　　4. A　　5. E

第 2 章

1. B

解析：UDP 是用户数据报协议，它采用无连接的方式传输数据，也就是说，发送方不关心发送的数据是否到达目标主机、数据是否出错等。接收到数据的主机也不会告诉发送方是否接收到了数据，其可靠性由应用层协议来保障。所以本题选 B。

2. A

解析：Tracert 是一个简单的网络诊断工具，可以列出分组经过的路由节点以及它在 IP 网络中每一跳的延迟。所以本题选 A。

3. C、D

解析：Ping 命令中用到的协议有：①DNS，作用是将域名转换为网络可以识别的 IP 地址；②ARP，作用是根据 IP 地址获取 MAC 地址；③ICMP，作用是在 IP 主机和路由器之间传递控制消息（网络不通、主机是否可达、路由是否可用等网络本身的消息）。所以本题选 C、D。

4. A

解析：ARP 协议的主要任务就是根据目的主机的 IP 地址，获得其 MAC 地址。ARP 协议能够根据目的 IP 地址解析目标设备 MAC 地址，从而实现 MAC 地址与 IP 地址的映射。因此本题说法正确，答案选 A。

5. B

解析：TCP 采用三次握手、四次挥手机制，题干说法错误，本题选 B。

第 3 章

1. B、D

解析：在 VRP 系统中，Ctrl+U 为自定义快捷键，Ctrl+P 为显示历史缓存区的前一条命令快捷键，左光标为移动光标，上光标为访问上一条历史命令。所以本题选 B、D。

2. C

解析：Versatile Routing Platform，通用路由平台，本题为记忆题，答案选 C。

3. A

解析：配置级可以配置命令，但不能操作文件系统；监控级只能用系统维护命令；访问级只能用网络诊断工具命令；管理级可以配置和操作文件系统。配置级用户等级为 2，本题选 A。

4. B

解析：pwd 命令可以查看当前目录，dir 命令可以显示当前目录下的文件信息。本题是错误的，答案选 B。

5. A

解析：delete vrpcfg.zip 是将删除的文件放在回收站中，执行 unreserved 则是彻底删除，不需要清空回收站。本题是正确的，答案选 A。

第 4 章

1. A

解析：因为最大的一个子公司有 14 台主机，所以每个网段需满足至少 16 个主机位（要去掉一个网络地址、一个广播地址），所以本题选 A。 选项 B 只有 2 个网段，选项 C 只有 4 个网段，选项 D 只有 1 个网段。

2. A

解析：广播地址为 172.16.1.255，其网络地址不可能到 2.0 网段，所以选项 B 错误。当子网掩码为 24 位时，网络地址为 172.16.1.0，所以选项 C 错误；子网掩码为 31 位时，网络地址为 172.86.1.254，子网掩码为 30 位时，网络地址为 172.86.1.252，所以选项 D 错误；当子网掩码为 25 位时，网络地址为 172.16.1.128。所以本题选 A。

3. D

解析：子网掩码为 30 位时，192.168.10.112 是一个网络地址，选项 A 错误；237.6.1.2/24 是组播地址，选项 B 错误；127.3.1.4/28 属于本地环回地址，选项 C 错误。所以本题选 D。

4. C

解析：10.1.1.1 是一个私有地址，私有地址是无法直接访问互联网的，需要做 NAT 转换才行。所以本题选 C。

5. C

解析：192.168.1.1/28 对应的二进制表示为 11000000.10101000.00000001.0000 0000/28，前 28 位固定为网络位，最后 4 位为主机位。网络位固定不变，改变主机位，可以看到主机位可以从 0000 变化到 1111，共 16 种变化。除去主机位全 0（代表网络地址）、全 1（代表广播地址）的情况，剩下 14 个合法的 IP 地址，范围是 192.168.1.1 ~ 192.168.1.14，除去已经配置的 192.168.1.1，还可以增加 13 台主机。所以本题选 C。

第 5 章

1. C

解析：直连路由默认优先级为 0，优先级最高，选项 A、B 错误；直连路由由路由器自动生成，选项 D 错误。所以本题选 C。

2. B

解析：动态路由衡量 Cost 有度量值、跳数、带宽、时延、负载等。Sysname 系统名不能作为衡量 Cost 的参数，所以本题选 B。

3. D

解析：静态路由没有开销的说法，故选项 A 是正确的。静态路由的默认优先级是 60，故选项 B 是正确的。路由优先级的范围是 0 ~ 255，静态路由的范围是 1 ~ 255，故选项 C 是正确的。选项 D 与选项 C 互斥，所以本题选 D。

4. A

解析：在 VRP 平台中查看路由条目的命令是 display ip routing-table，如果想单独查看不同的路由协议产生的路由条目，可以使用 display ip routing-table protocl (路由类型)，如查看静态路由就使用 display ip routing-table protocol static，查看 OSPF 产生的路由条目就使用 display ip routing-table protocol ospf 。所以本题选 A。

5. C

解析：因为静态路由是管理员手工配置的路由条目，所以选项 C 的说法是错误的，并不能自动完成网络收敛。所以本题选 C。

第 6 章

1. C、D

解析：选项 A 为直连路由，选项 B 为静态路由，选项 C、D 为动态路由协议。

2. C

解析：运行 OSPF 协议的路由器数量超过两台时必须部署骨干区域，该说法错误，选项 A 错误；ABR 区域边界路由器，能够产生 3 类 LSA 的路由器，有的接口属于 area 0，有的接口不属于 area 0，选项 B 错误；OSPF 网络中必须存在唯一的骨干区域，选项 D 错误；area 0 是骨干区域，该描述正确。所以本题选 C。

3. B

解析：一个路由器可以属于不同的区域，但是一个网段（链路）只能属于一个区域，或者说每个运行 OSPF 的接口必须指明属于哪一个区域，而不是同一区域。所以本题选 B。

4. A

解析：OSPF 协议用 DD 报文来描述自己的 LSDB 中每一条 LSA 的摘要信息，用 LSR 报文向对方请求所需的 LSA，用 LSU 报文向对方发送其所需要的报文进行更新，用 Hello 报文发现和维持 OSPF 邻居关系。所以本题选 A。

5. A、B、C、D

解析：OSPF 有四种网络类型：Broadcast、NBMA、P2MP 和 P2P。因此 A、B、C、D 选项均正确。

第 7 章

1. D

解析：二层以太网交换机基于源 MAC 地址学习生成 MAC 地址表的表项，基于目的 MAC 地址转发。所以本题选 D。

2. D

解析：交换机接收到广播帧和未知的单播帧会进行泛洪操作，选项 D 错误；选项 A、B、C 说法都是正确的。所以本题选 D。

3. A

解析：本题考查交换机转发原理，说法正确。所以本题选 A。

4. A

解析：根据交换机的转发原理，查找 MAC 地址表，按表转发，地址表里没有的则泛洪，如果对应的 MAC 地址表项为黑洞 MAC，则丢弃。所以本题选 A。

5. C

解析：二层以太网交换机在转发数据时只查询二层帧头地址，并不会对三层头部做修改。所以本题选 C。

第 8 章

1. D

解析：因为 vlan batch 10 20 这个命令是创建 VLAN10 和 VLAN20，而 vlan batch 10 to 20 这个命令创建的是 VLAN10 ~ VLAN20，所以本题选 D。

2. B

解析：因为经常更换物理位置，接入网络的交换机和端口都有可能改变。所以本题选 B，基于 MAC 地址则不受影响。

3. A

解析：由程序段可知，接口类型为 Trunk，PVID 为 vlan 10，所以在发送数据帧时会剥离 VLAN10 的标签。所以本题选 A。

4. D

解析：当一个 Tagged 帧从本交换机的其他接口到达一个 Access 接口后，交换机会检查这个帧的 Tag 中的 VID 是否与 PVID 相同：如果相同，则将这个 Tagged 帧的 Tag 进行剥离，然后将得到的 Untagged 帧从链路上发送出去；如果不同，则直接丢弃这个 Tagged 帧。所以本题选 D。

5. C

解析：VLAN 标签长度为 4 字节，12 位用来表示 VID，取值范围是 0 ~ 4095，共 4096 个，可用 4094 个；封装协议是 IEEE 802.1Q（打标签），所以本题选 C。

第 9 章

1. B　　2. C　　3. B　　4. D　　5. A

第 10 章

1. B、D

解析：MAC 地址不需要配置，只需要配置 IP 地址和子网掩码即可。所以本题选 B、D。

2. B、C、D

解析：单臂路由的实现原理：在路由器上使用一条物理链路，并且在上面创建多个子接口，每个子接口作为单独 VLAN 的网关接口。交换机与路由器的端口链路类型需要配置成 Trunk 链路，并且允许对应的 VLAN 通过。所以本题选 B、C、D。

3. D

解析：单臂路由可以实现不同 VLAN 之间的通信，其原理就是利用多个子接口来充当网关处理不同 VLAN 之间的数据。如果不使用单臂路由，就需要使用多个物理接口来充当不同 VLAN 的网关，VLAN 数量过多，使用的链路也就更多，因此单臂路由可以减少链路连接的数量。所以本题选 D。

4. D

解析：VLANIF 接口一般是每个 VLAN 的网关接口，即 VLANIF 接口是三层接口。当 VLANIF 接口作为网关接口时，主机如果想要访问不同网段的数据，就必须把数据先转发给此 VLANIF 接口，主机也必须要知道 VLANIF 接口的 MAC 地址才能封装数据帧，所以 VLANIF 接口一定是有 MAC 地址的，也需要学习 MAC 地址，并且不同的 VLANIF 接口是不能使用相同的 IP 地址的，否则会出现 IP 地址冲突的现象。所以本题选 D。

5. B

解析：dot1q termination vid 100 表示此子接口可以接收处理 VLAN100 的数据，接收到带有 VLAN Tag 100 的数据帧时，剥离其标签；发送未携带 VLAN Tag 的数据帧时，添加 VLAN Tag 100 的标签。所以本题选 B。

第 11 章

1. D

解析：链路聚合分为手工负载分担模式和 LACP 负载分担模式，当使用 LACP 负载分担模式时，需要通过优先级来选举出一个主设备，其目的是确定对应的活动接口以及维护聚合链路，主设备通过比较优先级进行选举，越小越优先，华为交换机默认的 LACP 优先级为 32768。所以本题选 D。

2. B

解析：LACPDU 中携带：系统优先级 MAC 地址、接口优先级、接口编号，所以本题选 B。

3. A

解析：本题为记忆题。LACP 模式在选举活动端口时，先比较接口优先级，接口优先级相同的情况下，再比较接口编号，皆是越小越优先。所以本题选 A。

4. B

解析：链路聚合可以在交换设备上做二层聚合，也可以在路由设备上做三层聚合。所以本题选 B。

5. B

解析：LACP 模式选举主动端的方法：优先级值小的优先，如果优先级相同，则比较设备 MAC 地址，越小越优。所以本题选 B。

第 12 章

1. B

解析：ACL 的系统默认编号是按 5、10、15 的规则进行分配的，因此本题系统默认分配的编号不会是 13、14、16，而是 15。所以本题选 B。

2. C

解析：基本 ACL 编号范围为 2000 ~ 2999，高级 ACL 编号范围为 3000 ~ 3999，二层 ACL 编号范围为 4000 ~ 4999。所以本题选 C。

3. B

解析：基本 ACL 编号范围为 2000 ~ 2999，高级 ACL 编号范围为 3000 ~ 3999。所以本题选 B。

4. C、E

解析：ACL 定义规则时，规则编号可以自定义，并不需要以 10 为基数递增；ACL 在接口中既能用于出方向也能用于入方向；ACL 可以定义 TCP、UDP 的端口访问；使用 ACL 过滤 OSPF 流量，可单独选择 OSPF 协议进行过滤；同一个 ACL 可以在多个接口中进行调用。所以本题选 C、E。

5. A、D

解析：

```
rule deny source 172.16.1.1 0.0.0.0  //172.16.1.1 子网掩码，任意长度都可以匹配
rule deny source 172.16.0.0 0.255.0.0 //172.X.0.0 都可以匹配
```

所以本题选 A、D。

第 13 章

1. A

解析：AAA 包括 Authentication（认证）、Authorization（授权）和 Accounting（计费），所以本题选 A。

2. A

解析：AAA 常见的认证方式有：不认证、本地认证、REDIUS 服务器认证、HWTACACS 服务器认证。所以本题选 A。

3. A

解析：AAA 认证授权可以在 NAS 设备上完成，也可以交由服务器完成。所以本题说法正确。

4. A、B、C、D

解析：AAA 认证常见的认证方式有：不认证、本地认证、REDIUS 服务器认证、HWTACACS 服务器认证。所以本题选 A、B、C、D。

5. A、B、C

解析：用户通过 Telnet 登录设备时，设备上必须配置验证方式，否则用户无法成功登录设备。设备支持不认证、密码认证和 AAA 认证三种用户界面的验证方式，其中 AAA 认证方式安

全性最高。因此选项 A、B、C 正确。

第 14 章

1. C

解析：10.0.0.1 为私有 IP 地址，私有 IP 地址访问公网时需要运用 NAT 技术，所以本题选 C。

2. C

解析：NAPT 借助端口可以实现一个公有地址同时对应多个私有地址。该模式同时对 IP 地址和传输层端口进行转换，实现不同私有地址（不同的私有地址，不同的源端口）映射到同一个公有地址（相同的公有地址，不同的源端口）。实现公有地址与私有地址的 1 : n 映射，提高了公有地址的利用率。若主机 C 也希望访问公网，则可以将主机 C 的源端口地址转换为公有地址，再进行访问。因此选项 C 正确。

3. A

解析：Easy-IP 直接映射出口地址，不用管地址池。NAPT 是多个内部地址使用同一地址的不同端口转换成外部地址。Basic NAT 是将一组 IP 地址映射到另一组 IP 地址。所以本题选 A。

4. A

解析：NAT 原地址将发生变化，目的地址不变。所以本题选 A。

5. B

解析：NAT 和 NAPT 只能对 IP 报文的头部地址和 TCP/UDP 头部的端口地址进行转换，对于一些特殊协议，如 ICMP、FTP 等，它们的报文数据部分可能包含 IP 地址和端口信息，这些内容不能被 NAT 有效地转换，导致出现问题。解决这些特殊协议的 NAT 转换问题的方法，就是在 NAT 实现中使用 ALG 功能，如果开启了 ICMP 的 ALG 功能，ICMP 是可以使用 NAPT 进行报文转发的。所以本题选 B。

第 15 章

1. C

解析：FTP 为文件传输协议，SFTP 为安全文件传输协议，HTTP 为超文本传输协议，TFTP 为简单文件传输协议。所以本题选 C。

2. D

解析：DHCP 的 DISCOVER 报文主要作用是设备通过发送广播报文来找到网络中存在的 DHCP Server，广播报文目的 IP 地址为 255.255.255.255。所以本题选 D 。

3. A、B、C

解析：用户通过 Telnet 登录设备时，设备上必须配置验证方式，否则用户无法成功登录设备。设备支持不认证、密码认证和 AAA 认证三种用户界面的验证方式，其中 AAA 认证方式安全性最高。因此选项 A、B、C 正确。

4. A

解析：Web 服务基于 HTTP 协议，HTTP 协议是客户端和服务器端请求和应答的标准（TCP），传输层使用 TCP 协议，则网络层 protocol 字段取值为 6。所以本题选 A。

5. C

解析：文件传输为 FTP 或 TFTP 的主要作用，邮件传输为 SMTP 的主要作用，域名解析为 DNS 的主要作用，远程接入为 Telnet 的主要作用。所以本题选 C。

第 16 章

1. C

解析：基本服务集标识符 BSSID（Basic Service Set Identifier）是无线网络的一个身份标识，用 AP 的 MAC 地址表示，因此选项 B 错误；服务集标识符 SSID （Service Set Identifier）是无线网络的一个身份标识，用字符串表示。为了便于用户辨识不同的无线网络，用 SSID 代替 BSSID，因此选项 C 正确；选项 A 和选项 D 为干扰项，所以本题选 C。

2. A、C、D

解析：无线接入点（Access Point，AP）一般支持 FAT AP（胖 AP）、FIT AP（瘦 AP）和云管理 AP 三种工作模式，根据网络规划的需求，可以灵活地在多种模式下切换。

无线接入控制器（Access Controller，AC）一般位于整个网络的汇聚层，提供高速、安全、可靠的 WLAN 业务。

PoE（Power over Ethernet，以太网供电）交换机是指通过以太网网络进行供电，也被称为基于局域网的供电系统 PoL（Power over LAN）或有源以太网（Active Ethernet）。PoE 允许电功率通过传输数据的线路或空闲线路传输到终端设备。在 WLAN 网络中，可以通过 PoE 交换机对 AP 设备进行供电。所以本题选 A、C、D。

3. C

解析：AP 与 AC 设备通过 CAPWAP 报文进行交互联通，CAPWAP 协议是在传统的 IP 报文上封装 CAPWAP 隧道头形成的。所以本题选 C。

4. D

解析：在 AC 上配置直接转发方式的命令为[AC-wlan-vap-prof-profile-name] forward-mode { direct-forward | tunnel }，其中 direct-forward 为直接转发，tunnel 为隧道模式。所以本题选 D。

5. C

解析：Wi-Fi 6 相比 Wi-Fi 5 具有四大优势：带宽高、高并发、低延迟、低功耗。所以本题选 C。

第 17 章

1. C

解析：PPP（Point-to-Point Protocol，点到点协议）是一种常见的广域网数据链路层协议，主要用于在全双工的链路上进行点到点的数据传输封装。所以本题选 C。

2. C

解析：认证方接收到被认证方发送的用户名和密码信息之后，根据本地配置的用户名和密码数据库检查用户名和密码信息是否匹配。如果匹配，则返回 Authenticate-Ack 报文，表示认证成功。否则，返回 Authenticate-Nak 报文，表示认证失败。所以本题选 C。

3. B、C、D

解析：配置 PPP 认证方式为 PAP 的步骤如下：①在接口视图下，将接口封装协议改为 PPP；②配置协商超时时间间隔；③配置验证方以 PAP 方式认证对端，首先需要通过 AAA 将被验证方的用户名和密码加入本地用户列表，然后选择认证模式；④配置本地被对端以 PAP 方式验证时，本地发送 PAP 用户名和口令。所以本题选 B、C、D。

4. B

解析：PPPoE 的会话建立有三个阶段，分别是 PPPoE 发现阶段、PPPoE 会话阶段和 PPPoE 终结阶段，不包括数据转发阶段。所以本题选 B。

5. B

解析：PPPoE 会话支持 PAP 和 CHAP 两种认证方式。所以本题选 B。

第 18 章

1. D

解析：SNMP 采用广播的方式发送管理消息，因此选项 A 错误。SNMP 可用于无线传输，因此选项 B 错误。SNMP 是一个应用层协议，传输层依靠 UDP 进行传输，它的数据包在传输层，因此选项 C 错误。所以本题为 D。

2. B

解析：因为 SNMP 分为管理端和代理端（Agent），管理端的默认端口为 UDP 162，主要用来接收 Agent 的消息，如 Trap 告警消息；Agent 端使用 UDP，所以本题选 B。

3. A

解析：Trap 是一种入口，到达该入口会使 SNMP 被管理设备主动通知 SNMP 管理器，而不是等待 SNMP 管理器的再次轮询。在网络管理系统中，被管理设备中的代理可以在任何时候向网络管理工作站报告错误情况，如预制定阈值越界程序等。所以本题选 A。

4. A、B、C、D

解析：SNMP 由代理进程、被管理设备、网络管理站和管理信息库组成。所以本题选 A、B、C、D。

5. B、D

解析：SNMP 是使用 UDP 实现的，所以选项 C 错误。SNMPv3 报文在安全性方面进行了加强，提供了身份认证和加密处理的功能，所以选项 A 错误。SNMPv2c 沿用了 v1 版本定义的五种协议操作并额外新增了两种操作（GetBulk 和 Inform）。所以本题选 B、D。

第 19 章

1. A

解析：IPv6 报头中有两个字段用于提供 QoS 服务：流类别字段（Traffic Class）和流标签字段（Flow Label）。所以本题选 A。

2. D

解析：EUI-64 的主要作用是通过 MAC 地址来产生 IPv6 的接口标识，其主要方法是将

MAC 地址的第 7 位取反，然后在 MAC 地址的中间插入固定的数值 FFFE，当 MAC 地址为 00E0-FCEF-0FEC 时，将此 MAC 地址的前两个十六进制转换成二进制，十六进制 00 转换成二进制位 0000 0000，将第 7 位取反就变成了 0000 0010，转换成十六进制为 02，00E0-FCEF-0FEC 就变成了 02E0-FCEF-0FEC，再在中间插入固定数值 FFFE，此时接口标识为 02E0-FCFF-FEEF-0FEC。所以本题选 D。

3. B

解析：IPv6 拥有单播地址、任播地址、组播地址，而没有广播地址，某些 IPv6 的特殊的组播地址依然可以实现广播功能。所以本题选 B。

4. A

解析：IPv6 的无状态自动配置使用的是 ICMPv6 的 RA 报文，开启了 ICMPv6 RA 功能的路由器会周期性地通告该链路上的 IPv6 地址前缀，从而实现设备的无状态自动配置。所以本题选 A。

5. B、C

解析：IPv6 地址表示方法中，左侧的 0 可以省略，连续的 0 可以压缩，连续的 0 只可压缩一次。选项 A 中压缩了右侧的 0，错误，选项 D 中连续的 0 压缩了两次，错误。所以本题选 B、C。

第 20 章

1. A、B、D

解析：Python 是一门完全开源的高级编程语言，它的优点包括拥有优雅的语法；动态类型具有解释性质；能够让学习者从语法细节的学习中抽离，专注于程序逻辑；支持面向过程和面向对象的编程；拥有丰富的第三方库；可以调用其他语言所写的代码，又被称为胶水语言。由于 Python 拥有非常丰富的第三方库，加上 Python 语言本身的优点，所以 Python 可以在非常多的领域内使用，如人工智能、数据科学、自动化运维脚本等，但是 Python 的运行速度慢，所以选项 C 错误，本题正确答案为 A、B、D。

2. D

解析：telnetlib 才是等待回显信息命令，选项 D 错误。所以本题选 D。

3. A

解析：telnetlib 模块提供的 Telnet 类实现了 Telnet 协议，题中描述正确。所以本题选 A。

4. A

解析：telnet.Read_very_eager()：在 I/O（eager）中可以读取无阻塞的所有内容。所以本题选 A。

卓 应 教 育

卓应教育成立于 2011 年，是一家专业面向中高端 IT 技术人才，以教学培养、职业规划为核心的在线教育内容服务提供商，旨在帮助学生提升技术技能、考取厂家认证、加强职场核心竞争力，走出职业困境。

在卓应教育，聚集了国内多家知名互联网企业的技术人才，他们运用丰富的项目经验，精心研发出优质、全面、具有实战学习价值的学习产品，内容紧跟 IT 市场需求和前沿发展技术，理论通俗易懂，并结合实操应用场景多方位教学，让学生学以致用。

凭借优质的教育资源和品牌影响力，卓应教育获得了社会各界的好评，被华为多次授予“华为全国大学生 ICT 大赛优秀合作伙伴”，被 Red Hat（红帽）授予“2017 年最佳合作伙伴”。

卓应教育——华为官方授权中心

拥有庞大的师资教学团队和优质的学生口碑

卓应教育网络工程师学习资源

作为华为官方授权中心，卓应教育拥有强大的课程体系、服务品质与人才输出质量，具备从 HCIA 到 HCIE 全阶段的学习培训和考试服务资质，培养了众多优秀的网络工程师。

| 华为网工爆款学习课程

| 更多课程领域

| 华为教育系列丛书

华为HCIA-Datacom
认证实验指南

华为HCIP-Datacom
认证实验指南

华为HCIE-Datacom
认证实验指南

华为HCIA-Datacom
认证学习指南

网络安全实战

| 工具应用产品

| 获取本书配套资源请

（扫码发送文字“HCIA 学习指南”）